DK探险
大百科

（修订版）

Original Title: Eyewitness Guides Mythology
Copyright © 1999, 2004, 2011 Dorling Kindersley Limited, London
Original Title: Eyewitness Guides Shipwreck
Copyright © 1997, 2003 Dorling Kindersley Limited, London
Original title: Eyewitness Guide Mummy
Copyright © 1993, 2003, 2009 Dorling Kindersley Limited, London
Original title: Eyewitness Guide Spy
Copyright © 1996, 2009 Dorling Kindersley Limited, London
Original title: Eyewitness Guide Mars
Copyright © 1990, 2002, 2007, 2014 Dorling Kindersley Limited, London
A Penguin Random House Company

版权贸易合同登记号　图字：01-2016-7934

图书在版编目（CIP）数据
DK探险大百科 / 英国DK公司编著；孙贵平等译. --
修订版. --北京：电子工业出版社，2025.1
　ISBN 978-7-121-47780-5

　Ⅰ.①D… Ⅱ.①英… ②孙… Ⅲ.①探险—世界—少
儿读物　Ⅳ.①N81-49

中国国家版本馆CIP数据核字（2024）第088819号

本书各部分的作者、译者、审校者如下：
《神话》尼尔·菲利普 著，贾磊 张扬 刘洋 秦铖 译
《沉船》理查德·普拉特 著，亚历克斯·威尔森 蒂娜·钱伯斯 摄，
刘在良 刘泽泽 王玉霞 苏彭 译
《木乃伊》詹姆斯·普特南 著，彼得·海曼 摄，周兴华 荆福霞 姬林 译
《间谍》理查德·普拉特 著，杰夫·丹恩 史蒂夫·戈顿 摄，解云波 苏冰 黄湘雨 译
《火星》斯图尔特·穆雷 著，孙贵平 译，卞毓麟 审

责任编辑：董子晔
印　　刷：鸿博昊天科技有限公司
装　　订：鸿博昊天科技有限公司
出版发行：电子工业出版社
　　　　　北京市海淀区万寿路173信箱　邮编：100036
开　　本：889×1194 1/16　印张：19.25　字数：616千字
版　　次：2017年1月第1版
　　　　　2025年1月第2版
印　　次：2025年4月第2次印刷
定　　价：158.00元

　　凡所购买电子工业出版社图书有缺损问题，请向购买书店调换。若书店售缺，请与本
社发行部联系，联系及邮购电话：（010）88254888，88258888。
　　质量投诉请发邮件至zlts@phei.com.cn，盗版侵权举报请发邮件至dbqq@phei.com.cn。
　　本书咨询联系方式：（010）88254161转1865，dongzy@phei.com.cn。

www.dk.com

DK探险
大百科

（修订版）

英国DK公司　　　编著
孙贵平　　　　　等译
卞毓麟　　　　　等审

电子工业出版社
Publishing House of Electronics Industry
北京·BEIJING

目　录

木乃伊

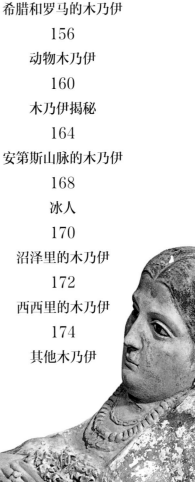

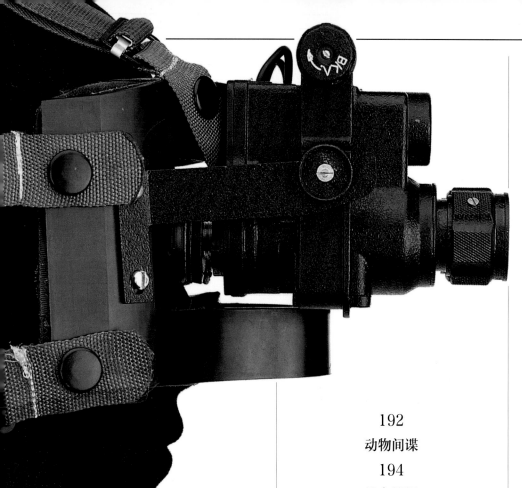

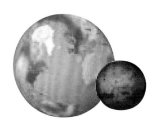

毛利人举行仪式时使用的扁斧

古希腊神话中的可怕的喀迈拉

美杜莎，希腊神话中的蛇发女怪

西非奥贡人举行拜神仪式时使用的宝剑

"富翁"，一个当代美洲原住民的面具

印度的动物之神迦楼罗

罗马神话中爱神维纳斯的模具和铸件

金刚杵代表神
的雷霆之声

神 话

Mythology

揭秘世界各地众神的神奇力量和趣味故事

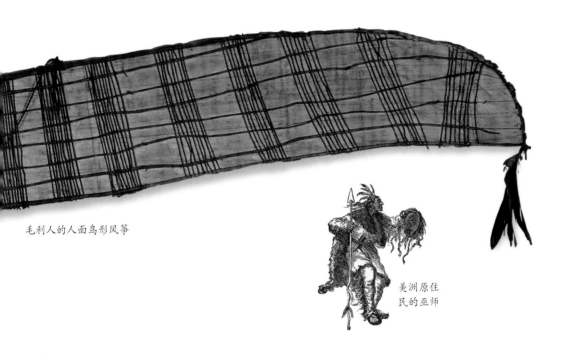

毛利人的人面鸟形风筝

美洲原住
民的巫师

神话是什么?

大地母亲
这枚黄金吊坠上的形象是迦南神话中生育女神阿斯塔特。许多神话故事中都有伟大的母亲女神的形象。

神话并非一系列谎言的汇集,而是帮助人们理解世界的故事的总和。神话以故事的形式传达种种宗教观点。不过,一般说来,宗教信仰的本质都极其简单,但神话却可能非常复杂。神话向我们展示了人类在寻求"创造与毁灭"以及"生与死"的平衡方面的思维探索。

创造世界
无数的神话讲述了创世者从宇宙之蛋或者原始海洋中诞生的故事。世界初具雏形,它或诞生于创世者的身躯,或起源于泥土,甚至可能源自创世者的一句话或一个念头。

长发人物代表的是正与海狸搏斗的巫师

印度教的创世象征

燃烧的棍棒象征着海狸的魔力

神话的开篇

人类从历史之初就创造了神话。澳大利亚原住民创造的神话是现存最古老的神话,他们关于神圣而永恒的"梦创时代"的故事可以追溯到四万年前。不同文化中的神话故事往往通过类似主题互有联系。

公元前40000年

公元前10000年

公元前4000年

公元前3000年

公元前2000年

澳大利亚原住民"梦创"时代使用的工具

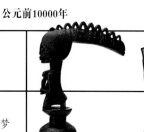

非洲神明茗术

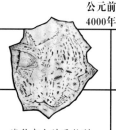

海豹皮上的西伯利亚楚科奇世界

苏美尔文明中生有双翼的公牛

埃及母狮女神赛克麦特

中国古代战神关羽

中美洲羽蛇神

祖先——引路人

祖先在世界神话中的地位十分重要。对于澳大利亚原住民来说，他们的法律和习俗是祖先的灵魂创建的，这些法律和习俗是他们今日生活的指南。

挑战众神

并非所有人都愿意对众神顶礼膜拜，有人会向他们提出挑战。《圣经》中提到，古巴比伦国王宁录曾命人建造巴别塔，以登上天堂向上帝宣战。

工匠们无法相互沟通，巴别塔最终轰然倒塌

讲述故事

神话是以讲述故事的形式流传下来的，不只是口口相传或落于纸上，它们还通过礼仪、舞蹈、戏剧和艺术作品等形式体现出来。这个巫师海狸面具讲述的是一场生死搏斗的故事，搏斗双方是北美尼斯加阿族巫师和一只巨大的海狸。最终，巫师收服了海狸，使之成为其灵界助手。

珀耳塞福涅与哈得斯

许多神话故事都期望人死之后能够重生。希腊人崇拜谷物女神德墨忒耳的女儿珀耳塞福涅，将其尊为冥后，并为其举行各种仪式，因为他们相信这样可以使全人类团结在一起。

公元前1000年

公元1年

公元1000年

豊川閣審候守護攸

印度教形象迦楼罗

《圣经》故事中的亚当和夏娃

波利尼西亚主神塔纳格罗

希腊主神宙斯

凯尔特人崇拜的生有犄角的神明切尔努诺斯

罗马战神马尔斯

北欧雷神托尔的锤子

日本人祈祷时使用的物品

创世传说

宇宙之蛋
一个来自复活节岛的鸟人正拿着宇宙之蛋，它包含着整个世界。

许多民族都认为，世界是由一位神明创造出来的。世界本是一片汪洋，奴恩是古埃及神话中的海洋之神。北极地区的提奇卡克人称，渡鸦用鱼叉杀死一条鲸，鲸浮出水面变成了陆地。有时，世界由两个造物主共同创造。例如，北美原住民曼丹部落的首位造物主独行者派一只泥土制作的母鸡来到世上，从洪水水底抓起泥土，创造了第一块陆地。

火与冰
维京人认为，来自南方的火与来自北方的冰相遇，世界由此产生。位于中间的冰开始融化，滴落下来的冰水形成了第一个生命伊米尔。然后，融化了的冰又化作一头奶牛，伊米尔就以牛奶充饥。奶牛舔食冰块，塑造了第一个男子布利。

公元前450年，底比斯的盖亚陶俑

漂浮的圆盘
古希腊人认为，从原始的混沌天地中最早出生的是盖亚，也就是大地。大地是漂浮在茫茫大海中的一块圆盘，它的周围是海神俄刻阿诺斯的水域。盖亚诞育了乌拉诺斯和克洛诺斯。

阿胡拉·马兹达

创世大爆炸
当今的科学家认为世界源于130亿年前的创世大爆炸，物质因此扩散到四面八方，创造出不断膨胀的宇宙。

善神创世
古代波斯人认为孪生圣灵——善神阿胡拉·马兹达和恶神阿里曼存在于时间源头。阿胡拉·马兹达创造了物质世界，并且让时间启动，还创造了人类。

公元前9世纪的波斯生命之树浮雕

龟岛

许多美洲原住民部落的神话传说都认为，世界是由一个乌龟的背支撑起来的。塞内卡部落相信，当第一个女子从天界降入凡间时，生活在太初之水中的蟾蜍就钻到水下，取了泥巴放在龟壳上。泥土形成了大地，让这位女子得以生存下去。

第一片土地据说是在龟壳上产生的

19世纪美国原住民夏安族使用的盾牌

凝固的海洋

日本神明伊邪那岐和他的妻子伊邪那美站在天界的浮桥上，用天沼矛搅拌海洋，使海洋最终凝结，形成了第一个岛屿——淤能碁吕岛。他们在那里盖了房子，房子中间是一根石柱，这就是世界的支柱。

毗湿奴端坐在曼陀罗山的山顶

搅动大海

在此次轮回的创世之初，印度教的众神决定用曼陀罗山作杵来搅动大海。他们不断搅动着海水，于是大海先变成了乳汁，又变成黄油，此后又从中升起了太阳和月亮。他们继续搅动海水，终于制成了长生不老甘露。

众神用宇宙之蛇婆苏吉当作搅绳缠绕着曼陀罗山

一只巨龟驮着山脉

银河及太阳系的行星

宇宙之谜

从古至今，人们一直在探寻着世界的奥秘，从世界的起源、形状，到世界的秩序。人们通常认为世界起源于一个"宇宙之蛋"，它崩裂开来，大地之上有六重天，大地之下有六个世界。日本的阿伊努人认为，造物主神灵由此诞生。六个世界居住着神灵、魔鬼和动物。居住于北极苔原的因纽特人流传着这样一个神话：两个家庭朝着相反的方向出发，但他们又回到出发看世界究竟有多大。再次见面时，宇宙是装在一个巨大的椰子壳里的。波利尼西亚的曼加亚人则说，地的事实充分证明了世界是圆的。

北极苔原带的因纽特人以拱形圆顶小屋为居，这种冰屋有着世界的形状。

海豹皮上的世界

这幅图是由西伯利亚的楚科奇奇人在北极海豹皮上绘制的。整个海豹皮世界都在这一张小小的海豹皮上体现出来。人类、精灵、动物和众神共享天地万物。

阴阳

古代中国人认为，人类始祖盘古是在一团混沌中由阴阳两股相互对立的力量产生的。最终，盘古对立导致混沌散开，盘古由此诞生，他以手撑天，双脚踏地，将天地分开。

阴和阳象征着善与恶，比如善与恶。两者必须相互平衡，世界才能和谐

毗湿奴的额头上可以看到创世者梵天的形象

毗湿奴手中的神螺象征着宇宙初次震动时发出的"唵"声

这个金环象征着智慧与太阳

世界之树

维京人认为世间有包括人类的中土世界在内的九重世界。九重世界分为三个层次围绕着位于宇宙中心的一棵巨大的白蜡树。

14

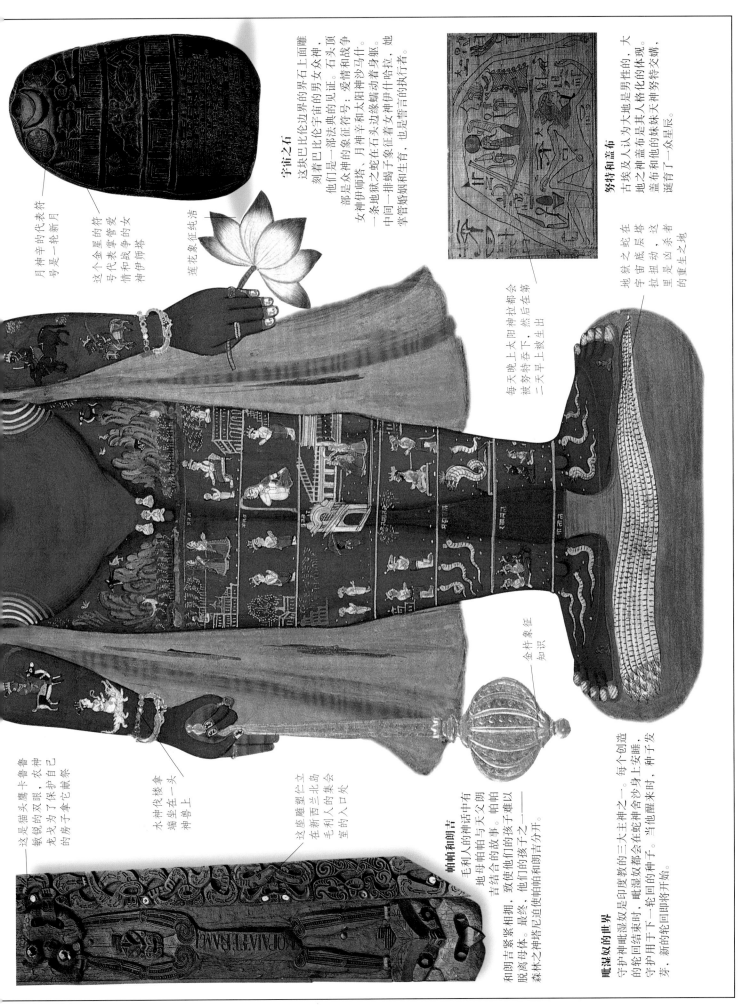

努特和盖布
古埃及人认为大地是男性的，大地之神盖布是其人格化的体现。盖布和他的妹妹天神努特交媾，诞育了一众星辰。

宇宙之石
这块巴比伦边界宇宙界石上面雕刻着巴比伦一部法典的男女众神，他们是众神的象征符号。石头顶部一排蝌蚪和太阳神沙马什、月神辛和太阳神大边缘蜿动着身躯，一条地狱之蛇在石头右边象征着女神伊师塔。月神辛和中间一排蛇之蝌蚪象征着女神伊师帕拉。他掌管婚姻和生育，也是誓言的执行者。

月神辛的代表符号是一轮新月

这个金星的符号代表爱情和战争的女神伊师塔

莲花象征纯洁

每天晚上太阳神拉都会被努特吞下，然后在第二天早上被生出

地狱之蛇在宇宙底层塔拉扭动，这里是凶杀者的重生之地

这是猫头鹰卡鲁鲁敏锐的双眼，农神龙戈为了保护自己的房子拿它献祭。

水神伐楼拿端坐在一头神兽上

这座雕塑伫立在新西兰北岛毛利人的集会堂的入口处

金杖象征知识

帕帕和朗吉
毛利人的神话中有地母帕帕与天父朗吉结合的故事。帕帕和朗吉紧紧相拥，致使他们的孩子难以脱离母体。最终，他们的孩子之一——森林之神塔尼迫使帕帕和朗吉分开。

毗湿奴的世界
守护神毗湿奴是印度教的三大主神之一。每个创造的轮回结束时，毗湿奴都会在蛇神舍沙身上安睡，守护用于下一轮回的种子。当他醒来时，种子发芽，新的轮回即将开始。

日神月神

太阳和月亮是众多神话中的主题，它们在白天和黑夜照亮天空，让人们得以辨别时间。美洲原住民祖尼人认为，月母和日父给予人们光明和生命。美洲原住民切罗基人认为太阳神是一位女性，他们还讲述了太阳神之女被响尾蛇咬死的悲伤故事。太阳神因此藏起身来，于是黑暗笼罩世界，她的眼泪变成了泛滥的洪水，只有年轻人的载歌载舞才能取悦她。

罗马女神狄安娜
在这幅图中，狄安娜（希腊神话称之为阿耳忒弥斯）的一只脚踏着月亮，表现出她和月亮密切相关。然而大多数情况下，人们都是将半月形的图案画在她头发上。

狄安娜女神的一只脚踏着月亮。

时间主人
月神托特掌管着埃及历法，他规定一年有12个月，每个月有30天。天空之神努特被施以永不生育的诅咒，然而她从托特那里争取了一年之外的五天时间，借此生育了自己的孩子。

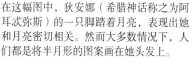

因纽特人面具上的这幅画像代表月亮精灵

羽毛装饰代表众星辰

画像周围的白色镶边代表空气

哺育人类
北极的因纽特人将月亮精灵称为伊加吕克或塔尔科克。萨满通过灵修之旅，祈求月亮精灵将用来猎捕的飞禽走兽赐予人们。月亮精灵还让亡灵们转生为人类或者鱼等动物。

美洲原住民海达人的面具

人们把月神的面孔雕刻在木头上

荼毒世界
美洲原住民海达人的神话中讲述了月神之子伍特西克亚把妹妹从她和瘟神的不幸婚姻中解救出来的故事。他身披钢甲，闯进瘟神家的石屋将她救出，但同时也使世界陷入了疫病的深渊。

太阳神拉
鹰头神荷鲁斯与埃及太阳神拉合力，变成了拉·哈拉凯俤。他驾着"太阳船"在白昼飞越天际，夜晚穿行于地府。

太阳神的光辉照耀在一位敬慕者身上

哥伦布到美洲之前的太阳神黄金面具（公元前300年）

印加太阳神印缇
太阳、月和众星奉印加创世之神维拉科嘉之命前往的的喀喀湖的太阳岛，为世界带去光明。人们认为太阳神印缇是萨帕印加（印加皇帝）之父，他的妻子月神玛玛基莉亚则被视为所有印加人的母亲。

这些凸出的部分象征着太阳神的光芒

钦西安首长举行仪式时佩戴的头饰代表太阳神。

太阳神之子
英雄阿斯迪瓦尔是美洲原住民钦西安人的出色猎手，他曾追赶一只熊直入云霄。这只熊正是太阳神美丽的女儿，她后来嫁给阿斯迪瓦尔为妻。太阳神还有个儿子，他是天界中一位十分出众的王子，总是与他没礼貌的仆人斗智。

生育女神伊师塔

水神埃阿

沙马什现身于两山之间

黑暗之敌
在英雄吉尔伽美什出现之前，只有巴比伦太阳神沙马什能穿越死亡之海。沙马什既是法典的制定者又是医疗者。与此同时，他还是黑暗、不法行为和疾病的死对头。

手持草薙剑、佩戴八尺琼勾玉的天照大神

太阳女神天照大神
日本神话中的太阳女神天照大神因弟弟素盏鸣尊的恶作剧，暴怒之下藏进了天岩户，世界从此一片黑暗。滑稽女神天钿女命表演了一段脱衣舞，惹得众神哈哈大笑。出于好奇，天照大神推开岩户向外窥看，她的再度现身使大地终于重见光明。

人类起源

所有神话故事中都有人类起源的传说。尤那利特人称，他们的始祖诞生于海边香豌豆的豆荚中。当他破荚而出时，渡鸦前来与之相见并教会他生存之道，还用黏土给他造了一个妻子。古埃及人认为，最早的人类是由太阳神拉的眼泪造就的。塞尔维亚人认为人类源自造物主的汗水。北欧神灵奥丁用漂流木制造了第一个男子和第一个女子，不过另一个神话说的是北欧神灵海姆达尔创造了各种各样的人。

蛇身女神
女娲是中国上古神话中的创世女神，她的外形是人首蛇身。因孤独而闷闷不乐的女娲用泥土和水制造了人类。

梵天生有四颗头颅，因此他可以眼观四方

造物主梵天
印度教造物主梵天是宇宙之魂，也是超然于世的万物之祖。他创造了世界以及世界上的万事万物。人们有时也称他为"神我"，即世界上第一个生灵。"神我"将自己分为雌雄两部分，并以蚂蚁、人类等每一种动物的形式交媾。

塔纳格罗创造了其他生灵

来自西非约鲁巴的雕刻木碗

宇宙之蛇阿依多-赫维多缠绕着大地

黏土之躯
西非的造物主麻乌-力萨用水和黏土制造了第一支民族。世上第一对男女被彩虹蛇阿依多-赫维多送下界，人们有时将他们称为阿达呼和伊娃。

阿达呼　　　伊娃

这座木雕来自波利尼西亚的土布艾群岛，当地人将众神之首塔纳格罗称为阿阿。

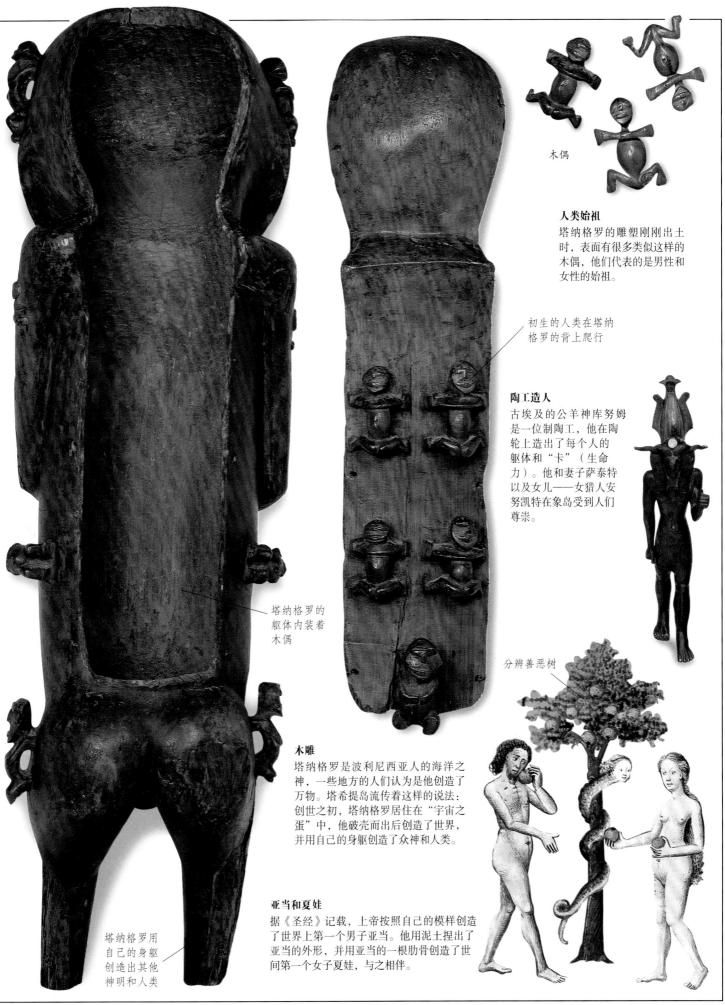

木偶

人类始祖
塔纳格罗的雕塑刚刚出土
时，表面有很多类似这样的
木偶，他们代表的是男性和
女性的始祖。

初生的人类在塔纳
格罗的背上爬行

陶工造人
古埃及的公羊神库努姆
是一位制陶工，他在陶
轮上造出了每个人的
躯体和"卡"（生命
力）。他和妻子萨泰特
以及女儿——女猎人安
努凯特在象岛受到人们
尊崇。

塔纳格罗的
躯体内装着
木偶

分辨善恶树

木雕
塔纳格罗是波利尼西亚人的海洋之
神，一些地方的人们认为是他创造了
万物。塔希提岛流传着这样的说法：
创世之初，塔纳格罗居住在"宇宙之
蛋"中，他破壳而出后创造了世界，
并用自己的身躯创造了众神和人类。

亚当和夏娃
据《圣经》记载，上帝按照自己的模样创造
了世界上第一个男子亚当。他用泥土捏出了
亚当的外形，并用亚当的一根肋骨创造了世
间第一个女子夏娃，与之相伴。

塔纳格罗用
自己的身躯
创造出其他
神明和人类

至上之神

在大多数神话中都有一位凌驾于其他众神之上的神明。这些至上之神或许会与创世和造人相关。许多至上之神，如希腊主神宙斯，基本都是天空之神，还有的则是太阳神、战神、城市守护神或部落之神。在许多文化，尤其是非洲文化中，人们认为至上之神已在创世之后从世间隐退。久而久之，这些神灵可能会被世人遗忘。

独眼巨人为宙斯打造了雷电火。

希腊之主
宙斯是希腊众神之主。宙斯推翻了父亲克洛诺斯，在奥林匹斯山建立了自己的统治。他的妻子赫拉是掌管婚姻的女神，常因丈夫的风流韵事而妒火中烧。阿波罗、阿耳忒弥斯和英雄珀耳修斯、赫拉克勒斯都是宙斯的私生子女。

这个青铜制成、白银装饰的青铜时代晚期神像代表的是风暴神巴力

造雨之神
迦南人的风暴之神巴力用他的权杖创造了惊雷，用他的长矛创造了闪电。巴力打败了父亲厄力最钟爱的儿子海神淹，以示对厄力的反抗。另一个神话故事讲的则是他与死神莫特的旷世之战。

巴比伦众神之王
这个长相像狗的龙就是巴比伦神王马杜克的象征。当他同意杀死怪龙提阿玛特时，强健有力、英勇无畏的他便获得了凌驾于众神之上的权威，包括他父亲智慧之神以亚。

这个头饰由250多只绿咬鹃的羽毛制成

阿兹特克的羽蛇神奎策尔夸托

羽蛇神
半蛇半鸟的奎策尔夸托是阿兹特克人的生命之主和风神。他到冥界去取回早期人类的骨头，用来创造新的生命。

阿兹特克的末代统治者蒙提祖马二世的羽毛头饰

芬兰卡莱利亚
的木制康特勒
琴，1893年制

该陶器是明朝的
道教神龛，1406
年制。

图中所示的是骑
着神兽的道教武
神真武大帝

唱歌的萨满
永恒的歌者维纳莫宁是芬兰的空
气女神伊尔玛塔之子。他生来就
很老，所以没有女子愿意嫁给
他。维纳莫宁是一名萨满，他的
歌声在酷似竖琴的康特勒琴的伴
奏下极具魔力。

元始天尊

天庭之主
中国的众仙形成了一个庞大的官僚体系，
为首的是玉皇大帝。玉皇大帝由东岳大帝
襄助，执掌着至少75个部门。玉帝之妻是
西王母，她掌管可使人长生不老的蟠桃
园，每千年都举办一次蟠桃盛宴。

黑檀木制的杵
和臼，来自东
非坦桑尼亚

臼

杵

玉皇大帝

通往天国的阶梯
尼阿美是非洲阿善堤人
的天空之神。他以前跟人
类住得很近，但是一个老
妇人捣番薯时用杵敲击
到他，一怒之下他搬到
了天上。老妇人和他的儿
子们试图追上他，把臼子
一个个摞起来，但到最后
还差一个。他们把最底下
的那个臼子拿出来，准
备放到最上面，结果摞
起来的臼子轰然倒塌，
众人因此丧命。

洪水暴雨

大洪水的故事是世界上所有神话中流传最广的故事之一：那场洪水让整个世界化为一片汪洋，幸存者仅寥寥数人。最早关于洪水的故事出现于美索不达米亚史诗《吉尔伽美什》中，故事中的乌塔那匹兹姆派鸽子去查看洪水是否消退。美洲原住民曼丹部落讲述了独行者划着独木舟从洪水中逃生的故事。希腊主神宙斯烦透了人类的种种恶行，他发动洪水，试图灭亡全人类。但是，巨人普罗米修斯预先告知儿子杜卡利翁洪水将至。杜卡利翁及时建造了一只方舟，拯救了自己与妻子。

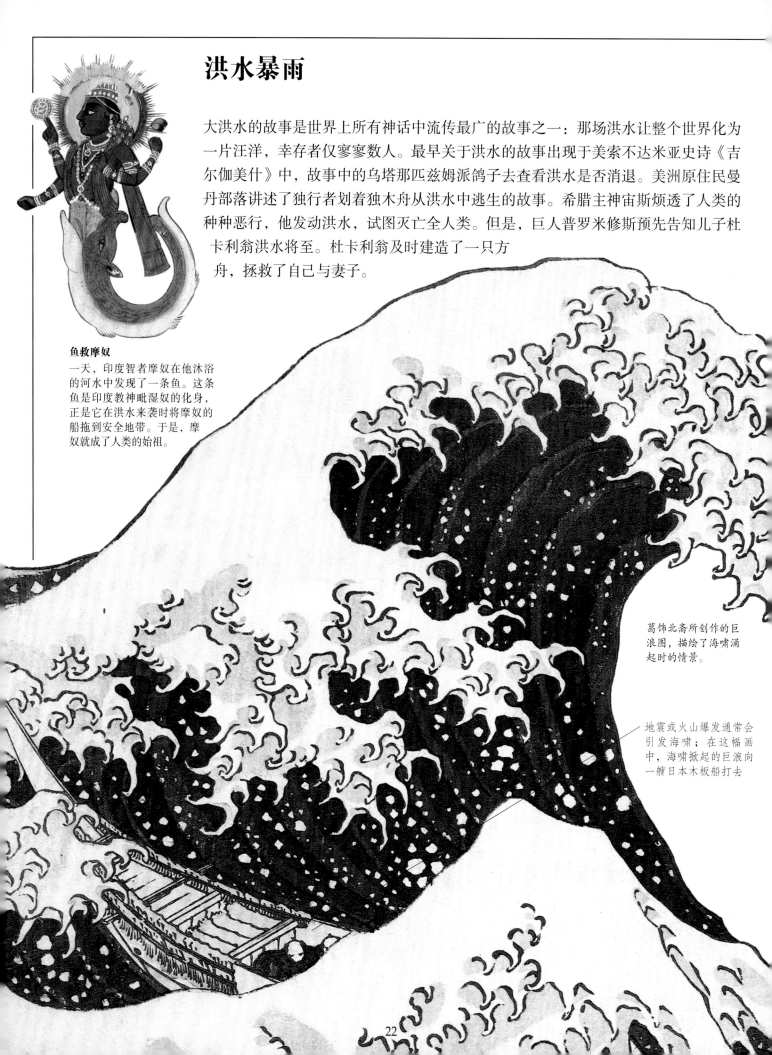

鱼救摩奴
一天，印度智者摩奴在他沐浴的河水中发现了一条鱼。这条鱼是印度教神毗湿奴的化身，正是它在洪水来袭时将摩奴的船拖到安全地带。于是，摩奴就成了人类的始祖。

葛饰北斋所创作的巨浪图，描绘了海啸涌起时的情景。

地震或火山爆发通常会引发海啸；在这幅画中，海啸掀起的巨浪向一艘日本木板船打去

22

亚特兰蒂斯王国

希腊海神波塞冬爱上了一位名叫柯雷托的女子，并给她建造了一座天堂岛。波塞冬与柯雷托的儿子们在岛上建立了亚特兰蒂斯王国。几兄弟群策群力，开明治国，后来统治者们逐渐变得贪婪、腐败，波塞冬因此掀起大浪，淹没了亚特兰蒂斯。

用热带鸟类羽毛制作的头饰

印加帝国历代统治者萨帕印加所穿的毯状斗篷

恰克的左手端着一只碗，右手捧着一颗熏香球

玛雅的造雨者

恰克是玛雅神话中的雨神，他劈开巨石，发现了第一株玉米。也正是他每年送来及时雨，使玉米得以生长。然而，降雨有时会是狂风暴雨，恰克在暴风雨中挥舞着他的闪电武器。

巨浪

洪水可能是由诺亚方舟等故事中这样的倾盆大雨引发的，也可能是由淹没亚特兰蒂斯那样的巨浪引起的。

造人之神

印加的创世之神维拉科嘉对自己最初用石头雕刻的人类非常不满意，就降下洪水将其溺毙。之后，他再次尝试造人，将材料换成了黏土。他乔装成乞丐在新造的人群中云游，教授他们生活之道。

诺亚方舟

上帝看到人类变得十分邪恶，于是决定用洪水淹死他们。他预先告知诺亚，命他建造一艘方舟来搭载他的家人以及每种动物雌雄一对，让他们在洪水消退后能够延续生命。洪水消退，上帝将彩虹悬于天空，并以此允诺世间：他不会再用洪水来毁灭人类了。

许多人认为，神灵们居住在日本富士山的山峰上，那里常年覆盖着皑皑白雪

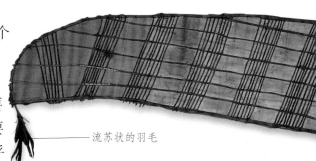

— 流苏状的羽毛

自然要素

纵观世界，创造了我们生存的这个星球的自然力往往是神话的核心。在西方传统中，人们认为火、气、土、水是构成世界的四大要素。而中国人则认为存在着五大要素，即木、火、土、金、水。几乎所有的神话都讲述了人类获得火种的故事，并且故事中的火种通常都是从太阳那里盗来的。空气和天空之神地位显赫，许多主神名字就是"天空"之意，比如希腊的主神宙斯。尽管大地（代表土）有时被看作是男性的，但大多数情况下人们将其视为母亲。

佩雷，夏威夷
火神

阿耆尼的肚子总是圆鼓鼓的，因为火焰能吞噬一切

奥罗昆，居住在贝宁和尼日利亚一带的埃多人的海神

吞火之神

凡是火焰燃起的地方，就是印度教火神阿耆尼的现身之地。阿耆尼曾经帮助一个人找回了他被智者婆利古带走的妻子。于是婆利古就对阿耆尼下了诅咒，迫使他以大地上一切污秽为食。但是，阿耆尼在吞噬污秽的同时，也用自身的火焰净化了它们。

火山女神佩雷

基拉韦厄火山是夏威夷最壮观的火山，那里的人们将佩雷奉为火神。她就像火山一样，情感强烈且脾气暴躁。佩雷曾经爱上了考艾岛的王子，但王子却喜欢佩雷的姐姐。于是，佩雷就用熔岩把王子团团围住，将他变成了石头。

奥罗昆之海

他力量强大无比，是一切财富之源，也掌控着新生命的诞生，因为新生儿的灵魂必须穿越海洋才能诞生。他的宫殿宛如天堂，那里到处回荡着他的孩子和妻子们（即众多河流）的喧闹声。奥罗昆河是地球上所有水域的源头，也是海洋之源。

天空之人
塔瓦基是波利尼西亚人的伟大英雄。新西兰的毛利人视其为雷电之神。他的父亲赫马的眼睛被地精挖去用作灯光，塔瓦基于是就化作一只风筝，飞上天界替父报仇。

涂有彩绘的脸孔上面镶嵌着珍珠母眼睛

风筝由帆布和树枝制成

毛利人的人面鸟形风筝

滚滚惊雷

雷神被描绘成空中魔鬼的形象

敲出惊雷的鼓槌

大地之母
众神之母托茨是阿兹特克神话中至关重要的大地女神。她既掌管着收获、生育和医疗，又掌管着战争和冲突。

阿兹特克人的大地女神雕像

滚滚惊雷
这位身材魁梧的日本神明在他的"太鼓"上敲出了阵阵惊雷。日本神话中的诸位雷神力量强劲，极具威胁。

波塞冬的三叉戟

澳大利亚北部原住民使用的石斧

惊涛骇浪
波塞冬是希腊神话中的海神，他性格狂暴，报复心极强。他的儿子被奥德修斯弄瞎了眼睛，于是他就对奥德修斯展开了疯狂报复。波塞冬不仅能够掀起海上的风暴，有时还是地震的始作俑者。

日本雷神

闪电之神
纳玛刚是澳大利亚北部原住民的闪电之神，他一边用惊雷闪电震撼大地，一边用石斧劈开重重乌云。

自然世界

人们认为，自然界的所有要素——动物、花朵、小草、树木，都是众神的恩赐，并由众神庇护。在许多文化中，人们都将地球奉为母亲女神，因为她为万物提供养料，让万物生生不息。但是，这些文化也让某些神灵掌管特定的作物，如北美原住民的玉米或日本人的稻米就由某个神灵来掌管。

游猎部落认为猎物是由众神圈养或释放的，北美因纽特族掌管海兽的女神塞德娜就是这么一位神明。

用这种芦苇来制作芦笛已有5000年的历史

西班牙芦苇

玉米穗轴

潘神的排箫

长着山羊角和山羊腿的潘神是希腊牧神，主管绵羊和山羊。潘神的丑陋面貌令敌人心惊胆战，落荒而逃。潘神还是位多情男子。林泽仙女西琳克丝为了躲避他，变身为一丛芦苇。但是潘神用这丛芦苇制作了一支排箫。这样，西琳克丝就能永远留在他身边了。

司春之神

阿兹特克的司春之神西佩·托堤克为使新生命萌发，将自己的皮肤剥落，就像玉米种子冒出新芽那样。每逢节日，年轻男子们身披人皮，以示对他的敬意。

农夫收获大米

稻荷之神

日本的每个村庄都有一个专门供奉稻荷神的神社。春天，稻荷神走出居住的山间，秋天稻谷丰收之后再返回山中。

米粒

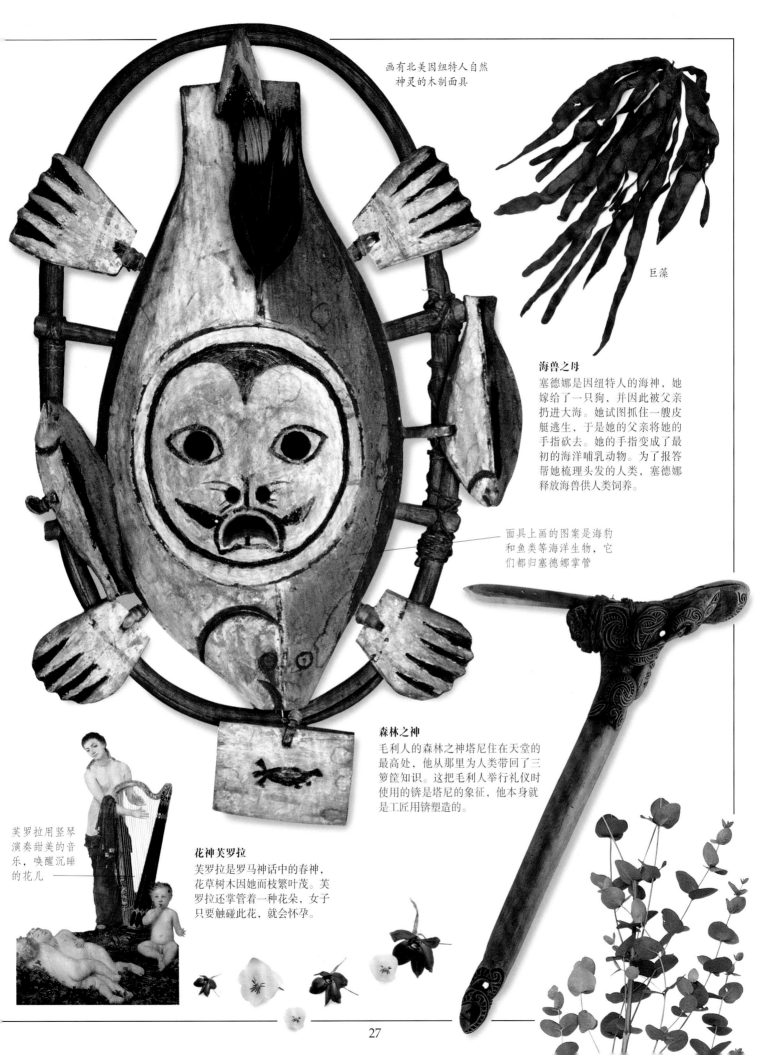

画有北美因纽特人自然
神灵的木制面具

巨藻

海兽之母

塞德娜是因纽特人的海神，她
嫁给了一只狗，并因此被父亲
扔进大海。她试图抓住一艘皮
艇逃生，于是她的父亲将她的
手指砍去。她的手指变成了最
初的海洋哺乳动物。为了报答
帮她梳理头发的人类，塞德娜
释放海兽供人类饲养。

面具上画的图案是海豹
和鱼类等海洋生物，它
们都归塞德娜掌管

森林之神

毛利人的森林之神塔尼住在天堂的
最高处，他从那里为人类带回了三
箩筐知识。这把毛利人举行礼仪时
使用的锛是塔尼的象征，他本身就
是工匠用锛塑造的。

芙罗拉用竖琴
演奏甜美的音
乐，唤醒沉睡
的花儿

花神芙罗拉

芙罗拉是罗马神话中的春神，
花草树木因她而枝繁叶茂。芙
罗拉还掌管着一种花朵，女子
只要触碰此花，就会怀孕。

发掘于一座王子墓中（约公元前5世纪）的凯尔特青铜马

马神艾波娜

艾波娜是凯尔特神话中的女马神，与母亲三女神有着密切的联系，母亲三女神经常以哺育婴儿的形象示人。和她们一样，艾波娜常和谷物等生育象征物一同出现，不过她主要与养马配种有关。

生育繁衍

有史以来，许多文化中都有对母亲女神（常以大地的形象出现）的崇拜现象。赫梯古国的农业之神特里皮努一怒之下隐居起来，使人类开始忍饥挨饿，后来母亲女神哈娜哈娜将他找了回来。希腊神话中的谷物女神德墨忒耳近乎绝望地寻找女儿珀耳塞福涅，于是世间万物凋零，这也是希腊神话中的一个重要部分。掌管生育的并非只有女神，北欧神话中掌管生育的是男神弗雷，而埃及神话中担负同样职责的是男神敏和男神奥西里斯。

弗雷和弗雷娅

孪生兄妹弗雷和弗雷娅都是北欧的丰饶之神。人们在冬季用马车供奉着弗雷的神像辗转于各地，以这种方式祈祷来年农作物丰收、人口繁衍。公认最漂亮的女神弗雷娅掌管爱情和占卜。

弗雷娅女神驾驶着战车。

弗雷用一只手握着象征万物生长的胡须

翡翠裙

查尔丘特里魁意为"翡翠裙之神"，她是墨西哥神话中地位显赫的河湖女神，同时掌管着生育。人们经常将她描绘为一对婴儿的形象。

河湖女神查尔丘特里魁站在水中，身旁有一只巨型蜈蚣

这是美洲原住民易洛魁人用玉米皮制作的面具。他们戴着这种面具参加隆冬时节举行的仪式，以求来年丰收

伊师塔石膏像（约公元前300年—前200年）

婴儿荷鲁斯

爱神
伊师塔是巴比伦神话中的爱神，她曾独闯冥界去营救她死去的丈夫——植物之神坦姆斯。

伊西斯和荷鲁斯
埃及女神伊西斯常常以哺育她的婴儿荷鲁斯的完美慈母形象出现。尚在襁褓之中的荷鲁斯被蝎子咬伤，性命危殆，恰在此时路过的太阳神拉派月神托特为孩子治疗，使他康复。

第一位母亲
美洲东北部的原住民有个有关第一位母亲的传说：第一位母亲出生于叶子上的露水中。人类的数量不断增加，并最终遭遇饥荒，于是第一位母亲主动要求牺牲自己并被埋于地下。在这之后，她的遗体中生长出了第一棵玉米。

铸造维纳斯像的模具（右图）

维纳斯和阿佛洛狄忒
维纳斯是罗马神话中的爱神、美神和生育女神。她原本是农田和园艺女神，后来人们将其与希腊神话中的阿佛洛狄忒联系起来。阿佛洛狄忒只掌管爱情，婚姻和生育分别由赫拉及其女儿埃勒提亚掌管。

维伦多尔夫的女神
这座石头小雕像发现于奥地利小镇维伦多尔夫，它是母亲女神的象征，时间可以追溯到新石器时代。

神的子女

在很多神话中，众神也会像人类一样繁衍后代。他们的孩子会成为其他的神，或者成为半人半神的英雄，比如库丘林与赫拉克勒斯。许多至上之神，比如北欧主神奥丁和希腊主神宙斯，被称为"众生之父"，以彰显他们在众生之中的重要地位。然而，并非所有神的后代都会给世界带来福音。

灵鱼摩蹉

神龟俱利摩

毗湿奴的化身
印度教主神毗湿奴是宇宙的维护者，它曾有九种不同的肉身。毗湿奴的第十大化身——白马迦尔吉将在现世结束之前降临，摧毁并重建世界。

野猪筏罗诃

法老始祖
长着鹰头的荷鲁斯是埃及神明伊西斯和奥西里斯的孩子，他的眼睛分别象征着太阳和月亮。奥西里斯被自己的弟弟赛特杀害，而伊西斯却使成为木乃伊的奥里西斯重生，并怀上荷鲁斯。

库丘林驾着战车冲入战场

丑陋的战士
库丘林是爱尔兰神话中的英雄，是一位骁勇的战士。他是太阳神鲁格的儿子。平日里英俊的他在战场上却变成了一个怪物。被杀之前，库丘林将自己绑在巨石柱上。这样即便死了，也会屹立不倒。

王子罗摩

孪生水神
西非马里的多贡人认为创世神灵安玛与大地之神生下了双胞胎诺母。这对双胞胎上半身是人，下半身像蛇。孪生诺母是绿色的，他们用植物和树木给大地母亲穿上了外衣。

这个多贡首领的凳子上装饰着诺母的形象，他们双臂伸展，立于天地之间

英雄赫拉克勒斯
希腊神话中的英雄赫拉克勒斯是宙斯和凡间女子阿尔克墨涅的私生子。宙斯的妻子赫拉生性善妒，她派出两条可怕的毒蛇去杀害赫拉克勒斯。而尚在襁褓中的赫拉克勒斯掐死了毒蛇，显示出神的天性。

吓人的怪物

巨人在神话中随处可见。虽然巨人们的高大身材令人惊恐，但人们通常认为他们行动迟缓、头脑愚笨，容易上当受骗。例如，独眼巨人波吕斐摩斯居然对奥德修斯假称自己叫作"没有人"的说辞信以为真。奥德修斯用炽热的火棍将他的独眼刺瞎后，他高声痛呼："没有人在攻击我！"

独眼巨人只有一只眼睛

他们用锋利的门牙扯下猎物身上的肉

独眼食人魔
波吕斐摩斯只是独眼巨人族中的一员。乳齿象（已经灭绝的类似大象的哺乳动物）的头骨曾被认为是独眼巨人的遗骸。

乳齿象的头骨

独眼巨人的胃口大得出奇，它一顿饭能吞下好几个猎物的尸体

独眼巨人的外衣由猎物的皮毛制成

独眼巨人将猎物肢解

祖先崇拜

在众多文化中，人们对亡灵的邪恶力量充满畏惧，但人们也相信祖先亡灵有着庇佑神力，既可以看护未亡者，也可以为他们指点迷津。正因如此，人们常为祖先陵寝奉上贡品。在中国和日本，人们把祖先名讳刻在木制牌位上，并把牌位供在家里的祠堂中。在古埃及，生者对死者的付出可谓尽心尽力，在世的长子要为悼念已故父母竖立纪念碑，这是头等大事。

罗穆卢斯和雷穆斯
神话中罗穆卢斯是罗马的缔造者，他及孪生兄弟雷穆斯是战神马尔斯之子。他们在婴儿时期就遭遗弃，靠着吮吸狼奶活了下来。

巴布亚新几内亚中部塞皮克河的女性雕像

来自西非贝宁的约鲁巴青铜小雕像

奥尚崇拜者的队伍

奥尚崇拜
在非洲的许多地方，人们崇拜祖先，向他们祈求身体健康、多子多孙、财源广进。西非的约鲁巴人崇拜奥尚，她是同名的河流女神。

给予生命的祖先
在新几内亚，人们会在摩古如仪式（赋予生命的仪式）上供奉祖先的雕像，在这个仪式上年轻人被接纳为成年人，身为勇士的男子会身怀高超技艺。

酋长巨像

拉帕努伊岛（即复活节岛）是一座位于太平洋东部的岛屿，该岛荒芜偏僻，布满火山岩，并有上百座独立巨石像伫立其间。

灯笼节

日本每年7月会庆祝盂兰盆节，亦称灯笼节。庆祝目的是纪念亡灵，因为据说它们会在节日的三天期间重返人间。

梦创时代的祖先

澳大利亚原住民所崇敬的祖先生活在永恒存在的梦创时代，他们在此不断地创造世界。原住民还将有关梦创时代事件的图画雕刻在神圣的木、石制品上作为护身符。这些物品体现了祖先的精神力量。

澳大利亚原住民使用的石刀

树皮护套

巴布亚祖先牌位

33

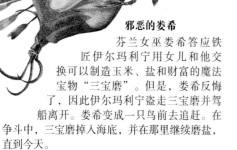

豁牙缝的鹰女娄希在空中张牙舞爪

邪恶势力

除了掌管死亡和生育的神祇之外，世界神话中还有许多魔鬼以及邪恶势力。与之抗衡的则是正义力量，他们的职责是扬善除恶。在西伯利亚神话中，创造之神乌干用浮于原始海洋表面的泥土为自己制造了同伴埃利克。但是，埃利克对乌干百般忌妒，他私藏泥土，试图创建自己的世界。埃利克因反叛举动被打入地狱，簇拥四周的尽是邪恶的灵魂。

邪恶的娄希

芬兰女巫娄希答应铁匠伊尔玛利宁用女儿和他交换可以制造玉米、盐和财富的魔法宝物"三宝磨"。但是，娄希反悔了，因此伊尔玛利宁盗走三宝磨并驾船离开。娄希变成一只鸟前去追赶。在争斗中，三宝磨掉入海底，并在那里继续磨盐，直到今天。

奸诈之神

洛基是北欧神话中的奸诈之神，与众神不和，成为奥丁神之子巴德尔之死的罪魁祸首。因此，他必须忍受毒液滴蚀脸庞的巨大痛苦，直到"诸神的黄昏"前夕才摆脱桎梏，并驾驭着战船率军迎战众神。

食人女巫

芭芭雅加是俄罗斯神话中的食人女巫，她经常乘着一个巨大的研磨罐在空中飞来飞去。

金刚手菩萨右手持金刚杵

外貌凶悍的金刚手菩萨像

缀满绿松石的火焰状头饰

降魔者

金刚手菩萨手持金刚杵除恶降魔。金刚手菩萨是八大菩萨之一，他与印度教的天界主宰因陀罗有许多相似之处。

掌管雷电，是法律和秩序的象征

芭芭雅加用她的大杵掀起风暴，传播疾病

奇稻田姬，日本神
话中的稻田公主

闷闷不乐的素盏呜尊
日本神祇伊邪那岐在沐浴时缔造
了"三贵子"：太阳女神天照大
神、月亮神月读命、风暴和混乱
之神素盏呜尊。

这张19世纪
的印刷品上
写着素盏呜
尊的名字。

素盏呜尊

首次人祭
阿兹特克女神柯特里克孕育胡特兹洛波奇特利时，
她的女儿柯由谢奎炉火中烧，率400名兄弟攻击并
杀害了柯特里克。但是，胡特兹洛波奇特利从母亲
的尸体中一跃而出，杀死了他的姐姐，使之成为首
次人祭的牺牲。

难近母十只手中各
持一件特殊武器，
是神力的象征

无敌的难近母
印度教女战神难近母是伟大女
神提毗的别称，她的使命是为
了迎战征服了天界的阿修罗
（神灵的邪恶敌人）。

日本神话中的风暴
之神素盏呜尊

35

超级英雄

所有神话都歌颂了各类人物勇猛无畏的丰功伟绩。人们常说他们是神灵的子女，或是得到了神灵的特别眷顾。一些英雄单枪匹马即可将一波又一波的敌人击溃，并将在各个国度惹是生非的怪物铲除。格萨尔王是典型的英雄，他本是神灵，却以凡人的身份降生人间。格萨尔长大成人之后成了一位英勇的国王，他在生命终结之时返回天界，但今后会再降凡尘，因为邪恶势力绝不会完全销声匿迹。

波吕涅刻斯被暴尸荒野

勇敢的安提戈涅
安提戈涅是古希腊底比斯国王俄狄浦斯之女。俄狄浦斯死后，两个儿子厄忒俄克勒斯和波吕涅刻斯争权夺利、自相残杀，最终同归于尽。他们的舅父克瑞翁将波吕涅刻斯视作叛徒抛尸荒野。安提戈涅违抗舅父旨意，在波吕涅刻斯的尸体上撒了三把土，象征性地将其埋葬。克瑞翁把她关进一个山洞里，不给她吃的喝的，于是她自缢身亡。

克里希纳演奏魔笛时，聆听到笛声的女子会随着他翩翩起舞

克里希纳是毗湿奴的化身之一，所以总是蓝色的

莲花是大地的象征

北美原住民制作的串珠腰带

串珠由白色和紫色的蚌壳制成

躲避恶魔者
克里希纳是印度教神灵毗湿奴的第八个化身，是位受人敬仰的神灵。儿时，母亲带他到乡间逃难，因为当时他们遭到邪恶国王坎萨的迫害。坎萨派女妖去毒害克里希纳，却反而被他吸走生命。

和平使者
德坎纳—维达降世的目的就是为了从众天神的酋长那里使和平潮流降临在五个正在交战的北美原住民部落之间。德坎纳—维达将莫霍克族酋长海华沙任命为他的和平使者。

齐格鲁德杀死了巨龙

屠龙者
北欧英雄齐格鲁德杀死巨龙法夫纳，以夺取它的财宝。之前，法夫纳的弟弟雷金唆使齐格鲁德除掉巨龙，并把它的心脏取回来。但雷金密谋加害齐格鲁德，以将财宝据为己有。

可以变成巨龙的法夫纳

当后羿射日时，太阳以乌鸦的模样跌落在地

长有牛头人身的弥诺陶洛斯

除魔者
忒修斯是最伟大的雅典英雄，传说他是海神波塞冬之子。他最卓著的功绩就是除掉了半人半牛怪弥诺陶洛斯。

后羿获得了一服长生不老药，嫦娥却喝下了它，于是飘进月宫

神射手后羿
传说古代中国人认为天上原本有十个太阳，这些太阳轮流照耀天空。但是有一次，它们一同出来玩耍，于是大地上立时草木焦枯，万物不生。天帝派后羿来给它们点教训，于是后羿射落了其中的九个太阳。

天堂之门由两位士兵把守

凡人走在通往天堂的路上，意欲升仙

珀耳修斯手提美杜莎的头颅

希腊的守卫者
珀耳修斯是希腊神灵宙斯与少女达那厄的儿子。为了将母亲从被迫的婚姻中拯救出来，珀耳修斯同意去取美杜莎的首级。他利用铜盾做镜子，避开了美杜莎的目光，成功砍下了她的头颅。

男男女女全体下跪，哀悼亡者

祭坛上摆满食物

吉尔伽美什紧紧抓着一只捕获的幼狮

阴间的景象

吉尔伽美什王
吉尔伽美什是古代美索不达米亚的伟大英雄。他是个半人半神的国王，与挚友恩奇杜一起斩妖除魔。

公元前2世纪用来陪葬的帛画

美杜莎死在珀耳修斯脚下

神灵武器

神灵所持武器包括刀剑、长矛、斧头和弓箭，它们是人类武器的反映。例如，北欧众神之首奥丁即手持神矛，并用它来挑起战争。但是神灵也可释放自然界的力量，将其用作武器，其中最著名的当属闪电。武器也可以顺手拈来：希腊半神英雄赫拉克勒斯的大棒本是一棵连根拔起的橄榄树。即使神灵手无寸铁，傲慢无礼或是邪恶奸诈者也会遭到惩罚。希腊猎人阿克特翁因偷看未带弓箭的女神阿耳忒弥斯沐浴而被她变成了一只牡鹿，最终被自己的一群猎狗咬死。

兄弟大战

这件19世纪部落酋长使用的斧头是塔尼的象征。塔尼是大洋洲的森林之神，他将天地分开之后，与兄弟海洋之神塔纳格罗开始了一场恶战。

希腊神灵宙斯操纵着霹雳

雷和闪电

暴风雨会释放出令人畏惧的能量，很多人认为这是神灵震怒的标志。诸多神灵将雷电当作武器，包括希腊神话中的宙斯。北美原住民敬仰雷鸟，当它拍打翅膀时就会打雷，眨眼就会打闪。

尚戈神前瞻后睹，没人可以逃过他的目光

喷出雷电

这种在祭祀仪式上所用的权杖象征着尚戈神，他是西非约鲁巴人崇拜的雷电之神。他的标志是象征雷电的双刃斧。

为了恐吓尚戈神之敌，他的崇拜者会手执雷电形状的权杖，并随着鼓声手舞足蹈

神奇之剑

北欧神明弗雷拥有一把可以自己舞动与敌拼杀的宝剑。然而他把剑送给了随从史基尼尔，感谢他为自己赢得了美女吉尔达的爱情。据说，在"诸神的黄昏"末日之战中，弗雷与火巨人史尔特尔决一死战。但是没了那把神奇的宝剑，弗雷惨遭失败，让史尔特尔烧毁了整个世界。

丹麦铁剑

原始兵器

回旋镖是澳大利亚土著人使用的一种重要兵器。第一支回旋镖代表着土著传说中的彩虹蛇，据说是由生长在天地之间的树木制成的。

彩虹蛇

澳大利亚土著人作战使用的回旋镖经过精心设计，抛出时做直线运动，且射程较远

17世纪铜制金刚杵

在宗教仪式上或沉思冥想时使用的金刚杵

铁刀

奥贡是西非约鲁巴人的铁与战争之神。当地球仍是潮湿的荒原时，奥贡常借助蜘蛛网从天堂爬下来，去沼泽地里打猎。大地形成之后，奥贡用他的铁刀将陆地清理干净。人们最后看到他时，他与铁刀一同沉到了地底下。

敬拜奥贡的仪式上用的刀

仪式上使用的弓箭

狩猎女神

罗马神话中的狄安娜（即希腊神话中的阿耳忒弥斯）是掌管狩猎与箭术的女神。她还是所有野生动物的守护者。

野生动物守护者狄安娜

祭拜者以奥贡的名义立下誓言，并将舌头抵在刀剑或其他铁器上，这样的誓言是有约束力的

丹麦的托尔铁锤的银复制品

托尔端坐在山羊战车上。

托尔的铁锤

托尔是北欧雷神，他是众神之首奥丁的儿子，母亲是大地之神。他拥有一把神奇的铁锤，即"雷神之锤"，每次扔出去之后都能百发百中，然后自动回到他的手上。

战争之神

人类历史是在战争和冲突中形成的，在诸多神话传说中，战争之神拥有很高的地位。古希腊有两位战神：阿瑞斯是战争之神，雅典娜则是战略女神。女神对战争充满兴致，这在神话中并不罕见。伊师塔是美索不达米亚司爱情与战争的女神，摩莉甘是爱尔兰的战争女神，可以化作乌鸦，并以此形象永远停留在将死的英雄库丘林的肩头。不过多数战神都是男性，许多神都嗜血成性，耽于屠杀。

古希腊战略女神
阿瑞斯是希腊战神，而雅典娜则是战略与智慧之神。她从父亲宙斯的头颅中诞生，披坚执锐，随时准备投入战斗。

身为铁匠之神的谷教授第一批人类如何制造工具

戴着头盔的马尔斯

护佑他人的马尔斯
马尔斯是古罗马战神。他最初可能是农业之神，尽管后来成为战神，但依旧发挥着护佑他人的作用。士兵们在战争前后都会向马尔斯献祭。

铁神
谷是麻乌–力萨所生的第五个孩子，是西非的创造之神。他是由铁制成的，有时也被描绘成铁剑的形象。

古神
古是夏威夷的战争之神。他拥有多个名字，分别用来描述他不同的角色。作为木匠的守护神，人们称之为"能用扁斧劈出独木舟的古神"。

谷的铁像，他是西非丰族人所敬拜的战神。

战争神灵
　　维京人的神灵奥丁手下有女武神瓦尔基里，她们根据奥丁的意愿，负责骑马奔赴战场决定胜利或者死亡。她们会在瓦尔哈拉圣殿等候阵亡战士灵魂的到来。

瓦尔基里驭马而行，从战场上带走死亡战士的灵魂，再把他们带到奥丁的瓦尔哈拉圣殿

北欧主神奥丁牺牲了一只眼睛作为对智慧的回报

公元前4世纪的中国青铜剑

北欧众战神
　　维京人崇拜的众神是众神灵中最尚武好斗的。他们的首领战神奥丁崇尚武力，动员他麾下的勇士们投身战斗。

长矛是维京战士最钟爱的武器之一

印度战神
　　生有六个头颅的塞建陀是印度教的战神，他是湿婆的儿子。他降临世间的使命是除掉多罗伽，这个妖怪一直在压制众神。

中国战神
　　关羽是中国的战神。他原来只是个卖豆腐的商贩。然而，他在杀死了一名地方官之后不得不逃离家乡，寻求生路。关羽从戎之后，与刘备、张飞桃园结义。1594年，他升至战神地位。

中国战神关羽像

通灵巫师

古希腊人带着问题来到特尔斐神庙的阿波罗神谕处，这里有位名叫皮提亚的女祭司，她会进入精神恍惚的状态，口齿不清地念叨着古怪的话，这些话随后由一位祭司来做解释。维京人的女先知以类似的方式回答人们的问题。西伯利亚的萨满巫师、北美原住民的巫医以及澳大利亚土著的卡拉吉（即智者）用击鼓、跳舞和唱歌的方式进入一种与常人不同的精神状态，这样他们即可通灵了。

指引之神
古希腊神赫耳墨斯是众神的信使，也是灵魂进入阴间的指引者。

人骨雕刻成的笛子

神职人员朝这个孔讲话，他的原声就会失真，发出低沉的声音

变声装置
尼日利亚蒂夫族祭司使用这种变声装置让其祖先神灵蒂夫通过他之口以一种尖锐刺耳的声音说话。

光环象征着加内什的神圣

用来制造幻象的法索

祈祷的传达者
加内什是湿婆神的儿子，他聪颖智慧，生有象头，是商业兴旺之神。印度教徒在外出旅行、生意开张或是筹备婚礼之前，都会将供品呈送给这位大腹便便的神灵。

地藏王菩萨是儿童和旅行者的守护神

吉祥饰物
在日本盛行的神札是一种带着神灵名字的护身符。人们用之驱邪消灾，招来好运。它们常被置于家里的神龛中，用来保护全家平安。

祖先神灵端坐于世界之树最顶端的枝丫上；萨满巫师向上攀登，寻求他们的援助

萨满巫师的信使通常化作动物的模样

人们击鼓，召唤神灵来帮助萨满巫师

悬挂在腰带上的金属装饰用于辟邪

萨满巫师
人们相信萨满巫师能够产生改变生活状态的幻象，使其进入恍惚状态，从而神游到神灵世界。

未降生者的灵魂在树上筑巢

舞蹈者要将生牛皮带穿过皮肤缝起来，并悬挂在皮带上

太阳舞
在像太阳舞这样的宗教仪式上，居住在北美大平原上的原住民要遭受极度痛苦的肉体折磨，因为这是向伟大的神灵们献祭。

烟袋锅是圆形的，这形状就像是整个世界，外面则是无边无际的宇宙

和平烟斗
这件神圣的烟斗是许多北美原住民宗教仪式上的重要组成部分，能够带来和平、治愈伤痛。

虎神时常把技艺传给萨满巫师

神灵

世界之树承载着所有的灵魂

西伯利亚萨满巫师的一套装束

43

爱情、财富和幸福

许多人崇拜为生活带来好运的神灵。例如在古代，罗马人狂热地崇拜命运女神福耳图那。西非多哥的埃维人相信每个未降生婴儿的灵魂必须先要拜访人类灵魂之母尼格利米诺，这些灵魂如果令她称心满意，她会予之幸福人生。日本人崇拜七福神，其中有位女神名叫弁财天。中国人所崇拜的财神和福神更是名目繁多。象征幸运的和合童子（右图）常常陪伴在财神爷左右，福、禄、寿三星也是他们常常敬拜的财福"三人组"。

生翼之神
丘比特是淘气的罗马爱神，常以乳臭未干、身佩弓箭的小孩形象示人。他的一些箭上有金色箭头，会使人坠入爱河；还有一些箭头是铅做的，具有相反的效果。

波提切利名画《维纳斯的诞生》（1486年）的局部

生于泡沫
古希腊象征爱情与欲望的女神阿佛洛狄忒（即罗马神话中的维纳斯）诞生于海洋里的泡沫之中。她纵情享乐，从不进行劳作，总有厄洛斯（罗马神话中的丘比特）陪伴左右。

每个娃娃都捧着一只罐子，里面盛有象征纯洁完美的莲花

希腊爱神阿佛洛狄忒的无釉赤陶像，造于公元前2世纪。

维纳斯从海水的泡沫中诞生，在一枚扇贝壳中飘向岸边

和合童子伫立在莲花铺成的床上

每个娃娃的头部
都有莲花装饰

财运之神
日本的七福神中有毗沙门天、大黑天、惠比须、福禄寿、布袋和尚、寿老人以及女神弁财天——他们会给人们带来幸福、爱情和好运。七福神通常在其宝船上齐聚一堂。

弁财天骑着象征好运的公牛。

带来困惑的神灵
在日本佛教中，观世音是象征慈悲的菩萨，其形象有时是男性，有时是女性。这尊塑像是怀抱婴儿的观世音，孕妇们会向这尊子安观音塑像祈祷平安。

和合二仙象征夫妻间幸福和谐的关系。

人们将爱情之药注入每个娃娃胸部的口袋内

爱情娃娃
现在五大湖西部的密诺米尼人用这些填充了药物的娃娃作为夫妻之间坚贞不渝的保证。男娃娃以丈夫的名字来命名，女娃娃则以妻子的名字来称呼，人们把他们面对面地系在一起。

和合童子
这两个长生不老的娃娃叫作和合童子，他们是中国商人的守护神。除了能带来财运外，他们还是夫妇间恩爱和美的象征，因为"和合"一词有和谐之意。

施诡计者

施诡计者将轻松愉悦的喜剧和黑色幽默引入神话中，例如北美原住民神话中的丛林狼（左图）就有着无法满足的好奇心，喜欢搞恶作剧，不搅得天下大乱不罢休。施诡计者有动物，也有人类或者半人半兽的角色。一些施诡计者游走于善恶之间，例如精明狡诈的北欧神洛基。

诡计多端的丛林狼
许多北美原住民部落都有诡计多端的丛林狼的故事，它们既施用骗术同时也遭人欺骗。丛林狼拥有诸多人类的特性——贪得无厌、自私自利。

菼术用玛瑙贝预测未来

调皮淘气的菼术
菼术是西非约鲁巴人的诡计之神，下图中可以看到他的各种伪装，如巨人、矮子、无礼的男孩、睿智的老人，还有一位祭司。菼术喜欢耍花招，例如，他曾戴了顶一边黑一边白的帽子，让两个人因对帽子颜色意见不同而吵起架来，于是破坏了两人之间本坚不可摧的友谊。

菼术手执自己的小雕像

面具上往上攀爬的野兔

狡猾的野兔
在非洲，野兔是个诡计多端的角色，在美国，它以兄弟兔的名字广为人知。野兔精明狡猾，在智力上总比其他动物略胜一筹，不过有一次它却成了乌龟的手下败将。

用来模仿野兔的面具

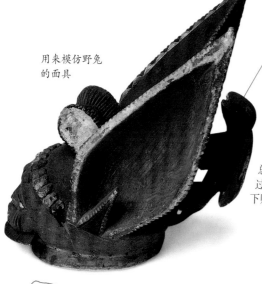

这些形象代表不同伪装下的菼术

茇术祭司会将这个雕像
头饰钩在自己的肩膀上

药葫芦代表着
茇术的魔力

捉住太阳的英雄
诡计多端的莫伊是波利尼西亚神话
中的诡计之神。他用仙钩钓起岛
屿,将苍穹推到空中,为人类盗取
火种,还用姐姐的头发设圈套捉住
太阳,使其运动变慢,让我们拥有
了漫长的夏日。

天狗从巨鱼
口中拯救了
英雄源为朝

隐形的施诡计者
天狗是日本诡计神灵,它
们有着半人半鸟的外形。
据说它们是风暴之神素盏
鸣尊的后裔,拥有可以隐
身的神奇斗篷。

怪相之神
贝斯是极受欢迎的埃及神灵,司
音乐、舞蹈和欢笑。据说他千奇
百怪的表情以及滑稽动作能够令
邪魔闻风丧胆。他是妊娠妇女的
守护者、婴幼儿的伙伴,常以吐
着舌头的形象示人。

这条鱼代表莫伊从
海上钓上来的岛屿

放纵之神
巴克斯(即希腊神话里的狄俄尼索斯)是
掌管酒与狂欢的罗马神。他的追随者都
是狂野不羁的女子,她们被称作迈那得
斯。当水手抓捕巴克斯时,他设下圈
套把她们变为海豚。巴克斯赋予
了国王迈达斯点物成金的本领,
但这种本领有利有弊。

巴克斯长发飘
逸,以示他青
春永驻

动物神灵

神灵可能会以动物或半人半兽的形象示人。在同一个故事里不同的时间段，施诡计者的形象可能是人、动物或者半人半兽，比方说非洲的蜘蛛人安纳斯。有些神灵会有动物帮手，有些神祇能把自己变成动物，有些神灵具有动物替身，比如阿兹特克人所敬仰的羽蛇神以及他的孪生兄弟索洛托——这位狗神从阴间重新取回人类的骨头。

天之公牛
这只长翼的公牛挺立着，守卫着亚述的皇家宫殿。在整个古老的西非，公牛都是人们宗教崇拜的对象。

长角的神灵
在许多神话中都有长着犄角的神灵，最著名的神话之一是凯尔特长角之神切尔努诺斯，他是百兽之主，又是司生育的神灵。

顶端带有羊头的饮水用动物角

蛇神那加兼具庇护和破坏的威力

半人半兽

诸多民族文化中的神祇常是半人半兽的模样。这对于古埃及神灵来说表现尤甚，这些神灵几乎都具有至少一类动物的外形。

19世纪的斯里兰卡面具

蛇神
人们在舞会上佩戴这件那加拉萨的面具，用以驱除邪灵。那加（即众蛇神，中文也译为龙王）是古代圣人迦叶波的传人，迦叶波是众生之父。

人们认为这张狰狞可怖的脸庞能吓退带来疾病的邪灵

索贝克
埃及的鳄鱼神索贝克是造物女神奈斯之子，他是尼罗河水域欲壑难填的领主。它的外形是一只鳄鱼，或者是长着鳄鱼头的人类。

阿努比斯
豺头神阿努比斯将冥王奥西里斯的尸体各部分用布包裹，拼在一起，做成了世上第一个木乃伊。阿努比斯在阴间用代表正义的羽毛称量死者的心脏。

赛克麦特
太阳神拉派遣暴怒的母狮赛克麦特去毁灭人类。但是拉又改变了主意，唯一阻止赛克麦特杀人的方法就是令其醉酒。

48

当迦楼罗展翅高飞时，他代表着人类的精神

身体熠熠生辉，如同太阳般明亮，有人说他就是状如鸟类的太阳

毗湿奴和他的妻子拉克希米驾驭着迦楼罗。

鹰一般的双翼

长着人类的身体

腿上覆盖着金色羽毛

群鸟之王
半人半鸟的迦楼罗是印度教中的群鸟之王，同时也是邪恶的摧毁者。他是主神毗湿奴的坐骑。迦楼罗是迦叶波之子，但他憎恨父亲的其他孩子，即蛇神们，因为他们的母亲使自己的母亲薇娜塔坠入阴间，沦为奴隶。

拥有长爪的双脚能够抓起蛇一口吞下

迦楼罗铜像

49

神怪

世界各地都有关于神怪的故事。北美原住民认为在世界之初生有许多怪兽，后来被众英雄打败。有些人认为神怪是对真实生物的误解，比如说独角兽其实就是犀牛而已。然而，将神怪简单地解释为误解有些不妥，它们似乎更是人们恐惧、敬畏和好奇的焦点。有时神怪是很多种动物的组合，比如狮鹫格里芬就是半鹰半狮。

狂野的半人马
半人马肯陶洛斯人的身体一半是人，一半是马，这种生物野蛮而凶残。不过卡戎是个例外，他是位睿智的半人马，也是很多希腊英雄的导师。

深海生物
过去，水手们返航时总会带些"怪兽"回来，声称这些怪兽来自海底。"珍妮·海尼弗"这种生物其实就是风干了的鳐鱼。

龙翼上伸出的尖尖的爪子

口吐赤焰
很多欧洲神话中都有龙的形象，它们会喷火，长有翅膀，还守着成堆的宝贝，生怕别人夺走。很多神话中都有屠龙英雄拯救少女或与之喜结连理的故事。与欧洲那些可怕的巨龙相比，中国龙的形象十分亲切。

龙从嘴里喷火

带来纯净的犄角

独角兽是一种白色的像马一样的生物，前额长着一只螺旋状的犄角。据说，如果用独角兽的犄角点水，水就会变纯净。独角兽是纯洁的象征，它的犄角（其实是独角鲸的长牙）的售价曾经超过它们身体质量20倍的黄金的价格。

据传，独角兽的犄角还可用来验毒

可怕的发髻

戈尔贡是蛇发三姐妹斯忒诺、欧律阿勒和美杜莎的统称。斯忒诺和欧律阿勒可以长生不死，美杜莎却生命有限，后被希腊英雄珀耳修斯所杀。

描绘有美杜莎的船徽

英雄之翼

天马珀伽索斯是希腊英雄柏勒洛丰的坐骑。柏勒洛丰的敌人怂恿他去杀死怪兽喀迈拉。柏勒洛丰驾着珀伽索斯，朝怪兽俯冲而下，用箭将其射死。

希腊硬币上的飞马珀伽索斯

喀迈拉的尾巴是一条蛇。

身子是母山羊

欧洲龙有蝙蝠一样的翅膀

奇头怪尾

喀迈拉是由不同动物的身体各部分组成的喷火怪物。它是半仙半蛇怪物厄客德娜的一个孩子，厄客德娜还孕育了很多怪兽，例如狮身人面兽斯芬克斯和百头蛇怪拉冬。喀迈拉被希腊英雄柏勒洛丰所杀。

龙尾上突出的刺钩

身体前端是头狮子

龙的皮肤上覆盖着蛇或鱼样的鳞片

中国和欧洲的龙都有爪子

画中神话

除了言语之外，人们还有许多讲述故事的方式，诸多神话是以仪式、舞蹈或者艺术作品的形式，而不是以叙述故事的方式来展现给世人的。在北美原住民纳瓦霍人的吟诵仪式中，人们将沙画、歌曲、祈祷、舞蹈以及仪式结合起来，表达出错综复杂的神话故事。人们将其铭记于心，相信它有治愈病患的精神力量。澳大利亚土著会通过各种形式来描绘梦创时代的故事，不仅是文字和仪式，还有画在人体上的传统图案。

击鼓
在整个非洲，人们击鼓敲出节奏来为再现旧时景象的仪式和舞蹈伴奏。人们认为鼓中有鬼灵寄住，可能会缠上那些随着击鼓节奏跳舞的人。

木制蛇棍
（闪电的象征）

角色不同，头巾在大小和样式上也千变万化

高尚人物角色面部涂成绿色

英雄们身着红色上衣

舞中神话
卡塔卡利舞剧表演的是印度两部伟大的史诗《摩诃婆罗多》和《罗摩衍那》的故事。两部史诗的本质就是善恶之间永恒的较量，而舞剧常以英雄战胜恶魔的结局告终。

蛇舞
北美原住民举行仪式典礼以祈求风调雨顺和好收成。在霍皮人跳的蛇舞中，舞者口衔活蛇，仪式大厅内还搭起蛇棍。舞蹈过后，人们会把蛇放走，使其将舞者的祈祷传达给众神。

双面鼓的鼓声召唤着新的生命

裙子由许多层的白色棉布制成

脚链

火环
印度教主湿婆神跳着象征着宇宙的创造与毁灭的坦达瓦之舞，他在一圈火焰中舞蹈，舞蹈时将无知的侏儒踩在脚下。

神圣的沙画

北美原住民纳瓦霍人的沙画是暂时设立的祭坛，作为治愈仪式的一部分，他们在吟诵仪式上将其创造出来，然后毁掉。沙画"祭坛"在纳瓦霍语中意为"神灵往返之地"。在每次仪式上，每幅画必须要以相同的方式再创造出来，而且要分毫不差，否则仪式无效。

泥岩　　砂岩　　石膏

白垩　　棕色颜料　　黄色颜料

红色颜料　　木炭

沙画颜料
沙画颜料由发起仪式的家族来采集，然后用杵和臼进行研磨。这些颜料包括砂岩、泥岩、木炭、玉米粉、磨过的花瓣以及植物花粉。

纳瓦霍吟诵仪式
在主持仪式的吟唱者的指引下，技能娴熟的画师开始创作沙画。画作完成后，吟唱者会将用来保护的花粉撒在上面，口念祈祷词，仪式就开始了。

只有男子才有资格创作沙画

人们用拇指和食指将颜料慢慢撒在沙土上

奥库莱特人双眼突出

强大的图画
沙画是对纳瓦霍圣人的精确描绘，这些圣人拥有的超自然神力会在吟诵仪式上激发出来。这件沙画并非圣物，是为商业销售而制作的，展示了一位典型的圣人。

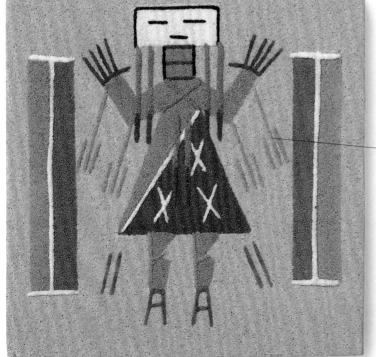

挂在手腕和肘部的手镯与臂饰

蛇一般的舌头

织物中的故事
这件纺织品来自秘鲁帕拉卡斯人，上面布满了帕拉卡斯神话中的神灵与恶魔，包括眼球突出的奥库莱特人，它们有头无身，长长的舌头从两排凸起的牙齿间伸出。

来自秘鲁南部的羊驼毛纺织品，公元前600年—前200年

共有生灵

世界神话中贯穿着许多共同的主题，其中一个主题将人类与其他动物联系起来——我们源自其他动物，或者说它们是我们祖先的转世化身，或者它们代表着我们必须尊敬或抚慰的神灵。在诸多创世神话中，世上最初的居民不是动物也不是人类，而是两者的混合体。许多"动物"神灵也是这副样子，如非洲的蜘蛛人安纳斯。

龟壳上的世界

许多北美原住民认为大地是由乌龟的背部支撑起来的。在印度教神话故事中，创造之神梵天变成乌龟，创造了世界。在北美和非洲，乌龟是一个诡计多端的角色。

镶嵌着绿松石的眼睛

北美原住民阿那萨齐族所崇拜的蛙，它是水的象征。

青蛙

在西非有个传说，讲述了青蛙将死亡带往人间的经过。对于新西兰的毛利人而言，青蛙是降雨之神，北美原住民也有青蛙降雨的故事。

鳄鱼——神话中的常客

由于生有令人望而生畏的面孔，鳄鱼成了诸多神话中的常客，它们总是对其他生灵带来威胁。不过，在印度尼西亚的苏拉威西岛上，鳄鱼被尊称为"爷爷"，因为岛民们认为它们也许是其祖先。

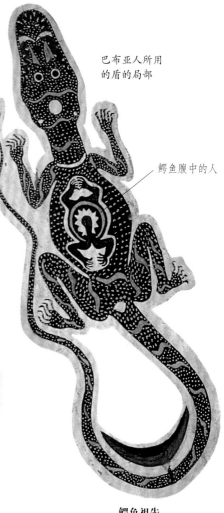

巴布亚人所用的盾的局部

鳄鱼腹中的人

鳄鱼祖先

在巴布亚新几内亚，人们相信鳄鱼拥有法力。有个神话称造物主伊皮拉用木头雕刻了世上最早的四个人，并给他们西谷米吃。然而有两个人开始食肉，变成了鳄鱼人，其后世宗族就将鳄鱼视作祖先。

绿松石构成的镶嵌图案

珊瑚片为鼻子和嘴增光添彩

阿兹特克人的雨神是特拉洛克，这是祭司在仪式上所戴的蛇形垂饰。

赋予生命的大蛇

在神话世界里，蛇或许是最广受尊敬的生灵了。人们常将蛇与太初之水联系起来，太初之水是所有生命的源泉。在美洲，双头蛇与赋予生命的雨有关。在西非神话中，彩虹蛇阿依多–赫维多将身体弯成拱形，跨越天空、穿过海底。

埃及的鳄鱼神索贝克

玛雅鳄鱼香形炉

天上的怪兽

玛雅文化中有着大量对天兽的描述，这种怪兽生有一副鳄鱼的身体以及两个脑袋，一个在前一个在后。这种怪兽有时拱悬于天上，身体如云似雾。

鳄鱼长有大而有力的颌及尖锐的牙齿

双脚生有利爪

西非阿善堤人制作的鳄鱼全像

非洲酷热难当，干燥带有鳞片的皮肤可以防止水分流失

尼罗河鳄鱼

后脚有蹼

在热带非洲的河岸都发现了尼罗河鳄鱼

强悍有力的鞭状尾巴

非洲祖先

许多非洲人认为鳄鱼是人类转世。西非人认为杀死鳄鱼的人会变成鳄鱼，如果有人遭鳄鱼攻击，就说这位受害者必定在鳄鱼还是人的时候伤害过它。

贪得无厌的索贝克

古埃及人崇拜鳄鱼，尤其是鳄鱼神索贝克，常将其描绘为鳄头人身的形象。索贝克饥饿难耐，当奥西里斯的残尸被抛进尼罗河时，他抢食了其中一部分，其他神灵因此而斩断了索贝克的舌头。

死亡与冥界

自人类伊始，阐释人类生前身后的故事就一直源源不绝。玛雅双生英雄洪阿赫普和什巴兰凯降临到希巴利巴（即恐怖之地），试图从冥界领主手中将父亲拯救出来。这对英雄经历了严峻考验，号称自己具有不死威力。为了证明这一点，他们任人宰杀，并像粉末一般遭人碾压。他们死而复生后，死神也迷上了这些把戏，请求二人也杀死他们。然而，双胞胎兄弟并未使他们复活，因此死亡的威力得以永远削弱了。

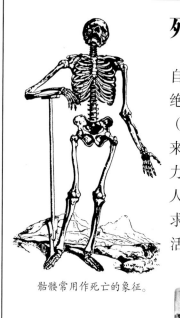

骷髅常用作死亡的象征。

中国地狱判官
传说森严冥主阎罗王是中国的地狱判官。他先要称量人的魂灵：品行高尚者的魂灵是轻的，而罪孽深重者的魂灵是重的。然后，魂灵要通过一连串的考验和挑战。它们最后会看一眼家庭和亲人，再饮下孟婆汤，忘却前生之事，然后轮回转世。

忤逆致死
在西非多贡人精心安排的葬礼上，人们会手舞足蹈，并用一种秘密的语言吟唱一个神话故事，内容是年轻人的大逆不道导致死亡降临人间。

冥界之神奥西里斯

奥西里斯之子荷鲁斯

来世
古埃及人相信灵魂要用真理之羽来称量，然后在别人引领下进入二谛大厅，与冥界之神奥西里斯见面。

红色裙子代表死亡

阿兹特克人的冥界领主

阿兹特克人的死神米克特兰堤库特里的形象通常是有着点点血斑的白色骨架。亡灵在前往死神那祥和的阴间米克特兰时会在一阵由万千把刀组成的狂风销蚀下逐渐化作骷髅。

死亡之日

墨西哥亡灵节（11月1日）上有盛大的庆祝活动。家中和墓地的祭坛上摆放着食品、鲜花和面目可憎的骷髅头糖。人们为每个灵魂点起蜡烛，帮助它们找到回到生存之地的道路。许多其他国家的文化也有纪念死者的日子。

祭坛上的头骨由糖和水制成，上面装饰着糖粉

地狱恶魔踩躏着亡灵

基督教描绘的地狱

地狱形象

在许多文化中，有罪者注定都会在阴间经受永恒折磨。希腊人为冒犯众神者精心勾画出各式各样的命运结局。西西弗斯因蒙骗宙斯而被罚终生都将一块巨石滚上山去，但每次他临近山顶时，只能眼睁睁地看着它又滚回地面。

咧嘴而笑的米克特兰堤库特里欢迎亡者来到他掌管的阴间

维京人酋长在长艇上被火化，这样他们就会被送往瓦尔哈拉圣殿

勇士天堂

维京勇士都渴望在战斗中能被奥丁手下的女武神瓦尔基里选为亡者，这样一来他们就不会下地狱，而是在瓦尔哈拉圣殿里设宴比武，过着荣耀的来世生活。

阿兹特克死神的白陶像

这块平坦的砂岩有5米长

神圣之地

欧洲冰河时期的洞穴岩画表明了人类一直在寻求并敬重圣地，那里是凡世与永恒相交汇的地点。

圣地可以是暂时或永久的，并且同一地点可以被反复使用。湖泊、河流、洞穴、树木或者山顶都会像寺庙或者教堂般神圣。一个地方可能因其美丽而神圣，如日本人修建的鸟居，它们的所处之地堪称自然神龛。为宣扬某家族的传奇家世而建立的"图腾柱"，也有力地证明了人类世界与神灵世界具有统一性。

伟大的金字塔

埃及太阳神拉出生于一片金字塔状的土地上。这块土地崛起于太初之海。后来法老们在修建自己的陵墓时采用了这种形状，从而受到太阳神的庇护。

矗立的巨石

位于英国威尔特郡的巨石阵建于约公元前2500—前1500年，它是伟大的新石器时代的寺庙。人们认为，按日月星辰顺序排列的圣石与天文学密切相关。在铁器时代（约公元前1100年），凯尔特祭司也将巨石阵视为圣地。

横向弯曲伸向天空

通往天堂

鸟居是一种无门的入口通道，位于每个日本神道教圣地的入口处。在神圣的富士山山前也有。据说，人们在此建立鸟居是为了给鸟类提供栖息地。这样在黎明时鸟儿就能用歌声取悦神灵。

雷鸟振翅会发出雷声

雷鸟眨眼会制造闪电

神秘的纪念碑

北美原住民的图腾柱是雕刻而成的带有纹饰的纪念碑，上面刻有家族或氏族的神圣家史，或者用以纪念亡亲。

北美原住民令夸扣特尔人认为，第一根图腾柱是夸扣特尔部落酋长瓦基什制成的，据说他是骑着渡鸦环游世界途中从半兽人那里学到了造图腾柱之法。

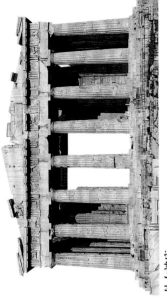

加拿大温哥华史丹利公园中的雷鸟图腾柱

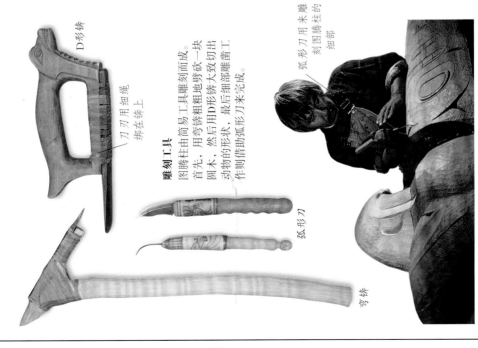

一个人类祖先的形象

雕刻工具

图腾柱由简易工具雕刻而成。首先，用弯锛粗粗地劈砍一块圆木，然后用D形锛大致切出动物的形状，最后细部雕凿工作则借助弧形刀来完成。

D形锛

刀刃用细绳绑在锛上

弧形刀

弯锛

弧形刀用来雕刻图腾柱的细部

木雕艺术

人们常用红杉木来雕刻图腾柱。这种树高达60米。雕刻工会把柱子平放，然后从下住上雕刻图腾柱。为了使木头保持柔软，人们会在上面浇热水。

处女神庙

古希腊的帕特农一词意为"处女神庙"，这座伟大的神庙坐落于古希腊雅典卫城，供奉的是雅典娜。战争和智慧女神雅典娜是雅典城邦的守护神。帕特农神庙里竖立着用黄金和象牙制成的雅典娜雕像。

黄金木城

黄金对秘鲁印加人非常重要，他称黄金为太阳神印堤的汗水。在哥伦比亚的埃尔多拉多湖畔，每位新国王登基时会全身涂满黄金粉，然后乌驾船把所有黄金贡品扔入湖中。

日出日落时分，乌卢鲁就会呈现出橙色和紫色，壮美无比。

壮美的高山

乌卢鲁圣地，又称艾尔斯山，在澳大利亚中部沙漠拔地而起，是壮丽的自然奇观。乌卢鲁是澳大利亚中部地区众多原住民神话的核心。

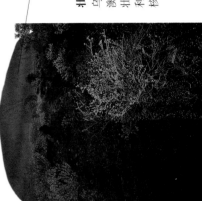

世界终结

诸多神话不仅讲述了世界的起源，还预测了世界的终结，它常以一场可怕的大火或者大洪水告终。北美原住民切罗基人认为，世界是一座浮在空中的巨大岛屿，由四根大绳子吊起，如果这些绳子腐烂，地球就会沉入海底。古埃及人担心太阳神拉在每夜穿越冥界的旅程中会被击败而不能重新出现；他们还认为终有一天拉神会变得年迈而疲劳，忘记自己是谁，那么届时由他所创造的东西都会归于灭亡。

宇宙之蛇

西非的彩虹蛇阿依多–赫维多在创世之初把造物主叼在嘴里，并缠绕着大地，将其绑在一起。海底红猴锻造铁杠来喂养他。当铁消耗殆尽时，阿依多–赫维多会咀嚼自己的尾巴，世界会剧烈震动，大地和其上所有事物都会滑落到大海里。

当彩虹蛇咀嚼自己的尾巴时，世界末日就会来临

一次太空爆炸中产生的岩石物质

世界之蛇生有很多头

当梵天醒来时，他升到了毗湿奴的莲花上

毗湿奴之妻吉祥天女拉克希米是幸运女神

到了晚上，毗湿奴坐在世界之蛇舍沙身上休息

一劫的结束

对于印度人来说，时间就是梵天所在的昼夜永不停歇地循环，也称之为劫波。白天，梵天醒来时，世界又一次被创造出来，而当他睡去时，这一劫就结束了。每一劫会持续四十三亿两千万年。

60

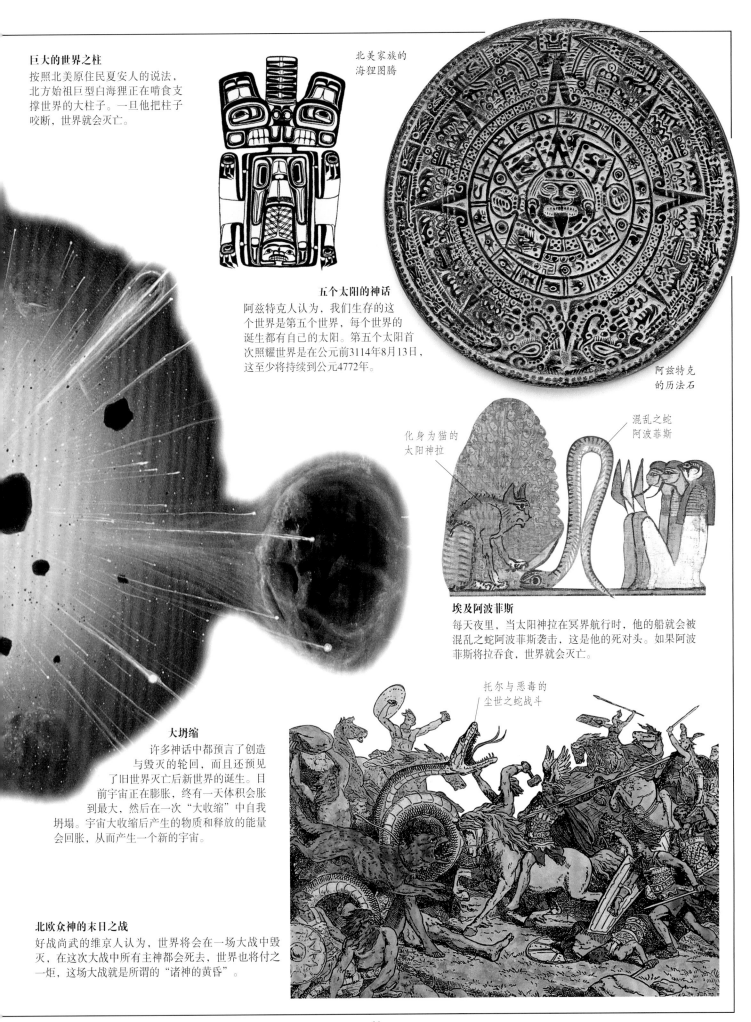

巨大的世界之柱
按照北美原住民夏安人的说法，北方始祖巨型白海狸正在啃食支撑世界的大柱子。一旦他把柱子咬断，世界就会灭亡。

北美家族的
海狸图腾

五个太阳的神话
阿兹特克人认为，我们生存的这个世界是第五个世界，每个世界的诞生都有自己的太阳。第五个太阳首次照耀世界是在公元前3114年8月13日，这至少将持续到公元4772年。

阿兹特克
的历法石

化身为猫的
太阳神拉

混乱之蛇
阿波菲斯

埃及阿波菲斯
每天夜里，当太阳神拉在冥界航行时，他的船就会被混乱之蛇阿波菲斯袭击，这是他的死对头。如果阿波菲斯将拉吞食，世界就会灭亡。

大坍缩
许多神话中都预言了创造与毁灭的轮回，而且还预见了旧世界灭亡后新世界的诞生。目前宇宙正在膨胀，终有一天体积会胀到最大，然后在一次"大收缩"中自我坍塌。宇宙大收缩后产生的物质和释放的能量会回胀，从而产生一个新的宇宙。

托尔与恶毒的
尘世之蛇战斗

北欧众神的末日之战
好战尚武的维京人认为，世界将会在一场大战中毁灭，在这次大战中所有主神都会死去，世界也将付之一炬，这场大战就是所谓的"诸神的黄昏"。

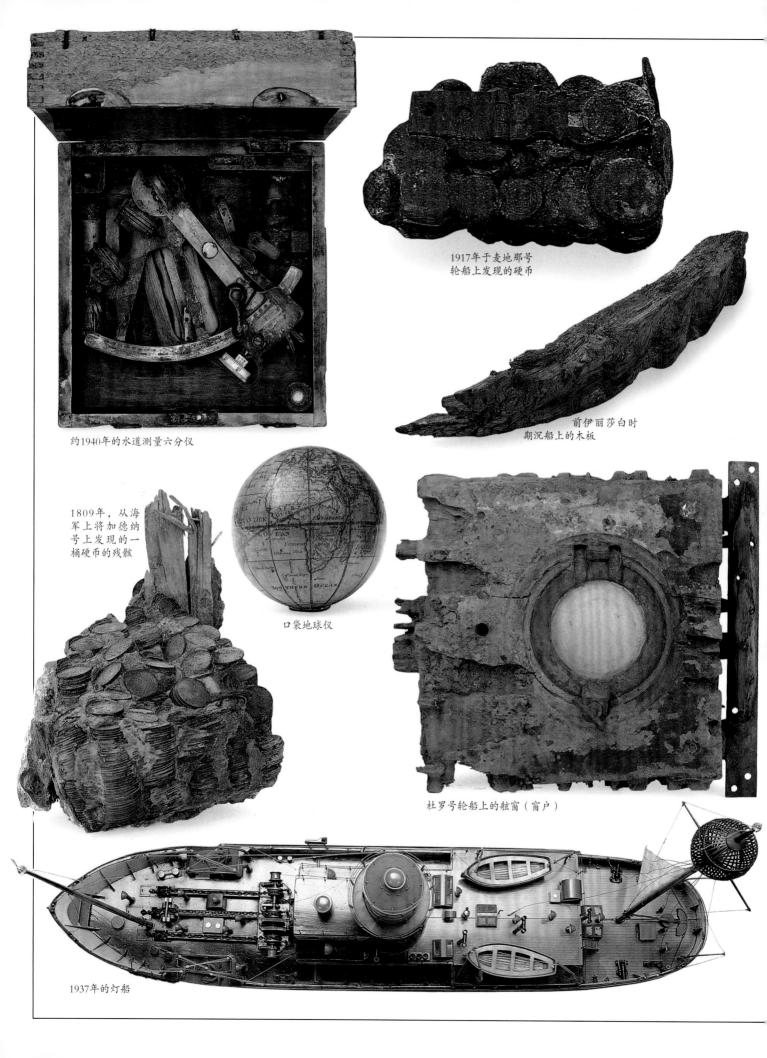

1917年于麦地那号
轮船上发现的硬币

约1940年的水道测量六分仪

前伊丽莎白时
期沉船上的木板

1809年，从海
军上将加德纳
号上发现的一
桶硬币的残骸

口袋地球仪

杜罗号轮船上的舷窗（窗户）

1937年的灯船

1760年于拉米利斯号上发现的旧时英国金币

1666年从圣克里斯托·科斯特洛号上发现的称量货币的器皿

100年后，发现于海中的口琴

沉 船

Shipwreck

探索沉船的神秘世界，发掘未知的宝藏

1805年失事的英国船只上的瓶子

硬币

支撑杜罗号轮船罗盘箱的装饰性黄铜海豚

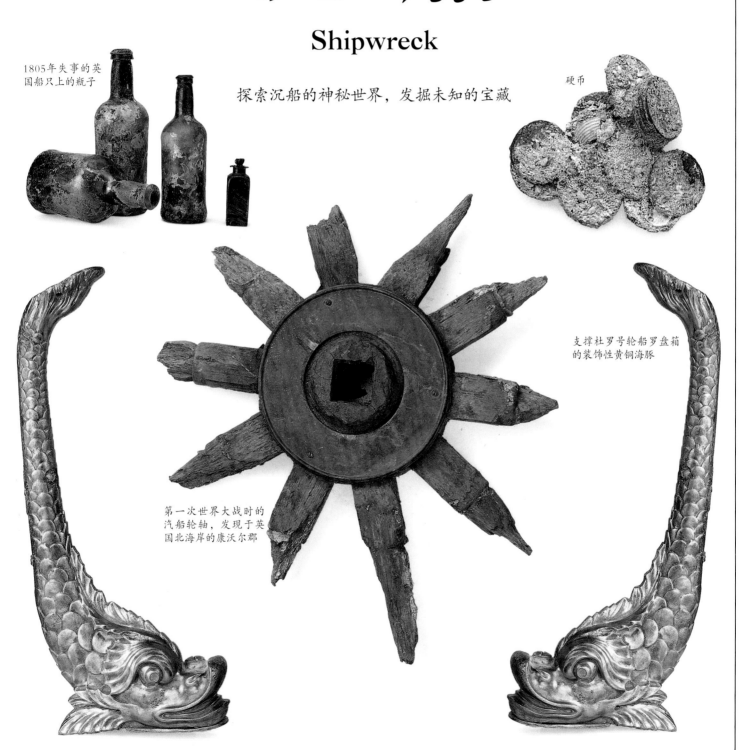

第一次世界大战时的汽船轮轴，发现于英国北海岸的康沃尔郡

岩石、残骸和营救

海难是什么？有人可能会说：海难就是沉船或者触礁。有人或许能给出不同的答案：它是遗留在海底的船只残骸。然而船员的回答却完全不同："天哪！对于船上的人来说，这简直就是世界末日！"或许你还会听说很多关于生还者或救援者，还有海难遇难者、沉没的珍宝，以及海洋未解之谜的有趣的故事。所有的答案都是正确的，海难对于每个人意义都不同。本书将会带你了解所有可能发生的事。

戏剧和悲剧
早在公元前8世纪，古希腊作家们就开始将海难作为写作题材。这幅画是由艺术家塞缪尔·欧文于1837年绘制而成的。

深海珍宝
虽然并不是所有沉船的腐烂的箱子中都有黄金白银，但珍宝确实存在。

海上救援
一旦有船只在海岸附近遇难，救生艇就会火速赶往事发地点。如果船已沉没，救生员就会从海水中将幸存者救出；如果遇难船还漂浮在水上，救生员就从船上进行营救。使用像这样的担架抢救伤员可以避免伤势恶化。

固定伤员的安全带

帮助救生人员将担架固定到救生绳上的把手

用来防止颠簸的钢架

于1871年遇难的新月城汽船上发现的40箱墨西哥银圆

用来防止伤员挪动的两翼

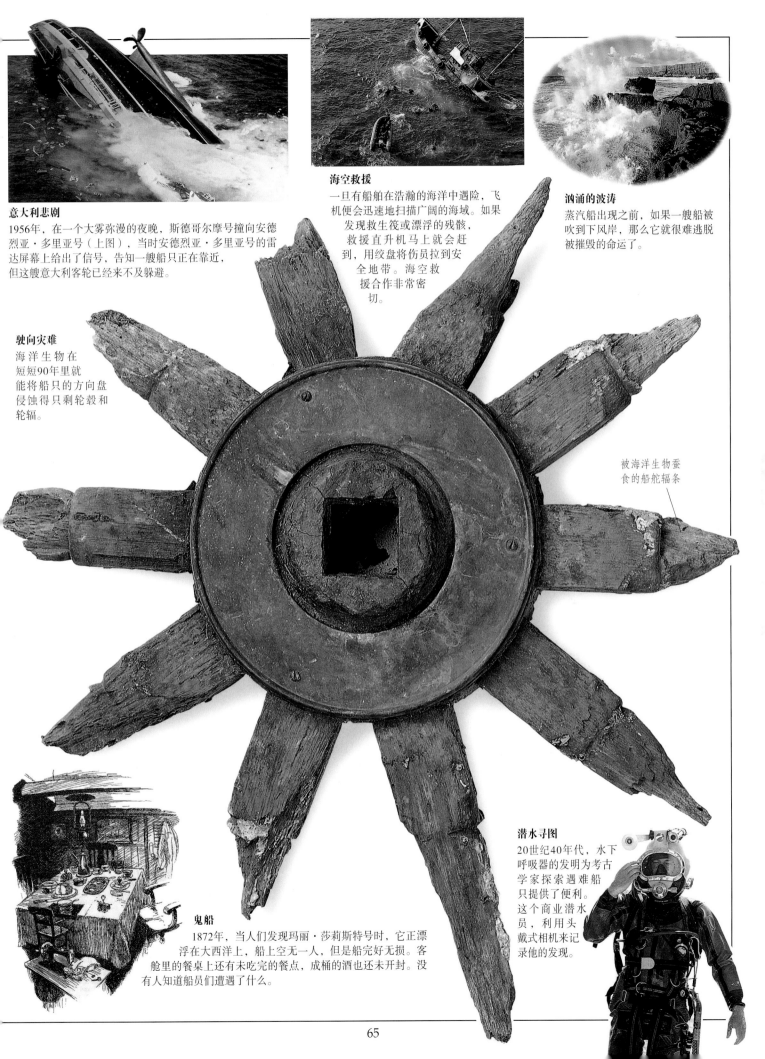

意大利悲剧
1956年，在一个大雾弥漫的夜晚，斯德哥尔摩号撞向安德烈亚·多里亚号（上图），当时安德烈亚·多里亚号的雷达屏幕上给出了信号，告知一艘船只正在靠近，但这艘意大利客轮已经来不及躲避。

海空救援
一旦有船舶在浩瀚的海洋中遇险，飞机便会迅速地扫描广阔的海域。如果发现救生筏或漂浮的残骸，救援直升机马上就会赶到，用绞盘将伤员拉到安全地带。海空救援合作非常密切。

汹涌的波涛
蒸汽船出现之前，如果一艘船被吹到下风岸，那么它就很难逃脱被摧毁的命运了。

驶向灾难
海洋生物在短短90年里就能将船只的方向盘侵蚀得只剩轮毂和轮辐。

被海洋生物蚕食的船舵辐条

鬼船
1872年，当人们发现玛丽·莎莉斯特号时，它正漂浮在大西洋上，船上空无一人，但是船完好无损。客舱里的餐桌上还有未吃完的餐点，成桶的酒也还未开封。没有人知道船员们遭遇了什么。

潜水寻图
20世纪40年代，水下呼吸器的发明为考古学家探索遇难船只提供了便利。这个商业潜水员，利用头戴式相机来记录他的发现。

海上危险

现在大大小小的船只还是会受到各种威胁，即使拥有坚固的钢结构船身和强劲的引擎来帮助自己避开危险，它们有时还是不能幸免于难。海难一旦来临，那些运气不佳，未能登上救生艇的水手瞬间就会被海水淹没。令人惊讶的是，在过去，很多船员都不会游泳。曾有个船员，他的船搁浅了，于是他把一根救生绳拴到一头猪身上，让猪带着他游到了安全的地方。所以说，只有半数船员能够安度晚年也就不足为奇了。另一半水手则被海浪及其他海洋灾难夺走了生命。

海浪

强风能够掀起惊涛骇浪。海浪拍岸所产生的压力和吸力能摧毁任何搁浅的船只。

随风漂流的浮标

浮标可以标记很多已知的危险，提醒过往船只。人们通常用一根链条或绳索将浮标锚定在海底，它特别的形状和颜色能定位它所标记的危险物。

雾

雷达发明之前，浓雾给航海造成了极大的危险：舵手只能依靠雾号和船上的轮班钟发出的声音来驾驶船只，尽量避免搁浅及碰撞。

沙洲

在浅水区，一旦潮水退去，船只很容易陷入沙洲。而沙洲又随着水流移动，这样船上的航海图就只能显示船只的大体方位了。

珊瑚礁

在热带地区，珊瑚礁在很多岛屿周围都有分布。大型的船只会在远离暗礁的深水区停泊，而小一点的则会试着穿过危险的障碍物，找一处安全的航道停泊，但并不是每次都能成功。

沉船浮标

在狭隘的海峡和浅海水道，遇难船只的残骸会阻塞航道，增加海难再次发生的可能性。英吉利海峡是世界上最繁忙的航道之一，在那里沉积着2000多艘遇难船只的残骸。浮标能够把最危险的海域标识出来。

扩张的海冰

北极和南极周围的海域常年冰冻。到了冬季，冰层就会扩大，覆盖整个海面。潘多拉号（见右图）就是在1876年被困在积冰当中，直到春季解冻之时才得以离开。这些漂浮的积冰能产生巨大的压力，足以损毁一艘木质船，让其沉入大海。

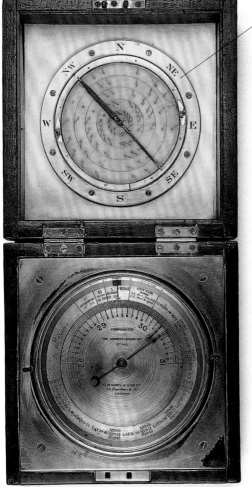

用于跟踪台风路径的风盘

躲避风暴

在过去，船员们依靠的就是像这个"圆形气压计"一样的仪器。下面的仪表盘是一个气压计，能显示大气压。上面的仪表盘则会根据风向，指示最安全的航线。

飓风

龙卷风、台风和飓风指的都是剧烈旋转的热带风暴。飓风能够引起暴雨和速度高达每小时240千米的狂风以及排山倒海般的巨浪。有些足以将游艇掀起，直接摔到陆地上。

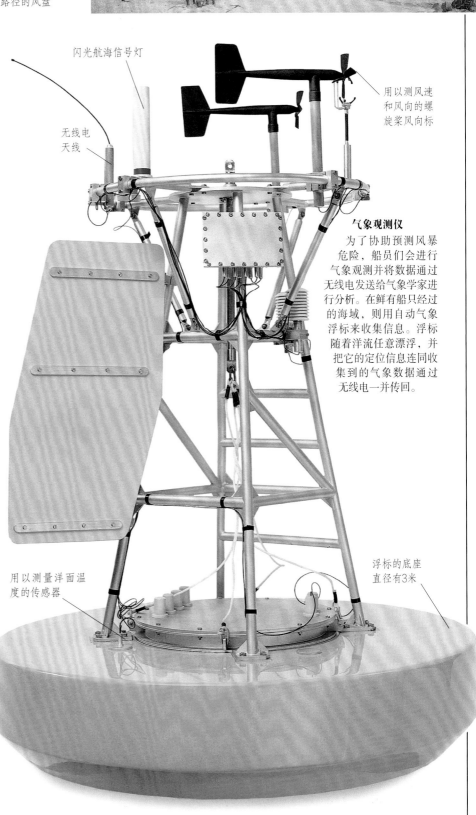

闪光航海信号灯

无线电天线

用以测风速和风向的螺旋桨风向标

气象观测仪

为了协助预测风暴危险，船员们会进行气象观测并将数据通过无线电发送给气象学家进行分析。在鲜有船只经过的海域，则用自动气象浮标来收集信息。浮标随着洋流任意漂浮，并把它的定位信息连同收集到的气象数据通过无线电一并传回。

用以测量洋面温度的传感器

浮标的底座直径有3米

古代沉船

3400多年前就有水手穿过地中海，他们航行经过的海岸和岛屿至少包含七个伟大的文明。但是不管这些水手来自哪个国家，"海难"对他们来说都同样可怕。岩石和风暴会把其中许多船只送入海底。公元前1316年，乌鲁布伦号失事沉入海底，当时船上运载着足足能炼造11吨青铜的铜和锡。除此之外，船上还运载了玻璃、芳香树脂和黄金等贵重物品。

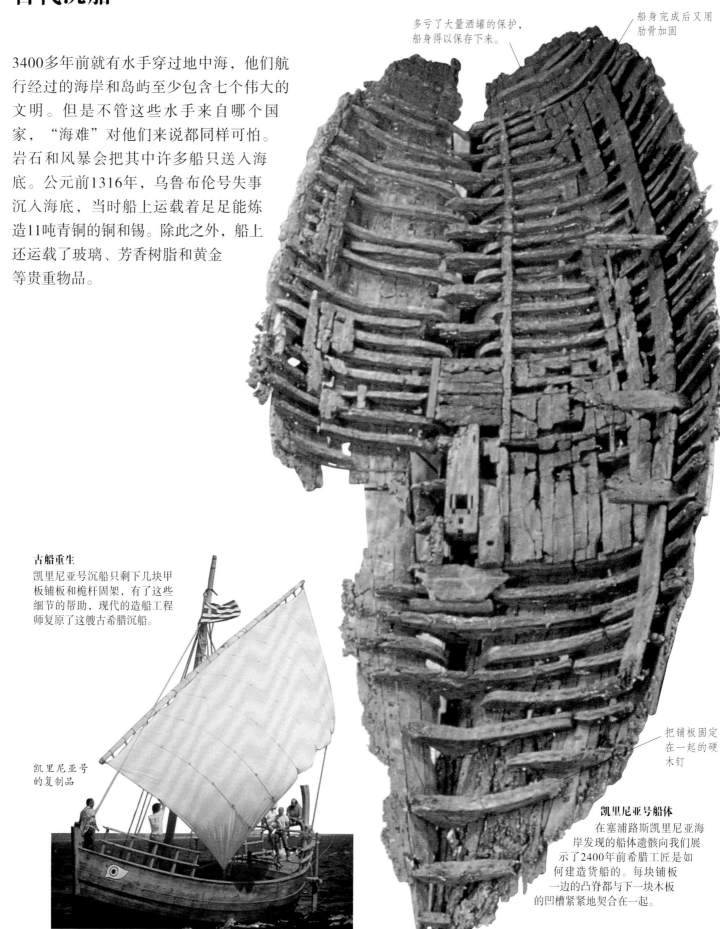

多亏了大量酒罐的保护，船身得以保存下来。

船身完成后又用肋骨加固

古船重生
凯里尼亚号沉船只剩下几块甲板铺板和桅杆固架，有了这些细节的帮助，现代的造船工程师复原了这艘古希腊沉船。

凯里尼亚号的复制品

把铺板固定在一起的硬木钉

凯里尼亚号船体
在塞浦路斯凯里尼亚海岸发现的船体遗骸向我们展示了2400年前希腊工匠是如何建造货船的。每块铺板一边的凸脊都与下一块木板的凹槽紧紧地契合在一起。

乌鲁布伦号

1984年，一名寻找海绵的土耳其潜水员发现了这艘当时已知的世界上最古老的沉船。这是打捞出来的第一个金属锭。这艘乌鲁布伦号是以它所在的位置命名的，船上各种饰品和陶罐（左图）散落一地。

双手持瞪羚的女神

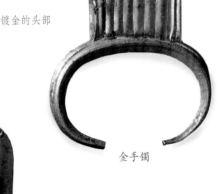

镀金的头部

金手镯

带有迦南星形图案
的大奖章

迦南珠宝

历史学家们一度认为是来自迈锡尼（一个古希腊城邦）的商人控制了航运贸易。但是从沉船上发现的珠宝（上图和左图）、铸锭和玻璃来看，迦南人足以与迈锡尼人相媲美。

保护女神

乌鲁布伦号残骸
上发现的裸体女神
青铜雕像。她摆出
典型的祝福女神的姿
势，这表明她具有神
性，能保护船只。

青铜雕像

象牙铰链

世界上最古老的书

象牙铰链将书写板的木质雕花镶板固定在一起。木质雕花板的内表面覆盖了厚厚的一层蜂蜡，它的主人就在蜂蜡上刻画出各种信息。如果这些文字能够保留下来，它将是世界上最古老的书。

首要任务

挽救巨大的经济损失是打捞沉船和货物的首要目的。浅水中的沉船容易打捞，深海水域就没有那么容易到达。对水下沉船的科学研究始于1940年左右，但是直到20世纪50年代，考古学家才开始对潜水员进行监控并系统地记录沉船的情况。

最早的潜水员

潜水员往往冲着珍珠或海绵而去，然而得到的却可能是一艘被遗忘的沉船上的珍宝。

挽救瓦萨号

建造瓦萨号军舰耗费了瑞典财富的1/20，因此，1628年它的沉没无疑是一个巨大的损失。灾难发生后，潜水员立即到达沉船地点，抢救了船上许多宝贵的枪支。

打捞皇家乔治号

战舰残骸上最有价值的莫过于大炮。1782年，载有100支枪的皇家乔治号沉没了。人们屡次尝试，企图把船和船上的大炮打捞上来，但都以失败告终。

多种多样的大炮

1545年，玛丽·罗斯号沉没，打捞潜水员最终只找到了几支枪。大约300年后，约翰和查尔斯·迪恩穿着自己设计的具有划时代意义的潜水服，打捞出了那些大炮。

沉没的西班牙银圆

1702年，装着银币、正从美洲西班牙殖民地返航的船只遭到攻击，大量银币散落海底。此后，这些银币吸引了很多的寻宝者前来探索。然而无一例外都以失败收场。

哲学家的玻璃眼睛

希腊海军从安提凯希拉号沉船（下图）上发现了很多珍宝，这个哲学家半身雕像就是其中之一，他的眼睛是用玻璃做的，令人十分震撼。

海神波塞冬雕像

1928年，潜水员发现了一个壮观的、真人大小的波塞冬青铜雕像，它就是希腊的海神。

安提凯希拉号沉船

1900年，一名潜水员在希腊安提凯希拉岛的海面上发现到处漂浮着腐烂的尸体。其实他看到的是罗马货船残骸上的雕像。政府调查后发现了一些艺术珍品和一个神秘齿轮盒子，那个盒子可能是用来预测月亮变化周期的。

装饰有圣兽的主帆

主桁支撑主桅

远东帆船

中国的造船史十分悠久，15世纪，中国的造船工人就能建造庞大的远洋轮船。艉柱舵就是中国人发明的，阿拉伯水手模仿了他们的设计，并把这种设计带到西方。水密隔舱能防止帆船下沉，中国船只比欧洲船只使用这一关键的安全技术早了700年。1450年，中国设计的帆船在体积和适航性上已经堪比欧洲19世纪的船舶。然而，即使是这些身经百战的中国船只也无法躲避海洋的力量，它们运载的很多陶瓷货物都沉入了大海。

帆船贸易
帆船是理想的贸易工具。平底船体和起重舵使之很容易靠岸，也很容易在浅水中航行。

毒品测试仪
新安郡沉船上的很多货物都是青釉陶器。迷信的人认为如果它盛有的食品有毒，陶器就会改变颜色或者发生破裂。

新安郡沉船上的货物
威尼斯探险家马可·波罗当年到中国拜访时，很可能就用与之相似的陶器进餐。1323年，朝鲜海岸发生海难，当时船只正装载着瓷器从中国驶往日本。

深海雕像
一个渔民在越南南海岸打捞到了瓷器，自此，国家打捞公司开始了对一艘300年前帆船残骸的打捞工作。这艘帆船以附近的一个港口"头顿"命名，下沉前已被烧到吃水线处。船上货物很多，这些白釉雕像就是其中一部分。

男女神
这是从新安郡沉船上打捞出的一个几近完整的陶制观音雕像。

船尾后舵

有了船尾后舵，操控船只变得既容易又安全，因为它与船的龙骨在一条线上。

头顿花瓶

越南潜水员对头顿沉船上的瓷器进行了复原，复原质量之高令人惊叹。专家认为这是中国出口到西方的首批壶具。

海盗船

在推出蒸汽驱动的桨船以前，西方国家根本无法与中国舰队相抗衡。该图展示的是英国东印度公司的汽船复仇者号，1841年，它曾在安森海湾摧毁中国的帆船。

堆叠的茶碗

1690年左右，头顿的货物在海中沉没，当时中国的瓷器在欧洲非常流行且价格不菲。

打捞玛丽·罗斯号

英国海军的第二大船只——玛丽·罗斯号在对战入侵的法国船队时船身发生了倾斜。当最低的炮门也浸入水中时，船的命运就此注定了。海水猛灌进来，玛丽·罗斯号随之沉没，超过650名船员和士兵溺水身亡，指挥官也未能幸免。仅仅几分钟，船只就几近完全沉没，只剩桅杆顶部露出水面。

女王的肖像
玛丽·罗斯号是以国王最喜欢的妹妹玛丽·都铎和皇家玫瑰花徽章的名字来命名的。此画创作于它沉没一年后，也是它唯一留存下来的画像。

皇家大炮
海军规模不断扩大，为了配备所需的铜铁大炮，消耗了大量的黄铜，以至于到了1510年，全世界都出现了锡短缺，因为制造黄铜需要锡和铜混合。

城堡甲板（船最高层的甲板）

回旋枪的小发射口

主甲板上的炮门

玛丽·罗斯号的右舷

驳船上的沉船
打捞起重机

支持船体的
支船架

打捞沉船

1971年，潜水员再次发现了玛丽·罗斯号的船体。为了打捞沉船，他们在固定的间隔内安装了支撑螺栓。每个螺栓上都拴了起重钢缆，这样均匀施力才将脆弱的船体毫发无损地从海底捞上来。玛丽·罗斯号现保存在英国朴次茅斯港。

玛丽·罗斯号残骸

关于沉船的记载为我们提供了两条线索。船上除了有415名强壮的船员，还有近300名士兵。如果船上的指挥官们因为航行的问题争吵不休，他们的拖延很可能导致了沉船。另外一种可能是上层甲板上士兵的重量太大使船体翻倒。

船长的酒

玛丽·罗斯号上的军官们都用铅锡合金餐具用餐，所以这铅锡酒壶里的酒可能是他们最后一餐时喝的。

铅锡酒壶

前桅下帆横桁

主衍

战船之弓

玛丽·罗斯号船首的高艏楼是近战时才会用到的典型战船构造。从这里，士兵可以向并行的敌船甲板开火。在以后的几个世纪里，重型枪支使敌人的船只不敢靠近，高艏已经不再占据优势。

艉楼城堡甲板上的炮门

斜撑帆衍

打开的火炮发射孔

从这艘玛丽·罗斯号模型可以看出，炮门和吃水线间隔非常近。船只只有配备了这些矩形开口才能运载重型火炮而不失去平衡。为了防止船只灌水，船员必须撤回大炮，关掉迎风面的防水盖。玛丽·罗斯号很可能因为没有这样做，所以才沉入海底。

后桅

主中桅

中世纪帆船上的第四桅杆

前桅

艉楼

掩体（移动的射击窗口）

船头的船楼、前甲板

炮门

撞角

舵

锚索

英国沉船

英国与海洋的联系自古以来就密不可分，其距离海洋最远处也不过118千米。嶙峋的怪石和"贪婪"的沙洲守卫着英国的海岸线。世界上最大的潮汐冲刷着这里的港口。英国水手将自己锻炼成了世界上首屈一指的海军，一直到18世纪，英国都是一个海上强国。但是，不管多么强大，英国船员们都明白，他们每一次出海都冒着遭遇海难的危险。

船员最好的朋友

没有人相信，是船员醉酒造成了拉米利斯号的失事。但那时所有船舶都带了大量的酒，一天喝3瓶（2.3升）对于军官们来说再寻常不过。

拉米利斯号

拉米利斯号是一艘一流的军舰，是整个英国海军数一数二的大船。但是，它最后一次出海时已经96岁而且漏水严重。1760年2月，飓风将拉米利斯号甩到了岩石上，造成700人死亡。

盘和勺子

皮鞋

扣子

沉船残骸

1906年船只的残骸被人发现，潜水员又发现了数以百计的文物。这些文物现在都收藏在康沃尔圣·奥斯特尔的查尔斯顿沉船中心，它们生动地再现了这艘沉船上的生活。

在岩石上

狂风和海浪将船员们猛摔到岩石上。一名军官与船一起慢慢下沉，嘴里还一边唱着歌。

皇家宪章号

这艘客货两用的铁皮船皇家宪章号（左图），失事于1859年10月。它无法与安格尔西威尔士岛的强风抗衡，强劲的风力将船只逼撞到了岩石上。

烛台

瓷制盘子

镀银茶壶

盖被卡在把手处

杜罗号

1882年，杜罗号邮船从南美洲出发时，船上载满了咖啡、钻石和黄金。当它距离目的地仅有两天的路程时，却撞上了一艘西班牙舰艇。大部分的乘客和船员都通过救生艇得以逃脱，但它珍贵的货物却沉入西班牙海岸比斯开湾底部450米处。

花瓶

金币

瓷制杯子

杜罗号的罗盘支架

瓷制盘子

寻找杜罗号残骸

1995年，一个打捞队发现了一个陶瓷盘。从海马饰章可以确定它来自一艘英国皇家邮船。打捞人员从盛放金条的房间打捞上来了28 000块金币。

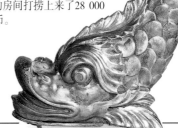

"当心！"

杜罗号上的舷窗和窗户（上图）都不大，客舱几乎不太通风。一名登上甲板呼吸新鲜空气的乘客发现了正在靠近的西班牙船只。但是船员们无视他的警告，最终酿成了悲剧。

无敌舰队的沉没

1588年5月，西班牙海军启航进攻英国，当时西班牙上上下下都信心满满。人们把舰队的130艘军舰称作无可匹敌的舰队。然而，到达英国后他们才发现，自己的武器根本无法与英国舰队的大炮相比，随意漂流的火攻船迫使他们四处散开。后来舰队不得不绕过爱尔兰重回西班牙，途中大西洋沿岸的风暴摧毁了近30艘船只。4个世纪以后，考古学家挖掘出了其中5艘沉船的残骸。

西班牙的统治者
从1556年至1598年，西班牙一直统治着荷兰。国王菲利普二世派出了无敌舰队，希望能结束英国对荷兰各地起义的支持，同时消灭一直与西班牙船只为敌的英国海盗。

无敌舰队试图找回航线

无敌舰队残骸上发现的金银币

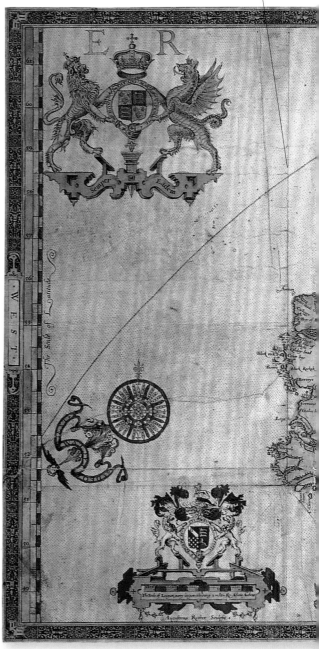

打破常规
西班牙本来希望用传统的方式来打这一仗，登上英国船只，俘虏或消灭英国人。然而，英国利用大炮的优势，从远处发射炮火，从而避免了近战，以此击败了西班牙。

无用的仪器
吉罗纳号的领航员利用星盘测量太阳的位置来查看船舶的航线。但无敌舰队返航途中云雾缭绕，根本看不到太阳，导致很多船只触礁沉没。

无敌舰队的航线
1588年8月8日，格拉沃利讷海战爆发。虽然西班牙战败了，但是它只损失了两艘船。后来的大部分损失也不是因为被英国打败造成的，而是海难。

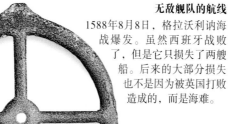

旅行者的链子

潜水员在吉罗纳号残骸上发现了8条金链子。每条的连接处都很容易分开，因此它可以当作钱币来用。

圣物盒

当潜水员把吉罗纳号上的这个黄金圣物盒复原时，它里面还有一个刻有"上帝的羔羊"的蜡制小圆盘。这些小饰物是由复活节圣坛上的蜡烛制成的，通常被认为可以保护佩戴他的人。

把十字架挂到链子上的环

施洗者圣约翰浮雕

天气恶劣，食物和水源缺乏，舰队航行至苏格兰附近时经受了很大的考验

吉罗纳号残骸

十字架表面曾覆有白色珐琅

圣约翰的十字架

这个精心设计的黄金十字架应该是属于吉罗纳号上一位富有的军官。

格拉沃利讷海战

蝾螈护身符

类似这个复制品的黄金蝾螈挂件是在吉罗纳号残骸中发现的最有价值的小物件。

迷失于安大略湖

1812年英美发生战争时，英国海军拥有800艘军舰，而美国只有16艘。美国在匆匆建造船舶的同时，也把商船改造成了战船，其中就包括北美五大湖双桅纵帆船汉密尔顿号和天灾军团号。1813年，狂风瞬间把天灾军团号和汉密尔顿号双双打翻，两艘船只有8个人逃出。安大略湖冰冷的湖水一直尘封着这两艘船。直到1975年，一个远程控制的摄像机才将这两艘消失帆船的影像记录下来。

1812年之战
从1812年至1815年，美国与英国一直处于交战状态。英国海军惯于从美国船只上调动英国海员，并强制他们重回海军服役。美国方面希望能够制止英国这种行为。

汉密尔顿号的船头雕像

汉密尔顿夫人
在加入海军之前，汉密尔顿号一直被称为"戴安娜"，因为它船头的雕像是19世纪一位优雅的美国夫人。安大略湖清澈冰冷的湖水使精致复杂的雕像得以保存下来。

汉密尔顿魅影

侧扫声呐为我们提供了汉密尔顿号沉船幽灵似的影像。船舶竖立在湖泊的河床上，船体完好无缺。

水中军团

一台遥控潜水器（ROV）拍摄并记录下了天灾军团号的残骸。根据所得的图片和视频片段，艺术家们复原了这艘船。关于沉船有很多的描述，其中许多细节都来自内德·迈尔斯，他就是8个生还者之一。

针对敌人的船头雕像

天灾军团号曾是一艘加拿大的商船，船名为纳尔逊勋爵号，被美国俘获后，被改造成了一艘战船。船头的雕像是英国海军英雄霍雷肖·纳尔逊上将，尽管这个雕塑双臂健在，但实际上，在这艘船建造前15年，纳尔逊就在战斗中失去了一只臂膀。

纳尔逊指引着天灾军团号战斗

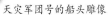

天灾军团号的船头雕像

粉碎机汉密尔顿

汉密尔顿的大口径短炮在近距离战斗时可以给敌人以致命的打击。汉密尔顿号上共有8台大口径短炮，每门炮发射的铁球有8千克重，大小相当于保龄球体积的3/4。

揭开瓦萨沉船的神秘面纱

这艘蔚为壮观的帆船本会是瑞典海军的骄傲。1628年8月10日，瓦萨号启航穿过斯德哥尔摩港口，开始了它的处女航。扬起船帆后不久，仅仅航行了1300米的瓦萨号就被一阵大风吹翻了。数分钟内，瓦萨号就沉到了水下33米处。300年后，考古学家打捞出的这艘沉船，这是迄今为止发现的保存最完好的17世纪舰艇。

头重尾轻的战舰
瓦萨号战舰水位线以上的部分过重。在避风港湾它还能保持平衡，但即便是最轻柔的微风都足以将这艘头重尾轻的战舰掀翻。

船员的最后一顿晚餐
船上的残骸中处处都是悲凉的生活痕迹。当时有七个同伴正在吃饭，他们用木勺子分享同一碗粥。官员则用锡铅合金盘子吃饭。

海底墓地
潜水人员就在瓦萨号里面及周围发现了25具尸骨。潜水人员还取回了遇难船员身上的衣服和鞋子。北部港口气候寒冷，而且波罗的海的海水含盐量低，这些都让布料和皮革不易腐烂。

船员的骨骼
当时船上共载有145位船员，300名士兵。这次沉船事故至少有50人溺亡。然而，如果瓦萨号驶入深海，这场灾难的后果会更加严重。

下巴上还能看得到红色涂料的痕迹

鞠躬谢幕

瓦萨号沉船的发现终止了人们对17世纪战舰构造的争论。当时的油画中展现的战舰都会有作装饰用的巨大的冲撞角，但很多海洋学家过去认为艺术家们夸大了它们的尺寸。战舰修复后，人们发现它的冲撞角非常巨大，上面雕刻着20位罗马皇帝的画像。

冲撞角

瓦萨号沉船的发现和打捞

瑞典工程师和海洋历史学家安德鲁·弗伦岑在1956年发现了瓦萨号沉船。潜水员将起重索拴到船身上，由打捞船拉着绳索将瓦萨号沉船拉出海面。将船身上的炮孔和其他洞口堵住，让其不再进水，再用水泵将船体内的水抽干，瓦萨号就再次浮出了水面。

沉没的雕塑

为了装饰瓦萨号，木雕刻家用橡木、松木和椴木雕刻了500个人物及200个其他的装饰品。众多的雕刻无可避免地加重了瓦萨号战舰的船头重量，这也是战舰倾覆的原因之一。

狮子鬃毛上的金黄色涂料依然可见

皇家饰章

瓦萨号沉船的船尾雕刻着瑞典国徽，它由22个独立的部分组成。

炮台甲板

人们用低梁木和深色木材将瓦萨号沉船下面一层的炮台甲板全部重建。

"永不沉没的"泰坦尼克号

注定覆灭的巨无霸启航
泰坦尼克号在北爱尔兰岛建造，耗时两年零两个月。它于1911年5月31日启航。为了确保航行安全，船身被分成了密不透水的几部分。船体穿孔后，如果只有两个部分进水，泰坦尼克号仍然能漂浮，但那座冰山让5个部分都灌满了海水。

春天，北大西洋中的冰山对来往船只而言是个可怕的障碍，然而其水下部分的体积更是水上部分的9倍。1912年，泰坦尼克号首航中搭载的乘客丝毫不怕冰山。所有人都相信泰坦尼克号是世界上最安全的轮船，毫无疑问它是当时最庞大、最奢华的轮船。不幸的是，4月15日午夜时分，泰坦尼克号吃水线以下的钢铁船身撞上了一座冰山。海水迅速灌入，仅仅3个小时轮船就沉入了海底，有1500多人失去了性命。

航行最快的海上饭店
尽管泰坦尼克号是当时航行速度最快的远洋客轮，但穿越大西洋也花费了4天多的时间。

泰坦尼克号的残骸
泰坦尼克号撞上冰山后断成两截，沉入3800米的水下。直到1985年，来自美国伍兹霍尔海洋研究所的船只通过阿尔戈号遥控潜水器发现了沉船残骸。

电报员

无线电报员杰克·飞利浦为了给乘客发送电报，阻断了附近船只发来的冰山警报。然而，泰坦尼克号开始下沉后，飞利浦的求救信号很快寻求到了帮助。

寥寥无几的救生船

尽管泰坦尼克号能承载3547名乘客，但船上的救生船只够1/3的人逃生。灾难过后，国际航运法规定船只必须要为每一位乘客和船员提供救生船。

用来系住缆绳的系缆柱仍然固定在船的甲板上

法国超级潜艇

1987年，一支法国团队航行到泰坦尼克号的沉船位置。鹦鹉螺号潜艇的船员使用机械臂吊起了数百件物体。这次灾难的幸存者和遇难家属认为，此次探险就是一场对沉船纪念品的残酷掠夺。

甲板

泰坦尼克上大部分华美的木制品都被海洋蠕虫侵蚀，钢铁设备上也布满锈迹。

当初摆放着考究的玻璃穹顶的甲板早已坍塌

三等舱和头等舱之间的门仍然关闭着

沉船上的窗户

1986年，伍兹霍尔团队返回，通过深海潜艇潜入泰坦尼克号。潜艇上的阿尔文相机拍摄了很多残骸的照片，包括这个特等舱上的窗户。

埋葬的船头

船头急速下沉，一头插进了18米深的海底，所以打捞出的甲板栏杆的大部分还被泥土覆盖。

货船起重机

起锚吊车

油轮灾难

油轮是世界上体积最大的船舶，因为体积太大，船舶转弯时需要几倍于自己长度的范围。油轮的长度能够达到20个网球场的长度。如果油轮搁浅，经常会造成原油泄漏。原油漂浮在水面上，它能覆盖一切触碰到的东西，污染海滩，吞噬海洋鸟类和哺乳动物。最大的油轮运载的石油足以填满300个标准长度的游泳池。冒着漏油的风险用体积这么大的油轮搞运输，看起来就像是在跟环境赌博，为了降低风险，现在的新型油轮必须再加一层保护层（船身里面再加一层船身）。

搁浅的船舶

1993年1月，布莱尔号的发动机出现故障，在海面上无助地漂浮着。凶猛的海浪使拖船无法将布莱尔号拖至安全地带。后来，油轮撞到了苏格兰设得兰岛尖锐的岩壁上，搁浅了。

阿拉斯加油轮泄漏

1989年，埃克森·瓦尔迪兹号油轮搁浅，为减少泄漏事故对阿拉斯加海岸线的污染，人们将其中的油抽出。因为事故发生地天气寒冷，又地处偏远位置，使得灾后清理工作非常困难，大约1/6的石油（4200万升）到处扩散。

控制海面浮油

1996年，海皇号在威尔士的西南海岸搁浅，威尔士的工人在海面上放置浮木档栅阻止油层继续扩散。

油轮的大火

如果油轮搁浅后无法再浮起，污染专家会先试图把其中的油抽出。如果办不到，他们会考虑放一把火把油烧光。战争期间，油轮是极易遭到攻击的目标，因为烧掉油轮就能切断敌人重要燃料的供应。

海滩软管

人们会用高压软管将海滩上的油冲回海面，这样会让沙子看起来很干净，但一些科学家认为，这样只会把油逼进更深的海滩，加深污染。

被油囚禁的海鸟

游在海面上捕食鱼类的海鸟很快便被溢出的石油覆盖了羽毛。鸟儿用鸟喙清洁羽翼上的石油，结果吞下的石油又会让它们中毒。

为鸟儿洗澡

将陷在油里的鸟儿救出，用去污剂帮助它们清洁羽翼。清洁干净后再把它们放回自然。然而，最近调查显示，很多鸟儿在释放后的一周内还是难逃一死。

清理后的海岸

漏油事故发生后，约1/3的石油两天内就会挥发掉。海浪和阳光最后会把剩下的部分分解成微生物可以破坏的微小液滴。被清洁过的哺乳动物和鸟儿数月内就能重返大海。

海岸清理

1989年，埃克森·瓦尔迪兹号油轮在阿拉斯加的布莱礁搁浅，泄漏的原油污染了2000千米长的海岸线。有11000人帮忙处理了这次事故，其中一项任务就是把鹅卵石一块一块放到热水里清洗。

航海

约4500年前，航行开始远离海岸，海员跟着星星或风向航行，后来直到12世纪，人们才发明出指南针。绘制海图和地图也可帮助导航。然而，这些方法还不能精确地避免一些远程航行中的灾难。所以航海家学着通过测量太阳的位置来判断纬度（他们南北航行的距离）。1761年，人们才想出一个计算船只东西方向（经度）位置的简单方法。

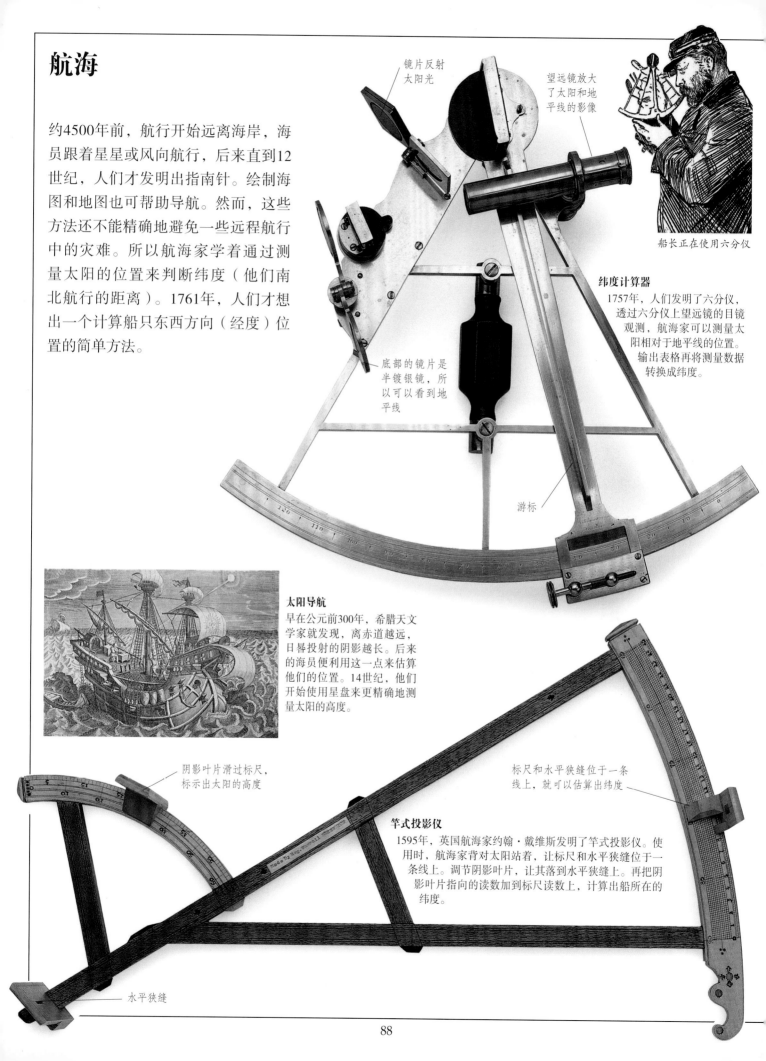

镜片反射太阳光

望远镜放大了太阳和地平线的影像

船长正在使用六分仪

底部的镜片是半镀银镜，所以可以看到地平线

游标

纬度计算器

1757年，人们发明了六分仪，透过六分仪上望远镜的目镜观测，航海家可以测量太阳相对于地平线的位置。输出表格再将测量数据转换成纬度。

太阳导航

早在公元前300年，希腊天文学家就发现，离赤道越远，日晷投射的阴影越长。后来的海员便利用这一点来估算他们的位置。14世纪，他们开始使用星盘来更精确地测量太阳的高度。

阴影叶片滑过标尺，标示出太阳的高度

标尺和水平狭缝位于一条线上，就可以估算出纬度

竿式投影仪

1595年，英国航海家约翰·戴维斯发明了竿式投影仪。使用时，航海家背对太阳站着，让标尺和水平狭缝位于一条线上。调节阴影叶片，让其落到水平狭缝上。再把阴影叶片指向的读数加到标尺读数上，计算出船所在的纬度。

水平狭缝

照准仪（方向尺）

从一艘无敌舰队失事的船只上发现的星盘

星盘
海员手里的星盘是一个粗制的金属圈，上面有一个自由旋转的方向尺。将方向尺和太阳对齐，然后移动指针来显示太阳的高度。

导航信标
到了20世纪50年代，成体系的无线电信标台开始只播送纯粹的导航信号。通过比较两个信标台的信号，航海家能够准确地计算出他们的位置。

就算风暴袭击了船只，指针也能正确地显示时间

钟表显示方法
1759年，英国钟表匠约翰·哈里森发明了一个精密计时器，海员向西航行时，每行驶1千米，早晨太阳的升起时间就推迟2秒，所以头顶上太阳出现的时间变化是计算船只所处纬度的一个精确方法。

磁奇迹
大约在1100年，中国航海家首先借助指南针，为船只导航。

雷达导航
雷达能在黑夜或是雾天为船只导航。雷达屏幕上会用鲜明的形状显示出附近的船只、浮标或海岸线。

计算机化的海图仪　　全球定位系统接收器　　回声探测仪　　雷达荧光屏

桥楼上
在现代船舶的舵轮上都会有雷达屏幕、电脑图表和其他助航设备。舵手通过全球定位系统（GPS）接收器上的信号，准确测定船舶位置。

指示灯

灯塔或灯船发出的强大的闪光警告船员要小心岩石，并指引他们安全地进入港湾。船只因海雾看不清灯塔时，会有低沉的雾号声作为警告。约3000年前，山顶的烽火台开始用来警示危险。到了公元400年，有30个灯塔为从黑海驶向大西洋的罗马船只导航。18世纪，更好的建造方法和可靠的油灯使得灯塔能立于岩石上。到了1820年，世界上共有250座灯塔。如今，灯塔的作用已不像以往那么重要，因为有了雷达和声呐的帮助，即便是最小的船只都能在黑暗和迷雾中航行。

诺尔灯船

在一些无法建造灯塔的海域，可以用灯船来警告危险。1731年，第一艘灯船在英国的泰晤士河河口抛锚停泊，用以警告诺尔沙洲的危险。

船上挂着一对灯笼，每个灯笼里放着两根蜡烛

亚历山大的法罗斯灯塔

第一个专门建造的法罗斯灯塔用来引导船舶进入埃及的亚历山大港口，其高度相当于现代25层的建筑。法罗斯岛灯塔建于公元前280年左右，矗立了1500年之久。

灯塔上的女英雄

1838年，福法尔郡号在英国东北海岸搁浅，一位灯塔看守人和他23岁的女儿格雷斯·达林冒着生命危险拯救幸存者。格雷斯的英勇行为使她成为尽人皆知的英雄。

灯船

灯船上的船员很容易遇到危险，而且维护灯船的费用也很昂贵。很多灯船已被浮标代替，现在仍在使用的灯船都是全自动的，因此没有船员在上面工作。

灯塔

救生船

白天，停泊在30米外的灯船必须挂出一个"黑球"。如果发生剧烈的风暴，船只的位置无法确定，人们就必须放低这个"黑球"。

桩柱灯塔
在很难修建实体砖瓦结构灯塔的地点，类似于近海的石油钻塔的钢柱结构，能够支撑晶格结构顶部的灯。

基座深入海底45米处

明亮的灯泡
灯塔顶部使用巨大的电灯泡，它发出的警示光束的亮度相当于50个家庭用电灯泡的亮度。

风标

独居生活
以前，所有的灯塔都有看守人。他们在黄昏时点亮油灯，黎明时将其熄灭，清洗灯罩。而遇到雾天，他们就会吹响号角。现在的大多数灯塔都是全自动的，很少需要船员照料。

在25千米外都能看得到灯光

3000瓦的电灯泡

格式桅杆

航空补给
用海运为灯塔提供补给一直很困难，也很危险。直升机可以停在灯室上方的直升机停机坪上。飞机着陆需要相当娴熟的技能，尤其是在恶劣的天气中。

发光灯笼
电灯周围是旋转透镜组件。透镜将光聚合成几条狭窄的光束。发动机带动电灯周围的透镜转动，使得光束能扫视整个海洋，发出灯塔特有的灯光。

浮标的作用
大型自动导航浮标代替了灯船。自动浮标直径12米，上面装有雾号和雷达信标。这个浮标可被锚定在深达90米的水下。

第三座埃迪斯通灯塔的模型建于1759年

埃迪斯通灯塔
英国最著名的灯塔提醒水手小心普利茅斯附近的埃迪斯通群礁。第一座灯塔毁于风暴，第二座又被烧毁。第三座灯塔是第一座现代的花岗岩灯塔。

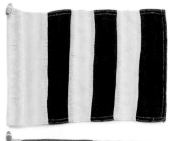

我需要帮助

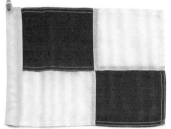

前有暗礁

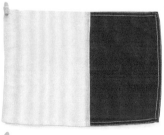

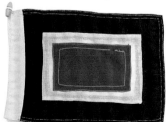

你正在驶往台风的中心

通信

失事船只的船员可以利用信号旗、灯光、声音或无线电发出信号，寻求帮助，或者提示过往船只一些隐藏的危险。应急通信非常重要，所以世界上所有的船员都知道标准的求救信号。无线电操作员把他们的收音机调到能接收应急信号的频率，并广播无线电求救信号。莫尔斯电码（Morse code）的求救信号是"SOS"。现代的救援信标能自动发出求救信号，但船员仍会学习传统的求救信号，因为危难时它们可能会拯救他们的生命。

旗语信号

如果舰艇间的距离很近，船员会打旗语相互交流。在英国的信号系统中，两面信号旗之间的角度代表单词。在美国的旗语代码中，通过挥舞单面信号旗就能交流信息。

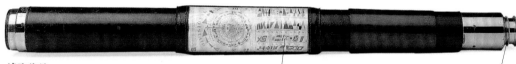

目镜

读取信号

船员用望远镜辨别旗语，使人们更易发现危险。

旗语表

莫尔斯电码的发送键

敲打出信息

1838年，萨缪尔·摩尔斯发明的这套电码，比收音机的发明早50年。它用信号灯交流，且仍被广泛用于海上通信。

喇叭发出巨响

风箱

嘈杂的盒子

迷雾中，汽船通过吹响雾号或鸣响汽笛避免发生碰撞。帆船上手动雾号发出的警示，距离1.6千米远的船只都能听到。

旗语

旗语通信是一项古老的艺术，但19世纪规定的一套标准旗语代码使船员能够更好地利用这些旗语。

机械信号

1794年，法国工程师克洛德·沙佩发明了第一份可视电报。高高的桅杆顶端那些可调节臂的位置可以代表字母表中的不同字母，每分钟可传输两三个字母。

目镜

触发扳机

奥尔迪斯信号灯

发明家亚瑟·奥尔迪斯完善了信号灯，并用他的名字命名。其触发扳机的闪光速度比开关还要快。

打开/关闭信号灯触发器

钟锤

发出警告

迷雾中，船上的轮班钟发出的声音只能警告船只所处位置，不能发出更加详细的信号。强风也能将钟声淹没。

奇思妙想

美国海军军官爱德华·维利发明了一支能将闪光信号射到天空的手枪。现代信号弹并不需要单独的击发装置。

它跟普通枪支的使用方法一样

枪身（架）

枪托（柄）

WEBLEY & SCOTT LTD
LONDON & BIRMINGHAM

适合宽枪管的弹药筒

迷雾中发出警告或报时用的绳索

信号灯

在晴朗的夜晚，相隔数英里的船只可以通过信号灯互相交流。1867年，英国海军上将菲利普·哥伦布建议使用信号灯发出的长短闪光作为电码。

无线通信

1895年发明的无线电提供了一种强大的通信新方法。"无线电报"很快就被船只充分利用，尤其是在泰坦尼克号灾难发生之后，它的救援价值更是得到了证实。

船员用莫尔斯电码向遥远的船只发信号

《梅杜萨之筏》
1816年7月，法国梅杜萨号在非洲沿海搁浅后，乘客和船员都挤在一艘临时搭建的木筏上。木筏在海上漂流了12天，仅存15人，有些是在争斗中被杀。幸存者靠死者的血肉生存下来。1819年，法国浪漫主义画家泰奥多尔·籍里柯通过画作《梅杜萨之筏》描述了这次灾难。

沉船幸存者

那些逃离沉船厄运的人面临的最急迫的危险是溺水，但冰冷的海水也能在几分钟内夺走他们的性命。救生筏能暂时保住他们的性命，但口渴才是最残酷的考验。淡水喝完时，最好什么也不要喝，等待雨水的降临。如果能避免出汗造成的水分流失，他们可以坚持两个星期。在这种情况下，遮蔽物至关重要，因为阳光会消耗维持生命的水分，还会灼伤皮肤。很多失事船只的船员因忍受不了这些煎熬而精神崩溃，但也有意志坚定的人在撑过4个多月的煎熬后，最终得到营救。

救生躺椅
普通的木制救生艇需要由经验丰富的船员放下水。相比之下，船沉后，甲板座筏会自由地漂荡在水面上，或者可以直接被扔进水里。最基本的救生躺椅比大型浮板多一点，但甲板座位救生艇能为船上的人提供更多的保护。

甲板座

可移动座椅套

上翻的救生艇形成的座椅

桨表面的沟槽

救生艇

上翻的甲板座形成一个救生艇

食物和水

救生筏内可坐20～30名幸存者

卡勒克号的幸存者用兽皮为自己缝制衣服

鲸鱼残骸
1820年，一条鲸鱼撞上了航行在太平洋上的埃塞克斯号，船员坐着划艇逃离。一些船员经受了3个月的风暴、鲨鱼和饥饿折磨后，顽强地生存了下来。美国作家赫尔曼·梅尔维尔把这个故事写进了他的小说《白鲸》。

卡勒克幸存者
1913年，加拿大探险家菲尔加摩尔·斯蒂芬森带着几个船员和几只猎狗，驾驶着卡勒克号出海探险。后来船只被北极浮冰撞坏，孤苦无依的船员在北极岛屿生存了将近一年。很多船员在严寒和疾病折磨下死亡。斯蒂芬森在被推定死亡后，又在1918年出现。他在北极地区生存了5年。

奇普蔡斯救生筏
第二次世界大战中，为了躲避鱼雷，船员被迫迅速弃船。木制的奇普蔡斯救生筏能沿着斜坡快速滑入海中。

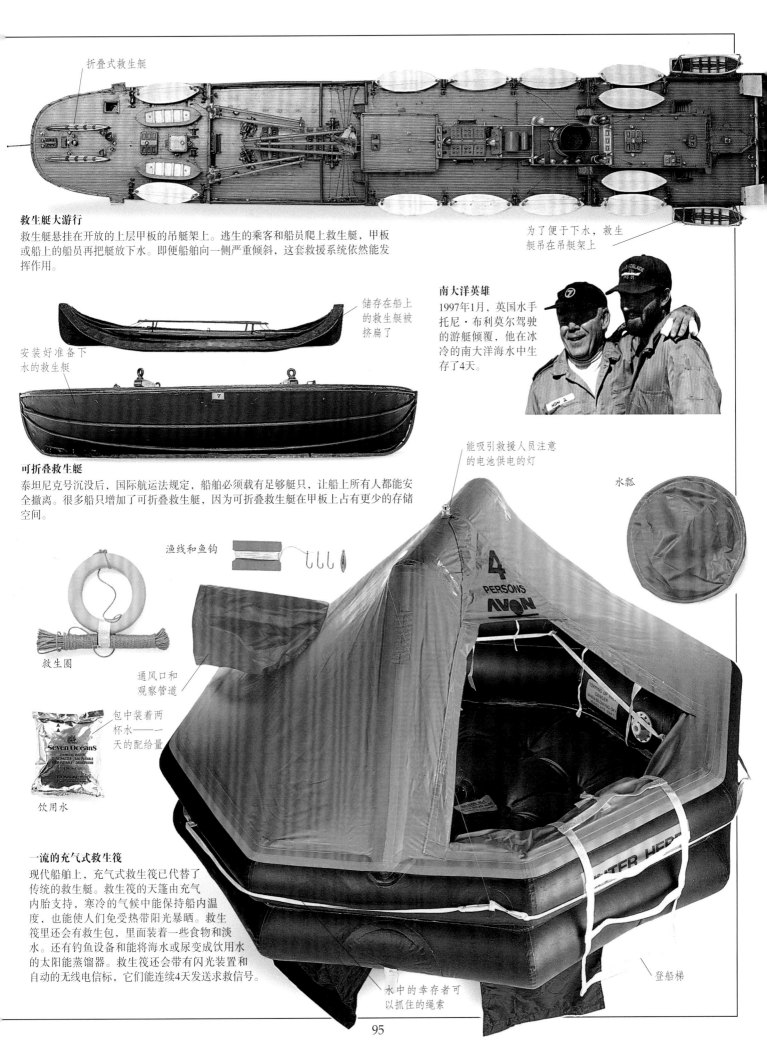

折叠式救生艇

救生艇大游行

救生艇悬挂在开放的上层甲板的吊艇架上。逃生的乘客和船员爬上救生艇，甲板或船上的船员再把艇放下水。即便船舶向一侧严重倾斜，这套救援系统依然能发挥作用。

为了便于下水，救生艇吊在吊艇架上

储存在船上的救生艇被挤扁了

安装好准备下水的救生艇

可折叠救生艇

泰坦尼克号沉没后，国际航运法规定，船舶必须载有足够艇只，让船上所有人都能安全撤离。很多船只增加了可折叠救生艇，因为可折叠救生艇在甲板上占有更少的存储空间。

南大洋英雄

1997年1月，英国水手托尼·布利莫尔驾驶的游艇倾覆，他在冰冷的南大洋海水中生存了4天。

能吸引救援人员注意的电池供电的灯

水瓢

渔线和鱼钩

救生圈

通风口和观察管道

包中装着两杯水——一天的配给量

饮用水

一流的充气式救生筏

现代船舶上，充气式救生筏已代替了传统的救生艇。救生筏的天篷由充气内胎支持，寒冷的气候中能保持船内温度，也能使人们免受热带阳光暴晒。救生筏里还会有救生包，里面装着一些食物和淡水。还有钓鱼设备和能将海水或尿变成饮用水的太阳能蒸馏器。救生筏还会带有闪光装置和自动的无线电信标，它们能连续4天发送求救信号。

水中的幸存者可以抓住的绳索

登船梯

海空救援

救生员收到求救信号后，会争分夺秒赶去救援，丝毫的延迟就可能意味着生命的逝去。我们称他们乘坐的船只为救生艇，这些救生艇船速很快，也不易沉没，专门用来搜救遇险海员。救生艇能应答80千米以内的求救信号。若救生艇不能及时赶到一些远距离的急救现场，这时直升机就要发挥作用了。

救生艇先锋
1824年，世界上第一家国家救生艇服务中心在英国成立。由一名英国马恩岛人——救生员威廉·希拉里（1771—1847）创办，现被称为"皇家全国救生艇协会"。

马队开路
以前，人们把船置于拖板上，然后用马队将船拖到水中。现在，一台拖拉机足以解决问题。

马拉的救生艇

格雷特黑德救生艇

软木漂浮助剂

把救生艇放下水的拖车

海上安全
早期的救生艇不会在波涛汹涌的大海中沉没，但一旦倾覆，很难再翻转回来。自动扶正的设计出现在19世纪50年代，这条长8.5米的划艇（左图）就是那时出现的。

第一批救生艇
海民的救援传统十分悠久，那时他们用普通的船只实施救援。18世纪后期，英国和法国的各种发明家建议在船上增加铁制龙骨和额外浮性，让其更适合救援。这艘格雷特黑德救生艇建造于1790年，是第一批不沉的救生艇之一。

在一些没有机动车的小社区，救援前后，救生艇往往需要被拖来拖去

起锚！
沿海社区的居民非常支持救援工作，因为他们都有做海员的亲戚或朋友。所以，如果需要把救生艇拖到沙滩上，所有人都会提供帮助。

海空救援
救援直升机比救生艇行驶的距离要远，直升机能更快、更安全、更舒适地把受伤乘客送往医院。

近岸充气艇
大型救生艇对靠近岸边的救援来说太过笨重，而这样的充气艇能以54千米/小时的速度载着3个救援人员加速赶去营救海上遇难人员或遇险船只。

土耳其救生艇
土耳其救生艇服务人员对求救信号时刻保持警惕，突发的危险风暴使土耳其人将该国北部边界的水域命名为黑海。

船上载有小型救生艇

德国救生艇
德国的救生艇服务开始于1865年，船员都是无偿的志愿者。27个大型救生艇赶到德国海岸的事发现场，后面还跟着27艘小船。

为保证良好的视野，驾驶舱的位置很高

引起轰动
船台的推出无疑是最引人注目的，但它们需要一类特殊的工艺。整个船必须足够轻，人们才能轻易将其拖回陡峭的斜坡滑道。为避免在发动过程中损坏，救生艇的推进器是被覆盖着的。

甲板向下倾斜使水上救援更加容易

坚固的主力
阿伦类救生艇是英国现代大型救生艇的典范。它们从港口停泊处下水，能在任何天气条件下实施救援。强大的双柴油发动机能带着六七名船员以33千米/小时的速度加速赶到事发地点。

充气救生艇

R.N.L.B. TONY VANDERVELL.

5 4 - 0 4

WEYMOUTH LIFE-BOAT

救生艇设备

在现代化救生艇的桥楼或驾驶室中都有计算机和无线电设备，帮助救生员加速赶往遇险船只的出事地点。自动导航系统能在卫星和沿海信标发出的无线电信号的帮助下精确定位救生艇的位置。计算机化的海图仪能显示周围的海岸线、浮标及危险。回声测深仪能测量出水深。无线电设备让船员与其他救援服务组织和陷入麻烦的船保持联系。不过，对于救援本身来说，救援设备在近50年内变化不大。

熟能生巧
为了让救生员能安全地治疗伤亡人员，他们需要接受急救培训，学习如何使用雷达和无线电设备。

钩竿
救援人员可以用钩竿将小型的遇难船只拉到救生艇旁边，或拉住落水者不让他们沉到水下。

从一端点燃绳索

加速气管设备
扣动扳机发射带有一根长230米的绳子的信号弹。

绳索

手提式信号弹
闪光信号会产生明亮的红色火焰或一缕缕橙色烟雾，用来引起其他救援人员的注意。

点燃绳索的扳机

绳索和滑轮
将绳子穿过滑轮组（皮带轮），让救生圈更易在水中找到。

滑轮组

喷嘴

消防
手提式灭火器用来对付救生艇上的小火灾。

手提式灭火器

消防水带

舱底泵
这个手压泵能迅速排干舱底（船身靠内侧最低的部分）污水，使船更高地浮在水面上。

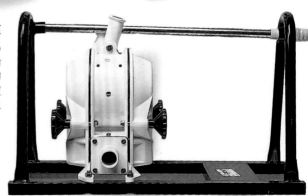

锚和锚链
在浅水区，锚能固定救生艇的位置，不让它四处漂流，并让船头朝向海浪的方向。

急救包
把伤员交给医生之前，船员会先用急救包稳定伤员的其他伤痛，比如烧伤和骨折。

枕头

固定伤员的安全带

篮式担架
该担架能把伤员安全地转移到直升机或救生艇上。晃动可能会让伤痛加重，所以要用安全带将伤员固定。

救生圈
幸存者戴着救生圈浮在水面上，等待救援人员用绳子和滑轮系统把他们拉到安全的地方。

救援人员用绳子将生还者拉离水面

海锚
海锚（帆布桶）在水中拖曳，阻止大风中的船只四处漂流，也阻止海浪将船尾拍断。

口哨
手动激活灯

救生衣
自动充气救生衣使溺水者的头部浮在水面上。安全带使救援人员更容易把同事拉离水面。

R.N.L.I.

绞车悬吊！
篮式担架上的安全带使直升机绞车电缆底部保持水平。绞车操作员用无线电和手势与直升机飞行员进行交流，监督升降梯。

枕头

FOOT

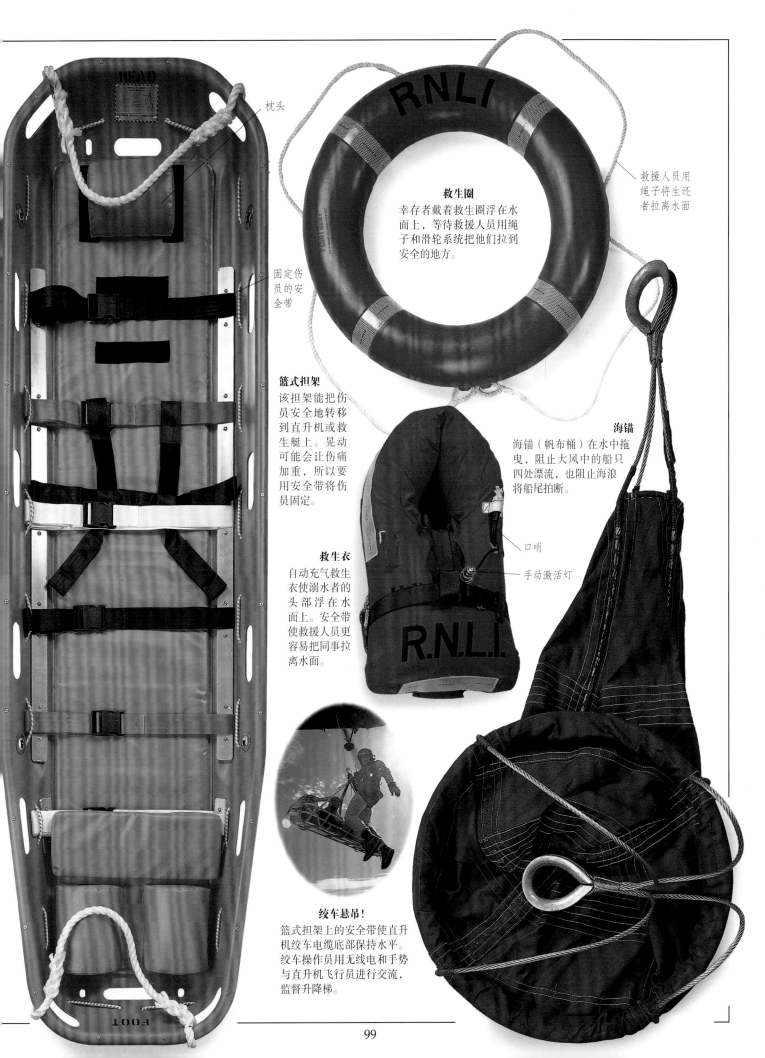

早期潜水

沉船上的贵重货物一直吸引着勇敢的游泳者潜入水底探索沉船残骸。早在公元前4世纪，潜水员潜水时就能把空气装到桶里或者罩里带到水下。1679年，意大利科学家乔瓦尼·博雷利（1608—1679）建议用简单的泵更新"潜水钟"里的空气，从而延长潜水时间。之后的250年间，潜水员用泵送空气技术到达了水下60米的沉船残骸处。

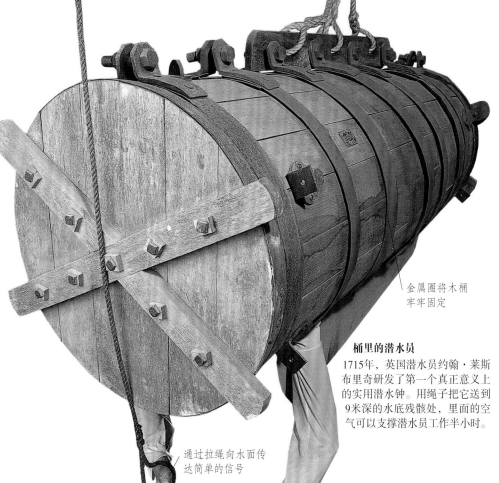

金属圈将木桶牢牢固定

桶里的潜水员
1715年，英国潜水员约翰·莱斯布里奇研发了第一个真正意义上的实用潜水钟。用绳子把它送到9米深的水底残骸处，里面的空气可以支撑潜水员工作半小时。

通过拉绳向水面传达简单的信号

玻璃潜水罩
这张奇特的图片上画的是希腊国王亚历山大大帝潜入水底。他的玻璃潜水罩不会起到任何作用，水压会将玻璃罩压碎，罩内点燃的灯也会把氧气耗尽。

海底通信
从1900年左右开始，潜水员可以使用头盔里的麦克风和扬声器进行通信。电线将它们连到水面舰艇上的一台小型的"电话交换机"上。

水下呼吸
头盔、厚厚的玻璃窗口还有泵送空气供应使潜水员的潜水时间更长，潜水旅程更加刺激惊险。

闭路潜水
潜水员呼出的空气中含有二氧化碳。闭路潜水设备能吸收二氧化碳，使空气得以循环使用。

潜水配重
潜水员的潜水服和头盔里的空气让他们有浮力（比水轻），所以为下降到沉船处，潜水员在他们的潜水服里捆绑了沉重的铅块。

铜盔

泵送空气供给软管

玻璃窗口

双管自动供气阀

空气供给计量器

固定面罩的带子

软管末端
自动供气阀的发明将潜水者从笨重的潜水服中解救出来。背着压缩空气瓶，戴着面罩，他们不必再依靠水面上的空气泵。这种自给式呼吸装置使潜水员能安全地潜入水下50米的沉船处。

空气头罩
空气软管和安全线将穿着"西比"潜水服的潜水员和水面舰艇连起来。舰艇上的船员用泵将空气压入管道，输入潜水员的头盔中。安全线能将潜水员从沉船中拉起，还能发送一些简单的信号。

橡胶袖口

帆布中间夹着一层橡胶

西比潜水服
19世纪的潜水员可以离开自己的潜水钟，更加自由地探索海底。大约在1830年，德国制表师奥古斯都·西比发明了第一套完全封闭的潜水服。为了安全起见，"西比"头盔被固定到了潜水员的防水服上。

铅底皮靴加重潜水员的重量，使其下沉

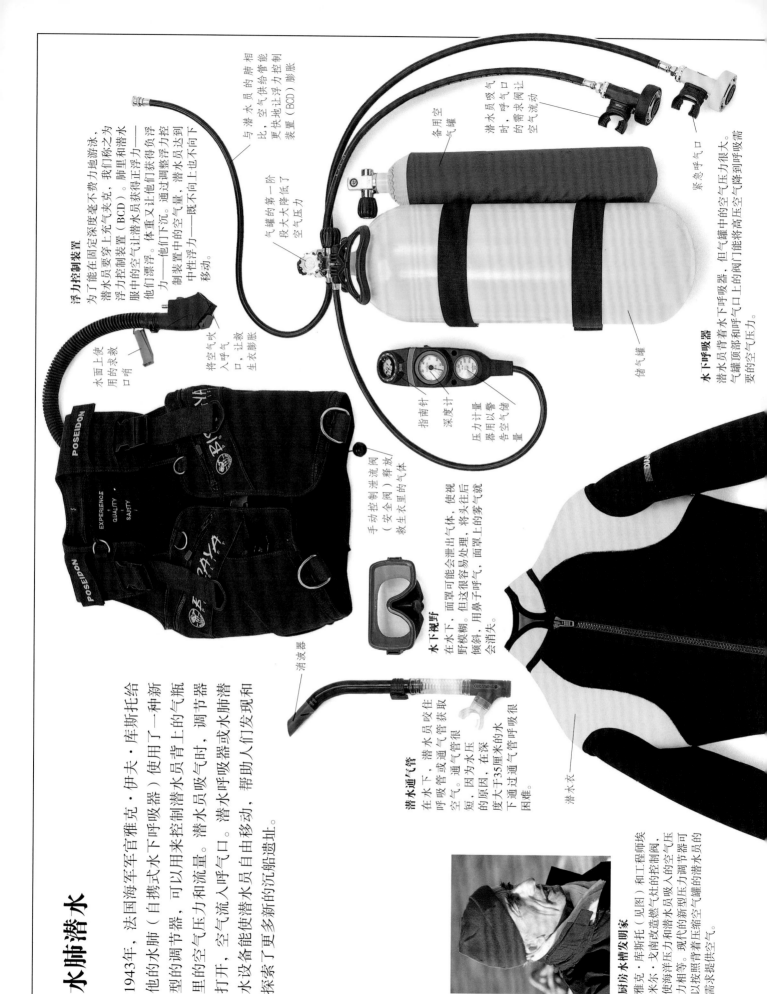

水肺潜水

1943年，法国海军军官雅克·伊夫·库斯托给他的水肺（自携式水下呼吸器）使用了一种新型的调节器，可以用来控制潜水员背上的气瓶里的空气压力和流量。潜水员吸气时，调节器打开，空气流入呼气口。潜水呼吸器或水肺潜水设备能使潜水员自由移动，帮助人们发现和探索了更多新的沉船遗址。

浮力控制装置

为了能在固定深度毫不费力地游泳，潜水员要穿上充气夹克，我们称之为浮力控制装置（BCD）。肺里和潜水服中的空气让他们获得正浮力——他们漂浮。体重又让他们获得负浮力——他们下沉。通过调整浮力控制装置中的空气量，潜水员达到中性浮力——既不向上也不向下移动。

与潜水员的肺给气相比，空气供给管能更快地让浮力控制装置（BCD）膨胀

气罐的第一阶段大大降低了空气压力

备用气罐

潜水员吸气时，需求阀让空气流动

紧急呼气口

水下呼吸器

潜水员背着水下呼吸器，但气罐中的空气压力很大，气罐顶部和呼气口上的阀门能将高压气降到呼吸所需要的空气压力。

储气罐

水面上的求救用的口哨

将空气吹入呼气口，让救生衣膨胀

指南针

深度计

压力计用以警告气罐空气储量

手动控制泄流阀（安全阀）释放救生衣里的气体

消波器

水下视野

在水下，面罩可能会泄出气体，但这很容易处理，将头往后倾斜，用鼻子呼气，面罩上的雾气就会消失。

潜水通气管

在水下，潜水员咬住呼吸管或通气管获取空气。通气管很短，因为水压的原因，在深度大于35厘米的水下通过通气管呼吸很困难。

潜水衣

厨房水槽发明家

雅克·库斯托（见图）和工程师埃米尔·戈南改造燃气灶的控制阀，使海洋压力和潜水员吸入的空气压力相等。现代的新型压缩空气罐可以按照背着空气瓶压力调节器的潜水员的需求提供空气。

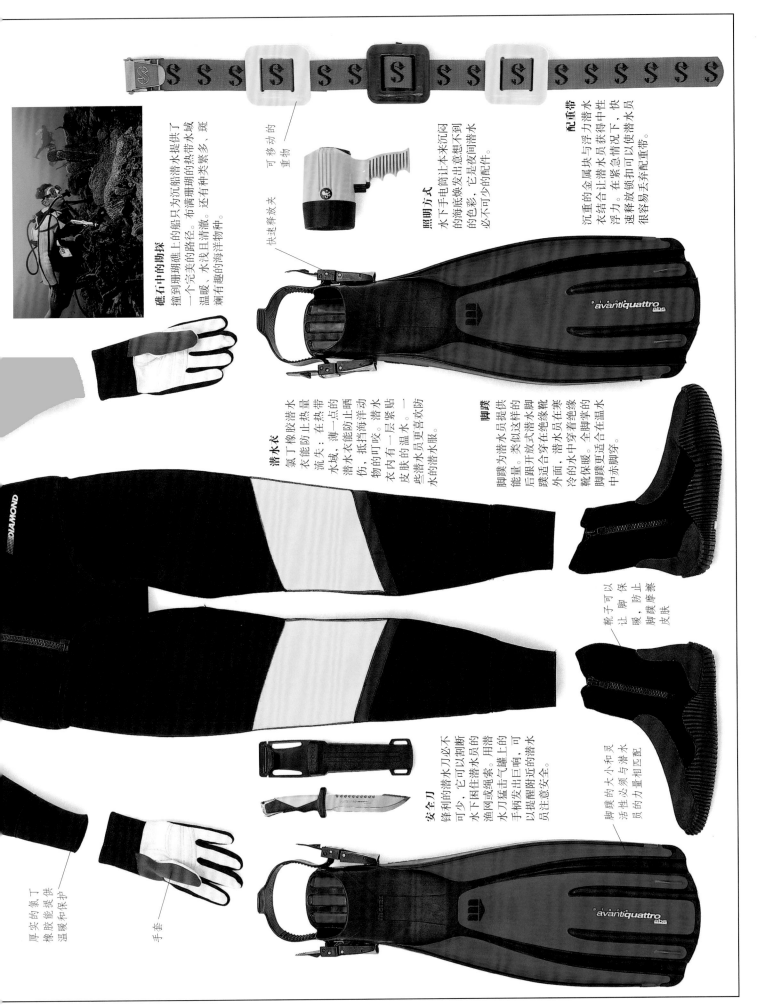

礁石中的勘探

撞到珊瑚礁上的船只为沉船潜水提供了一个完美的路径。布满珊瑚的热带水域温暖、水浅且清澈，还有种类繁多、斑斓有趣的海洋物种。

快速释放夹

可移动的重物

照明方式

水下手电筒让本来沉闷的海底焕发出意想不到的色彩。它是夜间潜水必不可少的配件。

配重带

沉重的金属块与浮力潜水衣结合让潜水员获得中性浮力。在紧急情况下，快速释放锁扣可以使潜水员很容易丢弃配重带。

脚蹼

脚蹼为潜水员提供能量。类似这样的潜水脚后跟开放式潜水脚蹼适合穿在绝缘靴外面。潜水员在寒冷的水中穿着绝缘靴保暖。全脚掌的脚蹼更适合在温水中赤脚潜。

潜水衣

氯丁橡胶潜水衣能防止热量流失：在热带水域，薄一点的潜水衣能防止晒伤，抵挡海洋动物的叮咬。潜水衣内有一层紧贴皮肤的温水。一些潜水员更喜欢防水的潜水服。

靴子可以让脚保暖，防止脚蹼摩擦皮肤

脚蹼的大小和灵活性必须与潜水员的力量相匹配

安全刀

锋利的潜水刀必不可少，它可以割断水下困住潜水员的渔网或绳索。用潜水刀猛击气罐上的手柄发出巨响，可以提醒附近的潜水员注意安全。

厚实的氯丁橡胶能提供温暖和保护

手套

103

深海探究

海洋过滤掉太阳的光和热，营造了一个寒冷的黑暗世界。深海处的沉船遗址对潜水员来说很危险，因为水压会将氮气溶解到潜水员的血液中，导致深度昏迷——一种醉态。潜水员必须慢慢浮出水面，否则，如果氮气在血管内形成气泡，潜水员就易患减压病（弯曲症）。对水肺潜水员来说，100米以下的沉船深度可望而不可即，但刚性潜水服可以帮潜水员下潜至600米的深度，潜艇则可以到达更深处的沉船残骸。

潜水员的减压舱

为避免弯曲症，潜水员一从深海浮上来，就进入减压舱。减压舱内充满高压空气。随着压力下降，多余的氮气从血液进入肺部，然后被安全地呼出。

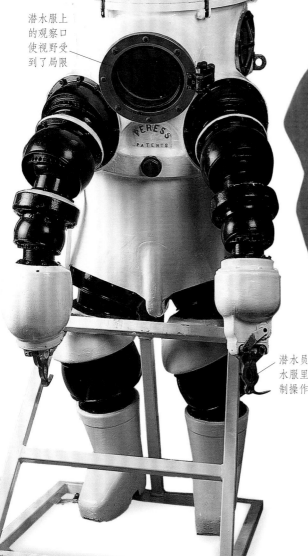

吉姆·贾勒特测试完这个原型后，潜水服就有了"吉姆"这个绰号

佩雷斯潜水服

1930年，约瑟夫·佩雷斯成功研发了第一套常压潜水服。灵活的手关节和腿关节使潜水员能深入300米的水底。

潜水服上的观察口使视野受到了局限

深海残骸

即便使用最先进的设备，在他们的血液吸收大量有害的氮气之前，潜水员也可能只有几分钟的时间来调查深处的残骸。

潜水员在潜水服里面控制操作臂

阿瑟拉号潜艇

1964年，美国宾夕法尼亚大学推出了有史以来的第一艘科考潜艇，阿瑟拉号是为水下考古专门定制的潜艇。它首次用于深入到42米的水下，探索土耳其海域亚细·阿达岛的沉船。由研究水下沉船的考古学家乔治·巴斯带领，两个团队迅速地绘制出了这第一个水下考古的现场。

所有的镜头会组合成一个网络为残骸拍照，而且稍后会把照片拼起来提供一张全景照片

水下气泡

现代潜艇雷莫拉号上的船员可以到达600米下的海底残骸，进行长达十几个小时的考察。透明的操作室为驾驶员和观察员提供了壮观的全面的景象，而且在推进器（螺旋桨）的帮助下，雷莫拉号能像直升机一样盘旋。

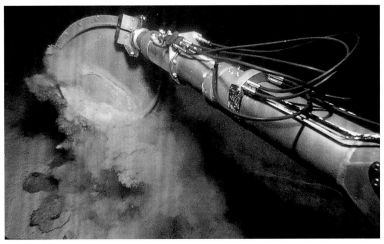

跨洋手臂

在潜艇内，船员能用从舱内控制的关节臂抓住和搜索残骸中支离破碎的文物。

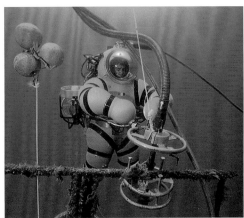

蝾螈潜水服

身穿常压潜水设备的操作员是很累的，因为深海处的水压会让潜水服变硬。德尔格蝾螈潜水服（左图）的关节处充满液体，缓解了这一问题，让潜水员能完成大约3/4的正常活动。蝾螈潜水服可以潜到300米下的残骸处。

沉船的定位与复原

声呐（声波导航与测距设备）能够测绘出沉船的轮廓。侧扫声呐（下图）能够勘测大面积海床，利用声波产生一种清晰可辨的"影"像。磁力仪能够产生海底磁图。这些磁图能够显示出大炮这类金属物的位置，就算它们被厚厚的淤泥覆盖也没问题。海洋考古学家们利用这些仪器所提供的海图来制定下潜计划。将所有东西的位置记录在案也同样重要。所以，打捞沉船前，潜水员会花大量时间进行水下测量、绘图、草绘及拍照。

虚拟双耳细颈椭圆土罐

1981年，人们在法国南部海岸发现了公元1世纪的艾尔兹四号。技术人员首先从3米高处拍摄了一系列重叠的照片。然后，他们用电脑绘出船只轮廓，继而绘出这幅数字三维图像。

测绘文物

所有对沉船的考古调查，第一步都是进行干扰前调查。潜水员将沉船地点划分成一个个方正的正方形，使之形成一个网格。然后，他们就可以记录下每个文物所在的方格，并在这个方格中测量它的位置和深度。最后，他们从照片或草图中收集到足够的数据来绘制出方位图。

打捞货物

为了详细研究沉船遗址，考古人员首先需要清除覆盖在沉船表面的淤泥。那些淤泥用手一扇就能去除。较厚的淤泥则需借助一些功能强大的工具。沉船记录有助潜水员的工作一旦完成，潜水员将货物用气力提升器将货物打捞上来。

侧视

侧扫声呐也能呈现其"微观"图。它能够显示尺寸大约其扫描宽度1/400的物体，也就是说，要想捕获双耳细颈椭圆土罐那么小的图像，其扫描宽度绝不能超过400个双耳细颈椭圆土罐的宽度总和。

研究沉船位置

声呐等遥感设备能够通过电缆将信号传输到勘测船的控制室中，并将其显示在电脑显示器或绘图仪上。

106

大型的锚为确定该船地点提供了一个清晰的标记

潜水员会先对沉船进行一番勘测，再绘制草图

海底勘测

声呐的"拖鱼"呈雪茄状，是一种水下拖曳装置，安放在400米长的电缆的末端。它通过声波"呼呼"的脉冲信号来绘制海底地图。传感器接收脉冲的回波，拖鱼再通过电缆将回波回输到勘测船上进行观察和判读。

船上的生活

"弃船！"船员们一听到这两个可怕的字眼，就会抛下手头的一切工作匆匆逃命。因此，无数的个人财物和日常物品都随船沉没了。这些物品往往能提供大量的信息。而工具和设备则可能为确定沉船身份和沉船日期提供线索。这些器物的位置还可以帮助考古学家将已被猛烈的洋流拍得四分五裂的沉船残片组装起来。

在风暴中做饭

在风暴中，如果船只再失火，那简直就是火上浇油。这时船上的厨师会熄灭火炉。天气好转之前，船员们只能靠冰冷的食物度日。

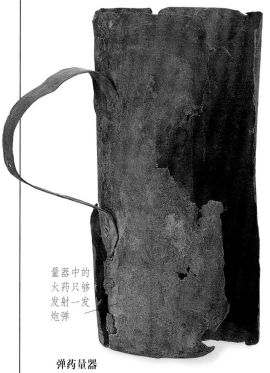

量器中的火药只够发射一发炮弹

弹药量器

军舰上都设有一个弹药库，里面存放的火药都是量好才装入丝袋的。火药量器的发现或许可以明确弹药库的位置。

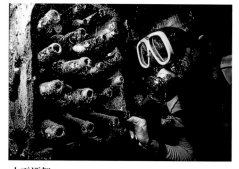

水下酒架

在海上待不了几周，饮用水就会变得黏糊糊的，令人作呕，所以每艘轮船都会装载大量的葡萄酒、啤酒和烈酒。

药剂师的储藏

航海时代的医疗手段还很落后，死于疾病的船员比溺水而亡的还要多。这些瓶子里盛放的药很可能是为军官们储备的。

炮架

木制炮架不会脱离沉船飘走，因为它们支撑的大炮会将其压沉。这个炮架曾经架着一门约1.2米长的信号炮。

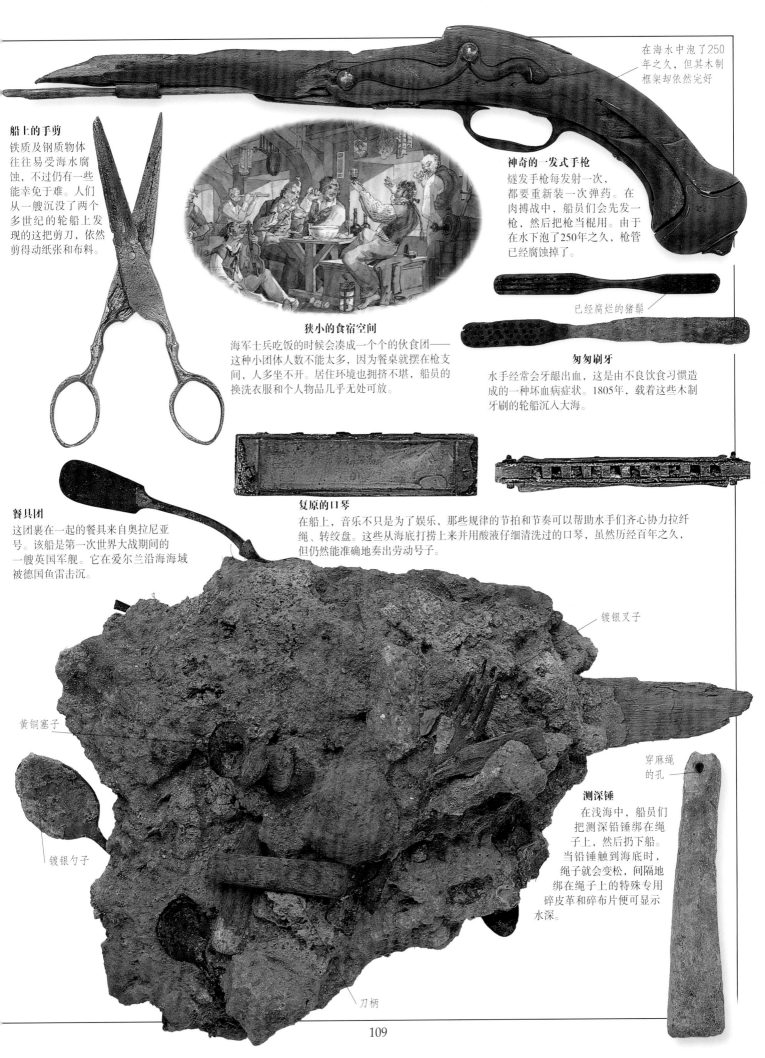

船上的手剪
铁质及钢质物体往往易受海水腐蚀,不过仍有一些能幸免于难。人们从一艘沉没了两个多世纪的轮船上发现的这把剪刀,依然剪得动纸张和布料。

狭小的食宿空间
海军士兵吃饭的时候会凑成一个个的伙食团——这种小团体人数不能太多,因为餐桌就摆在枪支间,人多坐不开。居住环境也拥挤不堪,船员的换洗衣服和个人物品几乎无处可放。

神奇的一发式手枪
燧发手枪每发射一次,都要重新装一次弹药。在肉搏战中,船员们会先发一枪,然后把枪当棍用。由于在水下泡了250年之久,枪管已经腐蚀掉了。

在海水中泡了250年之久,但其木制框架却依然完好

已经腐烂的猪鬃

匆匆刷牙
水手经常会牙龈出血,这是由不良饮食习惯造成的一种坏血病症状。1805年,载着这些木制牙刷的轮船沉入大海。

餐具团
这团裹在一起的餐具来自奥拉尼亚号。该船是第一次世界大战期间的一艘英国军舰。它在爱尔兰沿海海域被德国鱼雷击沉。

复原的口琴
在船上,音乐不只是为了娱乐,那些规律的节拍和节奏可以帮助水手们齐心协力拉纤绳、转绞盘。这些从海底打捞上来并用酸液仔细清洗过的口琴,虽然历经百年之久,但仍然能准确地奏出劳动号子。

镀银叉子

黄铜塞子

镀银勺子

测深锤
在浅海中,船员们把测深铅锤绑在绳子上,然后扔下船。当铅锤触到海底时,绳子就会变松,间隔地绑在绳子上的特殊专用碎皮革和碎布片便可显示水深。

穿麻绳的孔

刀柄

遗失的货物

在沉船事故中，沉重的货物会将船拽沉。将货物提至水面的过程叫作"打捞"。一旦识别出沉船的身份，那么从旧文件的微小细节中就能够知晓货舱中放了些什么。不过，他们并不会将打捞上来的东西一概保留。潜水员打捞出的所有东西都必须按其价值的一定比例补偿给其合法所有人。尽管沉船已经在海底腐烂了几百年，但船上的货物依然各有所属。

硬币
硬币是沉船遗址中最常见的发现，有的硬币堆在船舱遗迹里，有的则被浪潮冲得散落各处。许多船只都会运载货币和金属，这些金属能够铸造出不受腐蚀的硬币。

西班牙和美国的硬币收藏

发掘的驯鹿皮
1786年，丹麦的梅塔·凯瑟琳娜·冯·弗伦斯堡夫人号沉没大海，并深深埋入淤泥之中。淤泥将船上的驯鹿皮保藏得相当完好，它们依然非常柔软，甚至可以做成衣服。

这些纸币被海水淹没后并未受损

消失的纸币
1979年，风之天空号失事，船上载着大笔塞舌尔钞票。在潜水员到此检查之前，船上的大部分纸币早被洗劫一空。该国银行后来将发行的这套纸币作废了，所以现在这些纸币一文不值。

密封，未交付
这个锻造的封印铅具有很强的抗腐蚀能力，所以尽管密封的布料早已腐烂，但这个封印却又存留了很长时间。

移动的纸币
1917年，坎伯韦尔号汽船撞上了一颗漂浮的水雷，继而沉没。这些面值为10卢比的纸币是船上的普通货物的一部分。

铜质货物
1805年，这些铜锭随亚伯格芬尼伯爵号沉没大海。

准备启航
装船待航是一项技术活儿，因为货物一旦装偏，就可能会导致沉船。

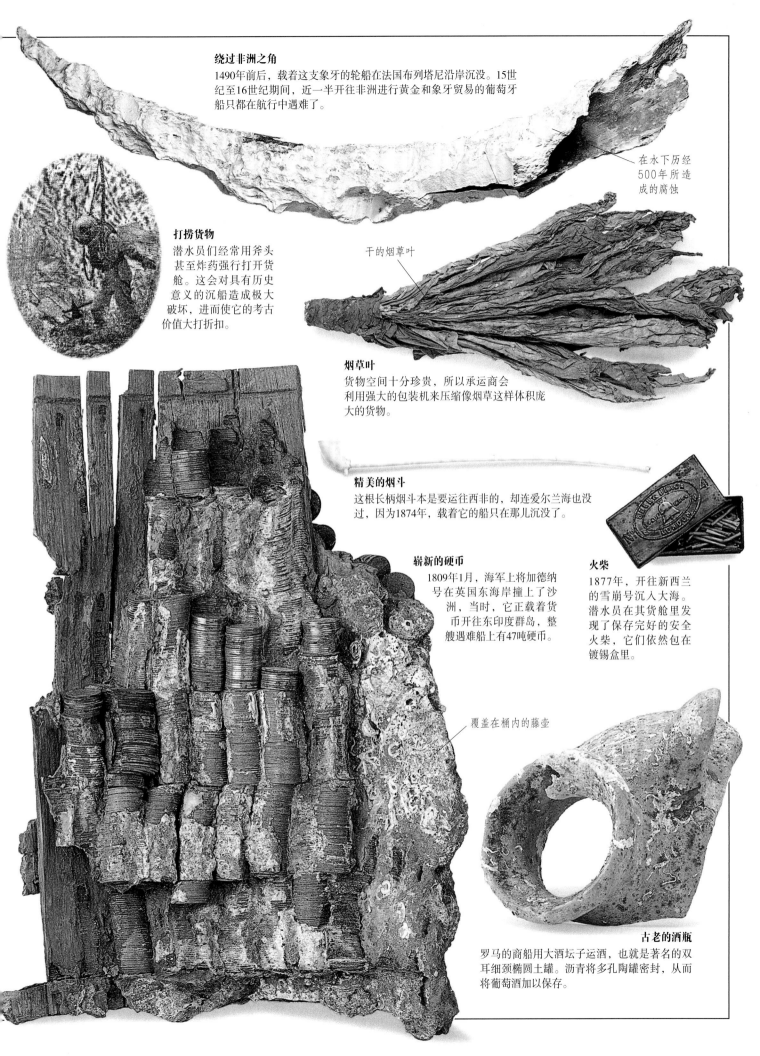

绕过非洲之角
1490年前后，载着这支象牙的轮船在法国布列塔尼沿岸沉没。15世纪至16世纪期间，近一半开往非洲进行黄金和象牙贸易的葡萄牙船只都在航行中遇难了。

在水下历经500年所造成的腐蚀

打捞货物
潜水员们经常用斧头甚至炸药强行打开货舱。这会对具有历史意义的沉船造成极大破坏，进而使它的考古价值大打折扣。

干的烟草叶

烟草叶
货物空间十分珍贵，所以承运商会利用强大的包装机来压缩像烟草这样体积庞大的货物。

精美的烟斗
这根长柄烟斗本是要运往西非的，却连爱尔兰海也没过，因为1874年，载着它的船只在那儿沉没了。

火柴
1877年，开往新西兰的雪崩号沉入大海。潜水员在其货舱里发现了保存完好的安全火柴，它们依然包在镀锡盒里。

崭新的硬币
1809年1月，海军上将加德纳号在英国东海岸撞上了沙洲，当时，它正载着货币开往东印度群岛，整艘遇难船上有47吨硬币。

覆盖在桶内的藤壶

古老的酒瓶
罗马的商船用大酒坛子运酒，也就是著名的双耳细颈椭圆土罐。沥青将多孔陶罐密封，从而将葡萄酒加以保存。

复原与保存

沉船的测量和拍摄工作完成后，潜水员便试图把沉船从海底打捞上来。研究和保存工作是在陆地上开展的。大多数物体需要做进一步的清理。直接暴露在空气中的话，木料会收缩，像大炮这样的铁质物体有时会迅速腐蚀。博物馆的文物修复员研发了阻止或逆转这种腐烂的方法。他们保护现有发现以供历史学家进行研究的同时，也需要公开展示这些文物发现。要想做到两全其美并不容易。对于易碎的珍品来说，公开展示一年比在水下待一个世纪所造成的损坏都要大。

珊瑚瓶

这长在瓶子上的珊瑚像花边似的，十分漂亮，但是清理工作可能会将它们全部毁掉。

口琴

淹没的铁质物品锈迹斑斑，这些铁锈将附近的一切都粘在一起，形成一种凝结物（不成形的团块）。文物修复员用凿子剥掉最糟糕的沉积物。电解可以减缓进一步的腐蚀，软化凝结物，使其变得更易去除。

清理后的口琴

凝结物中的口琴

藤壶碗

这个碗是在荷兰东印度商船格德马尔森号上发现的一个南京船货，该船已于1752年触礁沉没。

清理

剥离藤壶的时候，可能会刮坏瓷釉。修复员们会将陶器浸泡在稀释的酸液中。酸液能够溶解部分硬壳，并软化剩余部分，这样一来就能毫发无损地清除藤壶。

测量

测量和研究打捞起的沉船文物有助于确定沉船年龄和航行目的。

庞大的清理工作

考古学家打捞起的瓦萨号保存相对完整，但光是清理由14 000个部分构成的船体就让11位科学家花了5个月时间。他们在沉船上和沉船周围总共发现了25 000件物品。该船的修复工作耗费了近20年。

收拾残局

关于这个陶罐是沉船前还是沉船后破的，碎片的分布或许能提供重要线索，进一步说，或许能够揭示出船只是如何沉没的。

藤壶已用稀释的酸液去除

喷涂玛丽·罗斯号将耗费15~20年

喷涂

泡了海水的木头放干后会收缩弯曲。为了防止这种情况的发生，文物修复员用一种叫作"聚乙二醇"的蜡质化学物对木材进行了处理。

重组的沉船

海底的潮汐和洋流可以迅速浸没船上的大片木材。因此，一旦用聚乙二醇防腐剂稳定了木材，修复员就会试着重组船体的各部分。

保存

虽然这件陶器现在看上去十分完美，但海水已经渗进瓷釉，它可能会发生结晶，陶盘可能会因此开裂。为了防止这一情况的发生，修复员将瓷器浸入稀盐溶液，并用几个月的时间逐渐降低盐水浓度。

沉船的艺术

沉船最初的故事其实都是神话。古代人试图通过神话阐释和理解那些支配着自己生活的自然力量。在以后的岁月里，沉船的故事依然让人着迷，因为这些故事虽然可怕，却是人们共同的经历。海上航行把个性迥异、背景悬殊的人都集结到了一起。而沉船本身就是一个戏剧性的高潮。乘着木筏逃过一劫或在岛上死里逃生，无论哪种经历都能够释放出每个人最优秀或最糟糕的一面。

诺亚方舟

《圣经》上说，上帝把淹没大地以净化邪恶的计划告诉了诺亚。于是诺亚便建了一艘船，也就是方舟，去拯救自己的家人和世界上的动物。

约拿和鲸鱼

《圣经》的《约拿书》中描述了约拿出海航行时，船员们担心会遭遇海难，于是便抽签看这场风暴应归咎何人。结果约拿输了，于是他们便把他扔下海，一条鲸鱼将约拿吞入了腹中。

《鲁滨孙漂流记》

英国作家丹尼尔·笛福虚构的这起海难在他的小说中占了重要位置，而克鲁索的原型是一位名叫亚历山大·塞尔扣克的苏格兰水手。

《荒岛酒池》

1947年，在《荒岛酒池》中，英国小说家康普顿·麦肯齐将可怕的船难写成了有趣的小说。同名电影随后于1948年上映。

小说《鲁滨孙漂流记》

《割喉岛》

《割喉岛》（1995）中炸毁了一艘海盗船，但影评家却十分讨厌这部电影。

尤利西斯和塞壬

古希腊作家荷马在他的史诗《奥德赛》中讲述了尤利西斯的神话故事，他驶过塞壬居住的岛屿时，惊险地逃过了海难。为了保护自己的船员，尤利西斯用蜡堵住了他们的耳朵。

《海底两万里》

1870年，法国小说家儒勒·凡尔纳写了一本书，叫作《海底两万里》，他在书中想象出潜水员和潜艇所处的神奇的水下世界。凡尔纳对潜水设备的描述简直就是对后来的发明创造的准确预测。

圣尼古拉斯

根据基督教传说，圣尼古拉斯乘坐的小帆船在土耳其沿海险些被暴风雨摧毁，当时就是他拯救了同船的水手。这个奇迹让身处险境的水手把他奉为守护神。

said she; "I know that I shall love the world up there, and all the people who live in it."

At last she reached her fifteenth year. "Well, now, you are grown up," said the old dowager, her grandmother; "so you must let me adorn you like your other sisters:" and she placed a wreath of white lilies in her hair, and every flower leaf was half a pearl. Then the old lady ordered eight great oysters to attach themselves to the tail of the princess to show her high rank.

"But they hurt me so!" said the little mermaid.

"Pride must suffer pain," replied the old lady. Oh, how gladly she would have shaken off all this grandeur, and laid aside the heavy wreath! The red flowers in her own garden would have suited her much better; but she could not help herself: so she said, "Farewell," and rose as lightly as a bubble to the surface of the water. The sun had just set as she raised her head above the waves; but the clouds were tinted with crimson and gold, and through the glimmering twilight beamed the evening star in all its beauty. The sea was calm, and the air mild and fresh. A large ship, with three masts, lay becalmed on the water, with only one sail set; for not a breeze stirred, and the sailors sat idle on deck or amongst the rigging. There was music and song on board; and, as darkness came on, a hundred coloured lanterns were lighted, as if the flags of all nations waved in the air. The little mermaid swam close to the cabin windows; and now and then, as the waves lifted her up, she could look in through clear glass window-panes, and see a number of well-dressed people within. Among them was a young prince, the most beautiful of all, with large black eyes; he was sixteen years of age, and his birthday was being kept with much rejoicing. The sailors were dancing on deck, but when the prince came out of the cabin, more than a hundred rockets rose in the air, making it as bright as day. The little mermaid was so startled that she dived under water; and when she again stretched out her head, it appeared as if all the stars of heaven were falling around her—she had never seen such fireworks before. Great suns spurted fire about, splendid fire-flies flew into the blue air, and everything was reflected in

"She rose as lightly as a bubble to the surface of the water."—p. 69.

《沧海无情》

在1953年上映的《沧海无情》这部电影中，一小群英国水手在他们的船被一艘潜艇撞沉后，乘坐一艘橡皮艇一起奋力逃生。这部电影以现实主义的视角呈现了第二次世界大战中大无畏的英雄主义精神，这使它大受欢迎。

《小美人鱼》

在这个迷人的童话故事里，小美人鱼救下了一个差点被海浪淹死的英俊王子。为了与王子在陆地上团聚，她舍弃了自己美妙的声音，换来了人类的一双腿。

公元前3000年左右，
埃及沙墓出土的箭头

公元前3000年左右，
埃及坟墓出土的调色板

秘鲁坟墓出土的金耳钉

秘鲁出土的钱
凯陶制人物

与木乃伊葬在一起
的秘鲁玩偶

公元前600年左右，埃及
存放鼩鼱木乃伊的棺木

古埃及的卡诺匹斯罐，
用于盛放埃皮斯神牛
（左图）及人（右图）
的内脏器官

从坟墓发掘
的秘鲁罐

阿努比斯的木制雕像，他是古埃及的引魂之神

古埃及木乃伊的手，每个手指都单独包裹

木乃伊

Mummy

目击世界各地的木乃伊，亲历木乃伊制作过程

神奇护身符，上面装饰着荷鲁斯四个儿子的头部雕像

古埃及木乃伊棺木中的木制脸

木乃伊是什么?

"木乃伊"这个词最初是指用绷带包裹的古埃及人的尸体，但只要有皮肤的尸体都是木乃伊。如果人们死的时候或是被埋葬时处于很好的环境中，那么他们就可能无意中以木乃伊的形式保存下来。这种情况可能发生在湿润的沼泽地，或是极其寒冷的山区和极地地区。但最常见的是，尸体在晒干后得以保存。古埃及人以高超的防腐技术和复杂的葬礼习俗闻名于世。但世界各地的人们都曾经对尸体进行过防腐处理。不管在什么地方，木乃伊的制作一般都是出于宗教原因。大多数文明都或多或少地信奉"人有来世"。通过完整保存死者的尸体，人们希望他/她能有更好的来生。

填充动物
与木乃伊不同，"填充动物"通常只是完整的动物干皮加上羽毛或毛皮制成。动物标本制作者用线圈支架将动物支撑起来，制成栩栩如生的动物。

为什么叫木乃伊?
埃及木乃伊的身上覆盖着黑色的树脂。阿拉伯人在公元7世纪入侵了埃及，他们认为木乃伊身上覆盖的是沥青，因此称其为"木乃伊"，阿拉伯语"沥青"的意思。

我们的领袖
俄国革命领导人弗拉基米尔·列宁的尸体用一种含有固体石蜡的神秘技术保存起来。数百万人去莫斯科红场瞻仰过他的遗体。

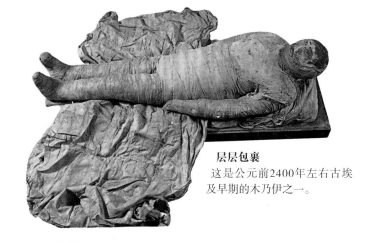

层层包裹
这是公元前2400年左右古埃及早期的木乃伊之一。

转入来世
埃及人认为人死后灵魂会离开身体。入葬后，灵魂再次与尸体结合，这样木乃伊就能在来世生活了。防腐技术是在古埃及漫长历史中逐渐发展起来的。公元前1000年左右，防腐技术发展到顶峰，而生活在埃及的罗马人公元3世纪仍在制作木乃伊。这具包裹完好的50岁男人的木乃伊大约是公元前900年至公元前750年期间制作的。

假胡须

用亚麻布包裹的木乃伊

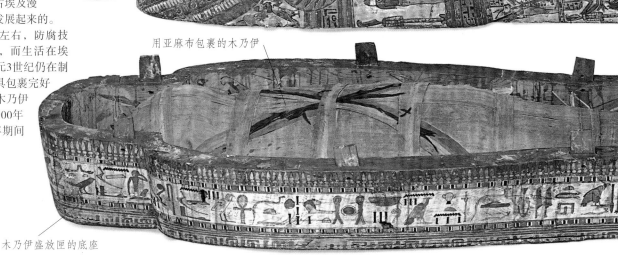

木乃伊盛放匣的底座

佛陀木乃伊

日本的一些佛教僧人有制作木乃伊的传统。这些木乃伊存放在寺庙里，人们像拜神一样去拜它们。人们称日本僧人的木乃伊为"身佛"，即"肉身成佛"。这是僧人铁龟海上人（左图）。

用海豹皮做成的连帽外套

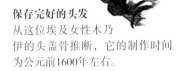

保存完好的头发

从这位埃及女性木乃伊的头盖骨推断，它的制作时间为公元前1600年左右。

防止尸体腐烂

古埃及防腐师们意识到人体的内脏器官会最先腐烂。因此，他们在尸体左侧切一小口，然后将肺、肝脏、胃和肠子通过切口取出。然后，人们在掏空的尸体表面覆盖上一层泡碱，使其干燥。干燥后，埃及的木乃伊便被敷上药膏、油和树脂，这样它们的皮肤便会变得柔软且栩栩如生。

木乃伊的房屋

埃及木乃伊一般葬在坟墓里。在古王国时期（公元前2686—公元前2181年），法老们建造了金字塔墓，即著名的吉萨金字塔群。

木乃伊盛放匣的盖

彩绘神像

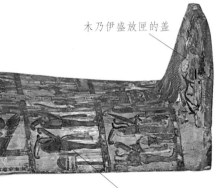

婴儿木乃伊

1972年，人们在格陵兰岛一处凹凸不平的悬崖上发现了8具保存完好的木乃伊，这个因纽特婴儿便是其中之一。由于悬崖突出部分挡住了阳光和雪，婴儿的尸体在北极寒风中逐渐冰冻干燥。

黄金法老

或许最著名的法老就是图坦卡蒙。1922年人们发现他保存完好的坟墓时，里面堆满了财宝和精美的艺术品。这是他的由纯金制成的木乃伊面具。

天然木乃伊

一些最著名的木乃伊是偶然被保存下来的。天然木乃伊通常是在天气很极端的地区发现的，这些地区干燥的沙子或极冷的天气在某种程度上阻止了腐烂。沙漠赤热的沙子能够将尸体脱水（去除水分），从而保存下来。埋葬在冰冷的极地地区的尸体或许是因为被彻底冻透了而不会腐烂。偶尔在一些山间洞穴里，极低的气温和干燥的大风会冻干尸体。北欧沼泽地的异常环境也能非常好地保存尸体。

殉葬品

在全世界，死者入葬时都会埋入漂亮的殉葬品。这个有着5000年历史的罐子是沙漠殉葬品之一。它用来盛放食物，以备死者来世所需。

与木乃伊一起埋在沙子中的燧石刀

她干枯的皮肤紧紧贴在骨骼上

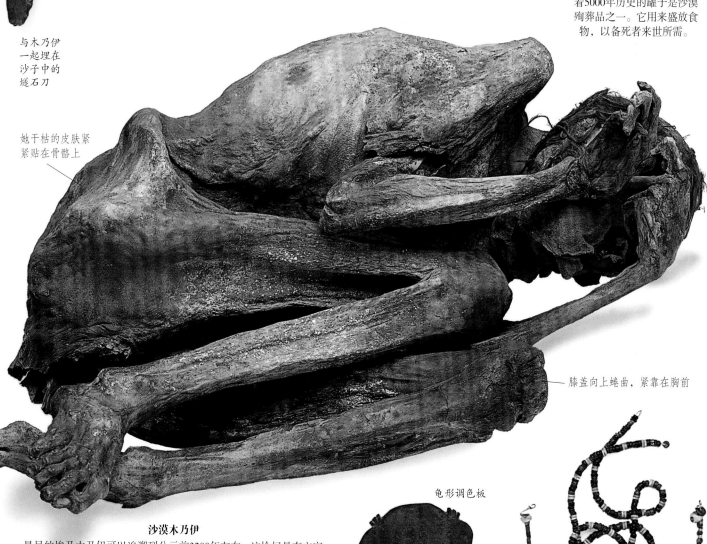

膝盖向上蜷曲，紧靠在胸前

沙漠木乃伊

最早的埃及木乃伊可以追溯到公元前3200年左右。这恰好是有文字记录之前的一段时间，因此对于他们，人们知之甚少。尸体存放在一个简易的坟墓里，其实就是沙漠浅层里挖出来的一个椭圆形的坑。沙漠木乃伊的殉葬物品很多，这说明当时的埃及人就相信有来世。最著名的沙漠木乃伊有一头红色的头发，这位女性木乃伊目前存放在大英博物馆，并因"红发"广为人知。

龟形调色板

尸体崇拜

在沙漠殉葬品中，最奇特的物品是石板调色板。这些调色板用于磨碎化妆品，而且它还有一个未知的神奇作用。殉葬品中还有小珠子和贝壳串成的项链。

小珠子和贝壳串成的项链

尸体模型

公元79年，2000多名古罗马人丧生。当时维苏威火山猛烈喷发，淹没了庞培城。火山灰像水泥一样覆盖在死者的尸体上。日积月累，这些尸体腐烂了，而火山灰变成了坚硬的石头。它们给世人留下了完美的尸体模型。人们发掘庞培城废墟时，发现了这些人体模具，随后一种灌注液体石膏的方法就产生了。这样便完美地复制了死者的尸体，像是一具肉体上打着石膏的木乃伊。

死者尸体所穿衣服的痕迹

图伦男子

该男子的头部是1950年人们在丹麦图伦附近的沼泽里发现的。死者是2000多年前去世的，但看上去就像刚刚睡着了一样。他的脖子上套着绳索，人们认为他是作为春季耕作仪式的祭品被扔进沼泽的。

羊皮帽，帽绳系在下巴上

绳索

两三天未刮的胡茬

冰墓

1984年，科学家们在加拿大北极地区发现了3具保存完好的木乃伊，图示为其中一具，叫作"约翰·托令顿"。

建筑者的祭品

普通的墓室里有时也会有动物木乃伊。冷空气会冰冻风化在墙内或地板下面死去的老鼠尸体。16世纪到17世纪期间，英格兰建筑者们在即将建完一所房子时会将一个死去的动物放在一个隐蔽的角落并与一些幸运物一同密封起来。图为一只鸡木乃伊，发现于伦敦17世纪一所老房子的砖墙后。

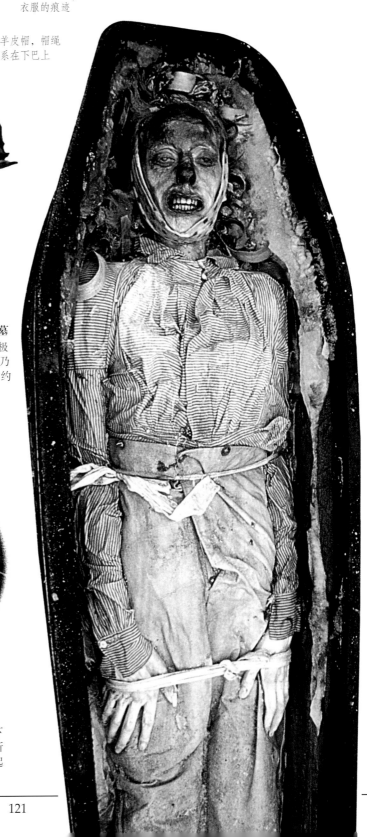

121

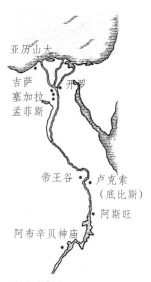

随时间消失的国土

古埃及人千方百计保存他们的尸体和财产。这为世人重新了解古埃及提供了帮助。法老文明在尼罗河流域繁荣了3000多年。但是在1798年法国入侵埃及之前，人们几乎忘记了法老的存在。游客们看到埃及的古代遗迹和刻有神秘圣书体文字的坟墓时都惊叹不已。通过现代科技，现在我们知道这些不朽的木乃伊可以告诉我们这片古老大陆有关生死的一些神奇事物。

老国王的坟墓
"古埃及"始于大约公元前3000年。塞加拉的阶梯金字塔建于公元前2650年左右的埃及古王国时期。随后，埃及经过了中王国时期和新王国时期，随后是后王朝时期，在这之后是希腊人和罗马人统治时期。

尼罗河流域
埃及的大部分地区都是沙漠，人口都集中在尼罗河沿岸。在古代，尼罗河流域通常被分成两部分。北部地区包括肥沃的尼罗河三角洲，叫作"下埃及"。南部地区便是上埃及，包括现在阿斯旺水坝拦截的水域流经的大部分地区。

坟墓守护者
出于宗教的原因，坟墓中有精美的雕像。这尊彩绘木雕像代表了阿努比斯神。他长着豺狼或是野狗一样的头。

木乃伊套箱
木乃伊在经过防腐处理并包裹好后，就被放在棺木里。棺木表面刻有精美的图案和咒语，帮助死者的灵魂在来世度过艰难的旅程。

熟悉的脸庞？
古埃及人特别注意保存木乃伊的脸部特征。因为他们相信死者的灵魂必须要回到墓地并认出自己的尸体，才能获得永生。

紧紧缠在皮肤上的亚麻绷带的纹理印

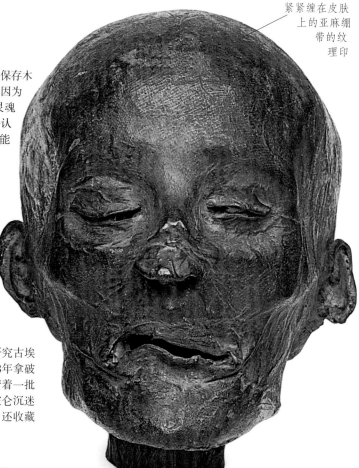

拿破仑看到木乃伊
欧洲人中最早认真研究古埃及的是法国人。1798年拿破仑入侵埃及时，还带着一批学者和艺术家。拿破仑沉迷于这块古老的土地，还收藏了几具木乃伊。

古代的生活

古埃及人用精美的绘画装饰坟墓的墙壁，通过这些我们可以了解他们的日常生活。

死者的理想化形象

假发

精心装饰的衣领

拿着太阳的甲虫神

木乃伊生意

20世纪初，木乃伊的售价很高。16世纪到17世纪期间，木乃伊被碾碎用于制药。当地人也将木乃伊粉末作为燃料。

埃及古物学之父

法国学者让·弗朗索瓦·商博良（1790—1832）的大半生都致力于破译古埃及圣书体文字。让·弗朗索瓦·商博良的研究使得埃及古物学家能够读懂雕像、坟墓、寺庙和木乃伊棺木上的铭文。

1809—1822年，跟随拿破仑到埃及的学者们出版了《埃及记述》，图为该书开篇部分的插图。

时代文物密藏器

这具层层包裹的木乃伊是一位罗马中年男子。

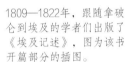

有翼的神

古埃及十字架，生命之钥

用圣书体文字为死者灵魂写的咒语

奇特的符号

木乃伊盛放匣表面刻有宗教符号，能够帮助死者。这些符号一般包括死者的名字和头衔，有时也会写有死者父母的名字和头衔。

埃及《亡灵书》

它被称为"书"，但实际上埃及《亡灵书》是一本魔咒的合集。大约公元前1400年，古埃及人将这些咒语写在一卷纸莎草卷（埃及的一种最古老的纸张）上。这些符咒一共有200多条，每条咒语都是死者的祈祷或请求，生者希望这些咒语能够帮助死者度过来世的艰难旅程。古埃及人相信每个人都有几种精神形式，其中最重要的就是卡和巴。卡是人生必不可少的能量。和任何生物一样，卡需要食物和饮料，所以埃及人在坟墓内放置供品或装饰食物图像。个人的性格和行动能力便是巴。巴就像一个人的精神或灵魂，一般用小鸟的图形来表示。对于一个想要获得永生的人来说，他或她的卡和巴必须在墓地里与木乃伊重新结合。一旦结合，木乃伊就获得了永生。

"恪尽职守"的咒语
沙布提雕像上都画着一条咒语，保证在来世它会为死者服务。

黄金心脏
心形黄金圣甲虫是一种护身符。木乃伊戴上它起保护作用。据古埃及纸莎草文书记载，公元1125年盗墓者被审问时供认他们曾在索霍特普二世的墓中偷了这只黄金圣甲虫。

盘旋的巴鸟
巴鸟来源于一名叫阿尼的书记官记录的著名的《亡灵书》。它随一条让巴鸟与木乃伊结合的咒语而产生。

最早的《亡灵书》
在4000多年前的古王国时期，神秘的咒语被刻在金字塔内的墙壁上。但到了中王国时期，这些咒语一般被画在棺木内壁上。写在纸草上的亡灵书最早始于1400。

木乃伊，醒来吧！
巴鸟有人头。这尊小雕像原来可能是放在木乃伊盛放匣的尾部。这只巴鸟抬起双臂，似乎在让木乃伊的灵魂苏醒过来。两条胳膊伸出，是卡的象形符号。

开口仪式中所需要的一套工具

锛,用于固定木乃伊的脸部

接触脸部所用的叉状用具

开口

在葬礼中,木乃伊要经过一个重要的仪式,即"开口仪式"。古埃及人认为这将会恢复木乃伊的感觉,这样它就能吃食物、喝水并正常地享受来世。这是约公元前1310年,书记员亨尼夫记录的《亡灵书》上的图片。

穿豹皮衣服的祭司在烧香

食物供品

祭司

木乃伊

哀悼者

戴着阿努比斯面具的祭司

豺头

这具阿努比斯面具有一个可以活动的下巴。可能某位祭司在参加开口仪式等多种仪式中戴过这个面具。

称量心脏

木乃伊"人生"中最重要的时刻便是称量心脏。在这场仪式中,诸神裁决该木乃伊生前是否行为良好以获得永生。把木乃伊的心脏放到一个天平上,与一根代表真理的羽毛相比较,称量出结果。如果木乃伊的心脏因为罪孽而超重,那么它马上会被扔给怪兽阿米特吞食。但是,如果木乃伊的心脏与羽毛一样重,它便能通过考验,获得永生。

诸位神作为法官坐在审判席

死者在妻子陪伴下在紧张地看着

巴鸟

心脏

豺头人身的亡灵之神阿努比斯神看着天平

真实之羽

众神书吏抄写员记录下称量结果

长着鳄鱼头的阿米特怪兽等待着吞噬心脏

藏书格

如图所示,这是放在坟墓中的木奥西里斯(古埃及冥界复活之神)的神像。这尊神像有个暗格,里面藏着《亡灵书》

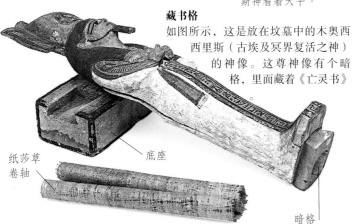

纸莎草卷轴

底座

暗格

古埃及的纸

古埃及人将生长在尼罗河边湿地中的纸莎草编织在一起并不断敲打,使之形成像纸一样长长的卷轴。

制作木乃伊

木制豺雕像，代表阿努比斯，他是尸体防腐神

正如《亡灵书》中第154条咒语最后所说的一样："我的尸体是永恒的，它永远不会腐烂也不会遭到损害。"自5000多年前最早的沙漠葬礼开始，古埃及人就知道尸体要干燥才能防止腐烂。他们发明了用泡碱干燥的方法，泡碱是一种天然盐，能使尸体更有弹性、更逼真。泡碱吸收水分，还能分解体内脂肪，杀死破坏性细菌，是一种温和的防腐剂。传统上防腐需要70天，其中40天用于尸体干燥。而首先要去除人体的重要器官，因为它们是腐烂最快的。心脏除外，木乃伊在来世接受审判时会需要它。然后用棕榈酒和香料冲洗尸体，最后在尸体上涂满泡碱。为防止尸体的皮肤出现裂纹，人们用香柏油、蜡、泡碱和树脂混合后擦在皮肤上。然后人们用一些软亚麻布、沙子甚至锯末塞满尸体内部，使它保持原形。最后将木乃伊用亚麻布绷带层层包裹好。

见证木乃伊防腐过程

公元前450年，古希腊历史学家希罗多德到埃及参观并撰写了唯一一篇见证尸体防腐处理的文章。他观察道："首先他们用铁钩子穿过鼻孔取出大脑内的所有物质……然后他们用黑曜石刀片在侧腹划了个小切口，通过这个小切口取出所有内脏器官。七十天后，他们先清洗尸体，然后用涂满树胶的最优质亚麻绷带把它从头到脚包裹好。"

四具模型

木乃伊的内脏器官是分别进行防腐处理的。但到公元前2000年左右，内脏器官就都放在卡诺匹斯罐里。直到公元前1000年，包裹好的内脏器官又被放回木乃伊体内。但是空无一物的卡诺匹斯罐仍被放在坟墓中。这些卡诺匹斯罐的上面饰有四位神的头像，他们都是荷鲁斯的儿子。

长着人头的伊姆赛特，守护着死者的肝脏

凯布山纳夫是一只猎鹰，守护着死者的肠子

哈碧是一只狒狒，监管着死者的肺部

多姆泰夫是一头豺，守护着死者的胃部

尸体｜防腐技师们从罐子里往外倒水

尸体因树脂和棕榈油而变黑，人们会用水把它洗干净

防腐技师们

戴着阿努比斯面具的总防腐师

死者尸体表面涂满干燥的泡碱晶体，躺在棺材架上

126

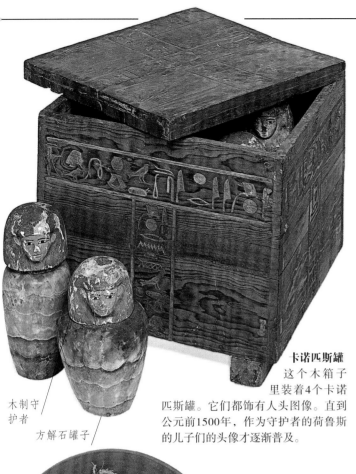

卡诺匹斯罐
这个木箱子
里装着4个卡诺
匹斯罐。它们都饰有人头图像。直到
公元前1500年，作为守护者的荷鲁斯
的儿子们的头像才逐渐普及。

木制守护者

方解石罐子

抽取脑髓的钩子
用一根木棍把死者的鼻子
往上推，在头骨上钻一个
孔。然后用青铜钩子或勺
子伸入死者的大脑，把里
面的脑髓挖出来。

头托

防腐切口

盛泡碱的碗
泡碱是天然盐，在
开罗周围的沙漠
湖泊岸边随处
可见。

用荷鲁斯之眼装饰
的蜡制防腐薄片

黄金把手和燧石
刀片的仪式用刀

防腐工具
防腐切口一般在尸体的左
侧。希罗多德说做切口的刀
片一般是黑曜石，是需从埃
塞俄比亚进口的火山岩。但
是人们找到的所有仪式上用
的刀子都是燧石刀片。内脏
器官被取出后，防腐技师们
就用装饰着荷鲁斯之眼的薄
片把切口盖好。

日落之地
墓地、坟墓和防腐技师们的
工作室通常都位于尼罗河西
岸。埃及人认为这块沙漠区
域是每晚的日落之地，也是死者
的安息地。

保存完好
在公元前600年之
后制作的这具女性木乃伊
做了非常好的防腐处理。当时古埃及王
国处于瓦解状态，而防腐技术也走向衰
落。防腐技师们仍能确保木乃伊外表看
上去完好。

防腐流程图
约公元前600年的
德加巴斯蒂凡客木
乃伊盛放匣上画
着最清晰的防腐处
理过程。

包裹完好的木乃伊

卡诺匹斯罐

阿努比斯守护着被绷带包裹并戴有面具
的木乃伊

包裹木乃伊

数百米长的亚麻布用于仔细包裹木乃伊。人们有时也会用一大块裹尸布像斗篷一样裹住木乃伊。每块裹尸布都要足够长才能从木乃伊头部的后面一直到脚底都系起来。一具木乃伊身上的绷带和裹尸布重叠缠绕多达20层。通常第一层是裹尸布。然后每根手指和脚趾都被分别包起来。然后一长条亚麻布从右肩交叉绕过头部。一条带子从脸颊下面开始缠绕并在木乃伊的头部系好，这样能够把头部抬高。然后人们再紧紧缠绕更多的绷带以保持木乃伊的独特形状。有时护身符和死者的珠宝会放在亚麻布绷带各层之间。同时，人们不断地往亚麻布绷带上刷黏黏的液体树脂。这样能使绷带黏合在一起，并在干化的过程中逐渐变硬。包裹木乃伊大约需要15天，同时还有大量的祈祷和仪式。

金戒指

需要帮忙吗？
这具木乃伊的手指都被分别包裹。它的手上戴着一只圣甲虫金戒指。

最后一层裹尸布
木乃伊包裹的最后一层是裹尸布。它包裹着整具木乃伊，而且用一长条从头到脚缠绕的绷带和横向缠绕的绷带固定好。

包裹仪式
在这张富有想象力的包裹仪式图画中，一名助手正忙着往绷带上涂树脂，以固定绷带，总防腐师在一旁监督他们的工作。祭司跪在木乃伊脚旁，吟诵神圣的咒语。在后面，还有一些助手正努力将木乃伊的棺木从楼梯上搬下来。

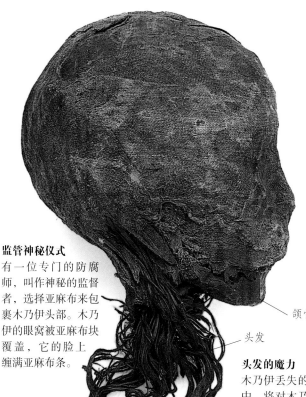

监管神秘仪式
有一位专门的防腐师，叫作神秘的监督者，选择亚麻布来包裹木乃伊头部。木乃伊的眼窝被亚麻布块覆盖，它的脸上缠满亚麻布条。

圣书体铭文

裹尸布碎片
传统上，木乃伊一般由7块裹尸布包裹，因为7是一个神奇的数字。最外层的裹尸布通常都画有神奇的文字和咒语，以保护里面的木乃伊。

颌骨

头发

头发的魔力
木乃伊丢失的头发若落到敌人手中，将对木乃伊非常不利。所以死者的头发都被收集在一起，和木乃伊一起放在坟墓中。

最后一层
裹尸布

用于追溯亚
麻布时间的
文字

古时的亚麻布
上图中所有亚麻布都是从一具木乃伊上拆下来
的。最便宜的亚麻布是破旧的家用亚麻布。这种家
用亚麻布非常破烂，经常需要缝补。包裹木乃伊的最好的
布是寺庙内神的雕像所穿的衣服。裹尸布上的文字可以用
于追溯木乃伊的时期。

1896年，一名法国
考古学家在埃及安
提诺遗址中发现了
一具木乃伊。

罗马小男孩
这些裹尸布内是一位罗马小男
孩的尸体。

脚
这只脚包裹完美，甚至每个脚
指甲都被分别包起来了。

木乃伊面具

精美的面具不仅能保护木乃伊的面部，如果木乃伊自己的
头部丢失或被损坏，它还可以替代木乃伊的头部。当死者
的灵魂返回坟墓时，它能通过面具认出木乃伊。古埃及人
使用黄金，因为他们认为太阳神拥有纯金的肉身。而木乃
伊希望能借此与太阳神保持一致。稍差一些的木乃伊所戴
的面具来源于一种混入树脂或灰泥的亚麻或纸草浆。湿润
的混凝纸浆按照木乃伊塑造成形。混凝纸浆硬化后，便镀
金（用金叶覆盖）或者涂上绚丽多彩的颜色。

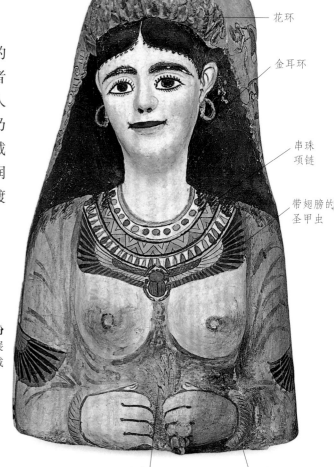

花环

金耳环

串珠
项链

带翘膀的
圣甲虫

盛装打扮
这具罗马木乃伊面具展
示了一位盛装打扮，并且戴
着她喜爱的首饰的女子。

圣花　　　　　　手镯

有着秃鹫尾巴
的黄金头饰

有条纹
的假发

向奥西里
斯祷告，
祈求他能
提供食物

向阿努比斯
祷告，祈求
好的葬礼

高贵的面具
这具混凝纸浆面具形
成于公元前1500年左
右，这块美丽的兀鹫
头饰说明她一定是位高
贵的女士。

镀金的浮
雕装饰

希腊黄金
混凝纸浆制作的木乃伊
面具在希腊和罗马时代尤
为盛行。如图所示，这具
优雅的镀金面具饰有丰富
多彩的浮雕式装饰。

卷曲的假发

花环

一模一样的人
古埃及的面具一般都被理想化，有着完美的特点和冷静高贵的神情。希腊木乃伊戴着更个人化的面具，描绘着死者真实的模样和栩栩如生的细节。

木制容貌
这具面具是在木头上雕刻而成，然后涂上颜色。

打耳洞以便佩戴耳钉

莲花花瓣状的衣领

固定木乃伊面具和胸部的亚麻布条

木乃伊胸部饰有混凝纸浆的装饰

用绷带加以固定
技师们对木乃伊进行防腐和仔细包裹后，最后会把面具戴到木乃伊头部的合适位置，然后用更多的绷带固定好。通常木乃伊装饰好的胸部和脚部同样也需要绷带加以固定。

荷鲁斯之眼

巴鸟

每幅图片都讲述着一个故事
这具罗马时代的混凝纸浆面具表面镀金并饰有许多宗教情景的图画。技师们在面具上增加了玻璃眼使它更加栩栩如生。

手拿真实之羽的诸神

护身符和魔咒

古埃及人死后佩戴着护身符，就和他们活着时一样。他们认为这些符咒有神奇的魔力，能够保护死者的尸体摆脱厄运或带来好运。一具木乃伊身上会有几百种护身符，它们一般代表植物、动物或尸体的某一部分。它们按照《亡灵书》的指示，被放置在木乃伊的不同部位，而且许多护身符上都写着摘自《亡灵书》的神圣文字。神圣的护身符放在木乃伊身上时，祭司通常会吟诵一些咒语和祷词。

放在木乃伊身上的
埃及彩陶的手

放在防腐切口上
的双指护身符

三位美神
其中，右边的是母亲女神伊西斯，中间是她的儿子荷鲁斯，左面是她的姐姐奈芙蒂斯女神，他们给木乃伊强大的全方位保护。

荷鲁斯之眼
根据古代传说，荷鲁斯与邪恶力量搏斗时失去了眼睛，但之后又神奇地找回了它们，重获光明。这个眼睛符号，即著名的荷鲁斯之眼，与"康复"紧密相关。据说这能保护木乃伊的健康并赋予尸体新的活力。

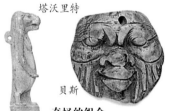

塔沃里特

贝斯

奇怪的组合
怀孕的塔沃里特是一头雌河马，她是分娩之神。她的狮头助手贝斯是一名总是面带微笑的侏儒，他保护着妇女和孩子。

荷鲁斯的四个儿子
这些护身符守护着木乃伊的主要内脏器官。它们是由埃及彩陶制作而成的。

伊姆赛特（人头）　　多姆泰夫（豺头）　　凯布山纳夫（隼头）　　哈碧（狒狒头）

头部保暖器
这个青铜圆盘塞在木乃伊的头部下面。它上面刻着能为木乃伊头部保暖的咒语。

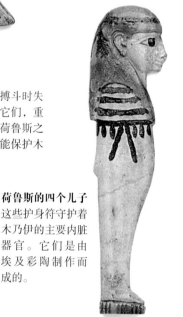

假发辫

真戒指

石制耳钉

黑曜石做的
枕状护身符

镀金面具

木头胳膊

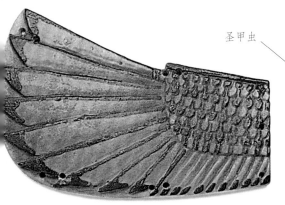
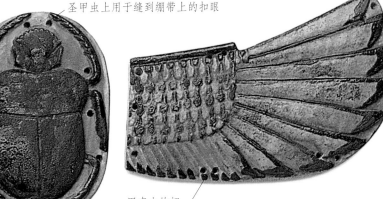

圣甲虫

圣甲虫上用于缝到绷带上的扣眼

长翅膀的心形圣甲虫
古埃及人认为才智存在于心中，而非大脑。这个心脏护身符能确保木乃伊转入来世时智慧没有丝毫的减损。

甲壳虫的翅膀，由彩陶制成

隼头

伊西斯束带
这个结状护身符代表着母亲女神伊西斯。它是由红色石头制作而成，代表她的血液。放在木乃伊的胸部的束带，是保护木乃伊的强有力的象征。

圣甲虫

通往天堂的阶梯
这些台阶代表着奥西里斯王位上的台阶，这是每个木乃伊灵魂的必经之路。

伊西斯束带

母狮头

由蓝陶制作而成的砝码

由叫作角砾岩的红白石头制成的心脏

靠近木乃伊的心脏
这只心形圣甲虫没有翅膀。这些重要的护身符经常固定在框中，缝在木乃伊裹尸布的外面。古埃及人认为圣甲虫是神奇地从粪便球中出生的，所以将它们与死后重生联系起来。

"申"是一圈绳子，代表着圆满与永恒

心形圣甲虫

画有阿努比斯神像的饰板

沙布提雕像

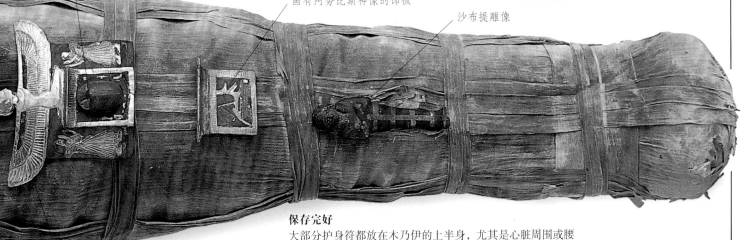

保存完好
大部分护身符都放在木乃伊的上半身，尤其是心脏周围或腰部稍往下的地方。这具女性木乃伊也佩戴着一些自己喜爱的珠宝首饰。

努特，天空女神，她用翅膀把木乃伊包裹起来

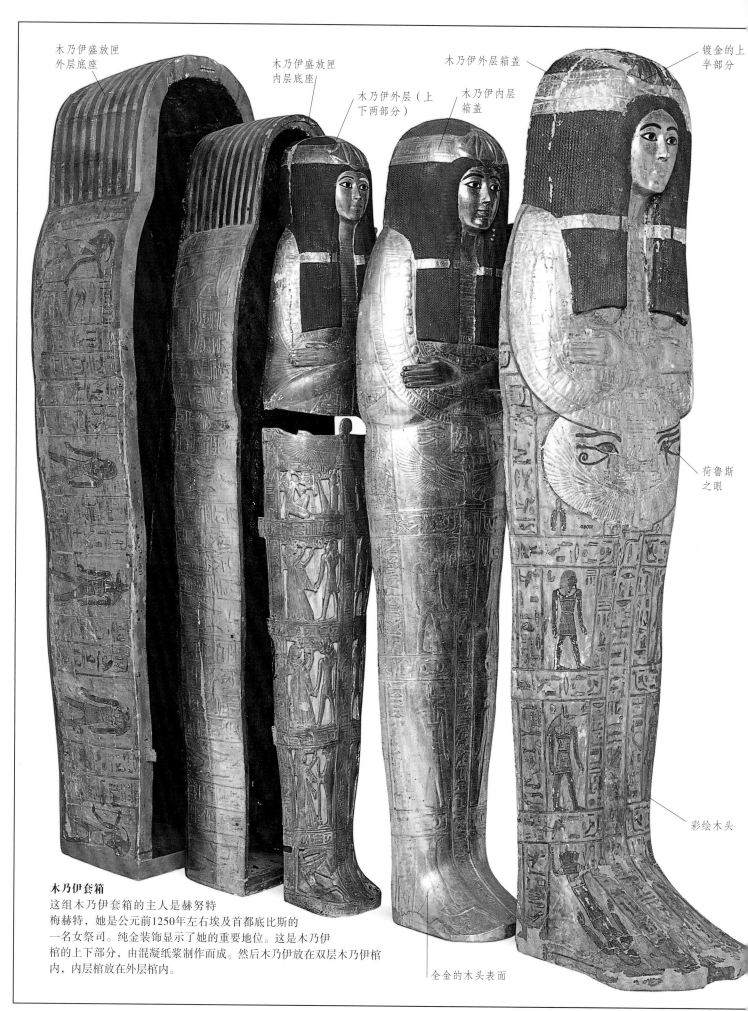

木乃伊盛放匣
外层底座

木乃伊盛放匣
内层底座

木乃伊外层（上
下两部分）

木乃伊内层
箱盖

木乃伊外层箱盖

镀金的上
半部分

荷鲁斯
之眼

彩绘木头

全金的木头表面

木乃伊套箱
这组木乃伊套箱的主人是赫努特
梅赫特，她是公元前1250年左右埃及首都底比斯的
一名女祭司。纯金装饰显示了她的重要地位。这是木乃伊
棺的上下部分，由混凝纸浆制作而成。然后木乃伊放在双层木乃伊棺
内，内层棺放在外层棺内。

木乃伊棺

完成防腐和包裹工作后，古埃及人的尸体就被放入棺木或木乃伊棺里了。木乃伊棺保护木乃伊免受野生动物的袭击和盗墓者的破坏。更重要的是，人们认为它能代替尸体，也是死者灵魂的家。起初，它们只是普通的方形木箱。到中王国时期，约公元前2055年，富人们去世后被放在双层木乃伊棺中以得到更好的保护。几乎同时，首批木乃伊形状的棺问世。到新王国时期，内层和外层木乃伊形状的棺木都盛行起来。

早期的木乃伊棺
大约5000年以前，古埃及人死去后被放在这样的芦苇篮筐里，然后埋葬在炙热的沙子里。但是篮筐使得沙子无法保存死者的尸体，所以只剩下一副骨架。

最后的修饰
这是伊普坟墓中的一幅壁画。这幅画描绘了技师们为木制木乃伊棺做最后的修饰。

用羽毛包裹
秃鹫的羽毛保护着这个木乃伊箱盖的主人。这是著名的圣人棺。

面朝冉冉升起的太阳
这个戴着面具，躺在长方形棺木中的男人叫Ankhef，死于公元前2020年左右。木乃伊通常面朝东方，这样就能看到每天早上从沙漠升起的太阳。太阳是重生的标志。

裹尸布包裹的尸体　　枕头　　假眼

有装饰的眼睛
这口木棺内部东侧，画着假眼睛。木乃伊朝着灵柩的东侧躺着就能通过眼睛看到外面。假眼下面画着一扇门，这样木乃伊的灵魂就能离开并返回到灵柩。

假门

接下页

外层棺木盖

棺木内层

戴面具的
木乃伊

拆开包裹后
的木乃伊

红丝带

内层棺上的红色丝带是公元前1000年到公元前800年期间木乃伊棺的普遍特点。红丝带表示箱子的主人是祭司。她头发上的装饰是莲花。

红丝带

小木乃伊套箱

图坦卡蒙坟墓的珍宝中有两组小木乃伊套箱,图示为其中一组。这组套箱中有一具未出世孩子的木乃伊,可能是法老的女儿。这具包裹完好的木乃伊戴着一副面具,躺在镀金的内层棺木中。

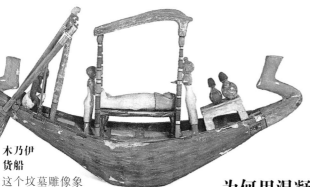

穿凉鞋的脚

约公元前1300年女祭司凯特贝塔的木制棺材

木乃伊货船

这个坟墓雕像象征木乃伊去阿比多斯的旅程。

为何用混凝纸浆?

木头是制作木乃伊棺最理想的材料,但是埃及很少有高大的树,最好的选择便是混凝纸浆。它便宜、轻巧、容易成形、便于彩绘。

性别变化

这副棺木上的粉红色面容表明这是为一名女性制作的。然而,棺木上的铭文却称其主人是一名叫作内斯佩伦努布的男性官员,生活在公元前800年前后。埃及人经常用这种方式占用别人的棺木。

前往法国

拿破仑的部队从坟墓中搬出许多木乃伊棺，并将它们运回法国。现在大多数都存放在巴黎卢浮宫博物馆。

莱昂·科涅画在卢浮宫排钟室屋顶的画
详细描绘了拿破仑的一名士兵搬运木乃伊棺的景象

神奇的符号

木乃伊棺上的符号能够保护木乃伊或在它去往来世的艰难旅程中提供帮助，棺材上还装饰着花环、精美的假发、衣领和珠宝。这些是最流行的符号。

假发

隼头装饰的衣领

圣船上的圣甲虫

太阳

翼神蛇王室眼镜蛇

荷鲁斯的四个儿子之一

天空女神努特

节德柱

防腐之神阿努比斯

运送木乃伊的埃皮斯神牛

"申"，代表永生

献给荷鲁斯神的有翅膀的隼

荷鲁斯之眼

索卡尔鸟

长着公羊头和翅膀的神

红丝带

木乃伊棺上的装饰

木乃伊棺上的装饰一般色彩亮丽且欢快。因为埃及人相信死者离开后会去往更好的世界。技术高超的艺术家们在灵柩的表面画满精美的圣书体文字和宗教图像。其中，《亡灵书》中的景象是非常普遍的。其他的场景还有太阳神拉，或者代表重生的圣甲虫。许多棺木上画着与奥西里斯有关的诸神，尤其是荷鲁斯的四个儿子。另一名很受欢迎的人物是天空女神努特，经常出现在棺材的盖子或底部。

棺材侧面

佩森豪尔是许多定居古埃及的利比亚人中的一位。该图是他的外层棺木（公元前730年左右），由厚重的木头制作而成。棺木涂成白色，装饰着色彩亮丽的图案，显得非常精美。

木乃伊板

有时木乃伊上面会有一块木乃伊形状的木板。公元前950年至公元前900年女祭司的木乃伊木板是用木雕制作而成的。

接下页

后期的木乃伊棺

到了古埃及后期，木乃伊棺的生产成了一个很繁荣的产业。各种型号、风格的棺木成品摆在架子上，买主可以任意选择购买。棺外表的装饰越来越精美，而且棺内部也画着大型神像。命名和赞扬主人的设计和圣书体文字也为每个棺木增添了个性色彩。

木乃伊棺的尺寸
这3层木乃伊棺内，被亚麻布层层包裹的木乃伊显得非常小。

巨大的头部和假发
奈斯敏的外层棺盖上有一个巨大的头部。头接在圆实的肩膀上，戴着大假发和衣领。

装饰着巴乌的木乃伊

表示"全部生命和能量"的圣书体文字

灵柩内部……
1735年，一位法国驻埃及大使发表了这种雕刻艺术图画。它展示了木制木乃伊棺上的木钉是怎样钉入棺材盖子和底座的。

诸神围绕
公元前650年，一位名叫Seshopennehit的女人被埋葬在这两口木棺中。外层棺木的底板装饰着普塔、索卡尔、奥西里斯神的画像，分别代表着出生、死亡和来世。内外层的棺木盖上都编排着大量的源于《亡灵书》的圣书体文字和场景。

弧形盖子

阿努比斯的
人物画像

角柱

从后面系紧
混凝纸浆制作的内层箱子
一般是一个整体。这具制
作于约公元前850年的混
凝纸浆箱子可能盛放着一
位年轻女孩的木乃伊。它
被放进棺木时，亚麻布还
很湿润和松弛。木乃伊棺
变得干燥后，它后面的带
子便被拉紧，把木乃伊固
定在里面。

四根角柱
一位名叫荷尔的祭
司有两个木乃伊棺，外面
还有一个硕大的长方形棺。它也是由
木头制作而成的，第三层棺木盖是弧形的，由
四根角柱支撑。棺木表面密密麻麻地装饰着诸
神、圣书体文字和具有魔力的咒语。

两端装饰着隼
头的混凝纸浆
衣领

围裙，色彩亮丽
的尸身装饰

面具

脚部箱子

非面具装饰
这些是由木头雕刻而成的
脸，人们用圆木钉将其钉在
木乃伊棺上。

其他装饰
托勒密王朝时期的木乃伊棺内层棺包
括4个混凝纸浆制作的部分：面具、衣
领、围裙和脚部箱子。它们单独放在
裹尸布上，然后用最后一层绷带缠绕
固定好。

巴鸟

神牛
神圣的埃皮斯神牛是古埃
及人崇拜的最重要的动
物。埃皮斯神牛在寺庙旁
享受着高贵的待遇，并伴
有大量的仆人和后宫。
木乃伊脚底木板上的这
幅图画描绘了埃皮斯神
牛驮着木乃伊，把它送
往坟墓的情景。

脚底下的鞋
木乃伊脚底下也有时画
上镀金的凉鞋。木乃伊
的凉鞋底部装饰着一些
人物画像，这是它们弱
小的敌人，代表着死者
战胜邪恶，取得胜利。

公元200年最时尚的装饰
这位罗马妇女穿着颜色鲜艳的托
加袍、戴着层层假发和许多珠
宝，包括金戒指。她以这样的装
束迎接来世。

圣书体文字

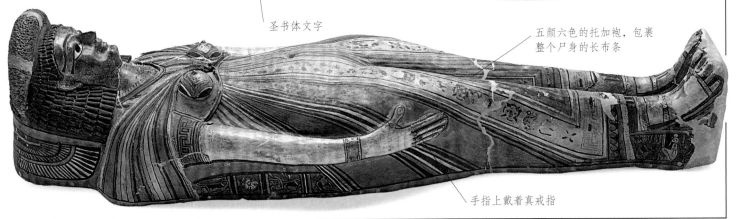

五颜六色的托加袍，包裹
整个尸身的长布条

手指上戴着真戒指

石棺探究

石棺是由石头制成的棺材。石棺在希腊语中意指"食肉者"，因为希腊人认为石棺中的尸体会被石头分解。石棺价格不菲，只有法老或者达官贵人才用石棺。石棺也非常沉重，要由一帮工人一起抬着放入坟墓。在葬礼中，木乃伊被带到坟墓，密封在石棺中。最初的石棺是普通的长方形箱子，后来的石棺发展成像里面的木乃伊一样的圆形。

沉重的石棺
这具硕大的玄武岩石棺高达3米，重4500千克。它的主人是一位名叫瓦希布拉的抄写员督察。

高贵的死亡
最漂亮的一副王室石棺属于塞提一世，他是一位伟大的勇士，也是拉美西斯大帝的父亲。1817年，人们在帝王谷中发现了他的坟墓，它深深嵌入一处悬崖之中。它由半透明的方解石制作而成。1881年，人们在一个王室秘藏地发现了塞提一世的保存非常完好的木乃伊。

总督的棺木
这口内层石棺的主人是莫里毛斯，公元前1380年左右努比亚的总督。这是最早为非法老的重要人物制作的石棺之一。

有羽毛的圣人装饰

曾用蓝绿色颜料嵌入的圣书体文字

塞提一世的石棺盖子的碎片，它是在搬运过程中被弄碎的

**亚历山大
大帝**

王室浴盆
埃及真正的最后一任法老是内克塔内布二世，他被埋葬在这个巨大的石棺内。这具石棺最终流落到亚历山大，那里的希腊人用它作为公共浴盆。

重返安息之地
图坦卡蒙是唯一一位仍躺在他的坟墓中的埃及法老。他的木乃伊已经被重新放回到其镀金的外层棺材，重新躺在了巨大的石棺中。

在石棺上增加的排水孔以作浴盆用

职业哭丧者
埃及的达官贵人们会雇用女性送葬者参加自己的葬礼。当木乃伊被拖进坟墓并放进石棺内时，这些女性会痛哭、哀号，挥舞双臂并向空中扬起尘土。

霍华德·卡特（后左一）看着图坦卡蒙的外层木乃伊棺被搬运出石棺

全副武装
这个由红色花岗岩制成的石棺盖子下面是努比亚总督塞陶的木乃伊。约公元前1230年，他被埋葬在底比斯。他的手中握着两个魔力象征物，即伊西斯的腰带和节德柱。

灵魂之屋
这具长方形石棺是在古王国时期，约公元前2500年，由红色花岗岩制作而成。石棺的两端都有假门，让木乃伊的灵魂通过它们离开并重新返回棺材。

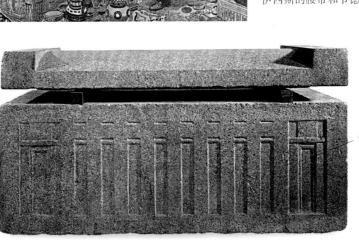

 假门

随身携带的物品

古埃及流传下来的大多数艺术品都是在坟墓中发现的，它们和死者埋葬在一起。埃及气候温暖干燥，大多数物品都能保存完好。一些木乃伊将赖以生存的工具或象征等级之物带入坟墓中。图坦卡蒙随身携带自己儿时的玩具作为殉葬品。迷人的女性们随身携带假发、梳子、扇子和镜子作为殉葬品。乐师们随身携带乐器，还有一些人带着一种棋盘游戏来消磨来世的悠闲时光。

生锈的青铜镜面，以前它被磨光后用作镜子

尘世的慰藉
由于大多数埃及人都是赤脚走路，所以凉鞋是奢侈品。这双有鞋垫的皮鞋更是罕见。大多数凉鞋都是用尼罗河岸边上的芦苇编织而成的。

化妆品小隔间

滑盖

滑盖

柄上装饰着纸莎草的镜子

荷花状的化妆盒

环抱式头枕

荷花形状的化妆小勺

象牙头靠，用作枕头

荷花茎

永葆美丽
每个木乃伊都希望自己能体面地见到众神。古埃及人不论男女老少，都化妆，尤其都涂眼影粉。化妆品通常都放在装饰着荷花和花苞的器皿中。埃及人认为荷花的花瓣白天伸展，晚上闭合，象征着生命、死亡和重生。

保持凉爽
在炎热的天气中，扇子是财富和高贵的象征。法老和贵族们甚至有专门扇扇子的仆人。

为您服务
坟墓的墙壁上装饰着食物、仆人和日常物品等图画。这位女孩头上顶着一盘新烤出的面包。埃及人认为这些会在密封的坟墓中复活并变成实物。

酿酒人

公元前1050年发现的棺木上描绘着死者向拉·哈拉赫提（中）和哈比（左）两位神敬献食物的情景。

日常食品
粗面包是古埃及人的主食。许多木乃伊因为每天都吃粗面包，牙齿已经严重损坏。

啤酒罐

3500年以前放在坟墓中的无花果

源源不断的啤酒
古埃及人非常喜欢喝啤酒。他们把一个酿酒人模型放在坟墓中，希望在来世可以经常喝到啤酒。

竖琴用来向寺庙中的众神唱赞歌

一副青铜钹

放棋子的抽屉

30格的象牙棋盘

蓝彩陶棋子

象牙羽毛扇托

木制扇柄

鸵鸟羽毛，根据坟墓壁画上的扇子图画添加的

生命游戏
塞尼特是古埃及最流行的棋盘游戏。塞尼特棋盘放在坟墓中代表死者和邪恶竞赛，以获得永生。

永恒音乐
这具木乃伊生前可能是一位职业音乐家，他随身携带着他依赖的钹去来世演奏。

143

为来世工作的人

木乃伊到达天堂后，也要为奥西里斯神耕种和灌溉。所以从一开始，富人们死去时也埋葬工人模型好在来世继续替他们干活。在新王国初期，一个工人俑人就足以保证富人们在来世生活舒适。公元前1000年时，埃及的富人会有401个俑人陪葬，一年中一天换一个。其他36个人是监工，当工人们汗流浃背地在天堂的田地中工作时，他们手拿鞭子，防止工人们偷懒。

穿着裙子并手拿鞭子的监工或总管俑人

俑人箱子
这个装着俑人的箱子的主人是女祭司赫努特梅赫特，她的黄金灵枢图片在第134页。

早期的挖掘工
在俑人陪葬形成风俗之前，彩绘的木制仆人和工人被放在坟墓中陪葬。和俑人不同，这个工人的外形并不像木乃伊。

死去的女祭司向众神敬献食物

镀金衣领

女工
这些木俑人是为第18王朝，约公元前1550—公元前1295年的女性贵族制作的。

内梅什巾冠

王室装
饰镜板

法老塞提一世
的俑人

装饰镜板是椭
圆形的碑铭，
上面以圣书体
文字刻着国王
的名字

法老阿蒙霍特普
三世的俑人

法老阿赫摩斯的俑人

王室俑人
最早流传下来的王室俑人（上图）属于阿赫摩斯，约公元前1525年去世。他戴着一个由布条在头发上折叠而成的内梅什巾冠。其他的王室俑人，如阿蒙霍特普三世的这个俑人（左图）戴着上埃及的圆顶王冠。

各种材料
俑人由各种材料制成，包括石头、木头、黏土、蜂蜡和青铜。而最普遍的材料是彩陶，它由陶瓷与石英一起加热而成，外表看起来像锡。

俑人的棺木
有时俑人被放在精美的箱子里，它们看起来和真的木乃伊棺一样。这个棺由蓝色彩陶制作而成。

装备齐全
许多俑人拿着锄头、种子筐和其他工具。

镐

锄头

右边是内层木制棺的盖子

石制俑人，放在木制木乃伊棺和方形外层棺木中

木乃伊和奥西里斯神

传说在远古时期，奥西里斯是一位贤明的法老，他被邪恶的弟弟塞斯谋杀。但他的妻子伊西斯和儿子荷鲁斯使他重新复活。国王死而复生的神奇故事点燃了埃及人对永生的希望。所以要重生，死者需要尽力从各个方面模仿奥西里斯，使他和很久以前奥西里斯的尸身完全一样。如果一切顺利，木乃伊将会"和奥西里斯一样"获得永生。

阿提夫王冠

钩子

连枷

棺木上色彩艳丽的奥西里斯画像，戴着眼镜蛇王冠并且受到隼的保护

装饰着两根鸵鸟羽毛的阿提夫王冠

连枷

色彩鲜艳的奥西里斯神木制雕像，绿色的脸，戴着阿提夫王冠

钩子

谋生工具
这两尊奥西里斯神的雕像都显示奥西里斯神戴着阿提夫王冠，这是一种羽毛装饰王冠。这位去世法老的手中拿着一把钩子和一把连枷。从远古时代开始，埃及人就将这些农具和王权与正义联系在一起。

后背挺直
节德柱是一种放在木乃伊裹尸布中的护身符。古埃及人相信节德柱代表着奥西里斯的脊柱，它能给死后的木乃伊带来力量。

母亲和儿子
古埃及人非常敬重伊西斯女神，认为她是一位无私奉献的妻子和充满爱心的母亲。

头戴阿提夫王冠的奥西里斯神的青铜像

连枷
奥西里斯雕像上的木制连枷就像欧洲国王和女王们手拿权杖一样，象征着权力和权威。

绿色的脸
奥西里斯是植物和自然复活之神。正是这个身份使他与尼罗河每年的洪水紧密相关，尼罗河能够确保埃及的土地肥沃并长满庄稼。木乃伊棺上经常画着绿色的脸使其与奥西里斯的这方面联系起来。

装饰着隼头
的盖子

玉米木乃伊
玉米木乃伊里是一堆玉米粒，而非
防腐处理过的尸身。玉米木乃伊戴
着一个非常像奥西里斯的蜡制面
具。埃及人认为奥西里斯神主管着
玉米丰收。玉米木乃伊被存放在坟
墓中，它能帮助真正的木乃伊在来
世和奥西里斯神一样获得永生。

装饰着羽毛的
阿提夫王冠

蜡制的奥西
里斯面具

王室胡须

荷鲁斯的
四个儿子
之一

拿着钩子和
连枷的手

节德柱

不断增强的力量
古埃及人认为奥西里斯神的
力量会在玉米种子发芽时显
示。人们甚至在尼罗河河滩
上建造奥西里斯神的雕像并
播种玉米。

147

王室木乃伊

新王国时期几位著名的法老都葬在底比斯（卢克索）西部的一个被称为"帝王谷"的荒凉山谷中。墓穴被深深地嵌入岩石中。然而，尽管采取了各种各样的防范措施，陵墓还是在古代就一次又一次地被盗挖。公元前1000年左右，他们决定将王室木乃伊集中到一起，藏在两个隐秘的地方。死去的法老们就在这两个隐秘的地方隐藏了近3000年。第一个隐秘的地方于19世纪70年代初期被居住在附近的三兄弟发现。1881年考古学家在德伊埃尔巴哈里附近的一处埋入地下很深的坟墓中发现了40具木乃伊，这其中就有像塞提一世和拉美西斯二世这样有名的法老。另一个隐秘的地方也于1898年被发现，里面藏有16具木乃伊，其中10具是王室成员。当这些木乃伊运到开罗时，当地的海关官员却不知道如何将它们归类。最后他们决定按干鱼的税率征收这些逝去法老的关税！

国王的标签
为了避免混淆，牧师们将法老们的名字写在外面的裹尸布上。这具木乃伊上面刻的是法老拉美西斯二世的名字。

金字塔内部
那些建造吉萨金字塔的国王的木乃伊也没能幸免，这些坟墓早在古代就被洗劫了。一旦进入坟墓，盗墓者就不得不在黑暗中沿着充满陷阱的狭窄通道寻找存放木乃伊的密室。

拉美西斯大帝
从公元前1279年到公元前1212年，拉美西斯二世统治埃及长达67年。他被世人誉为"伟大的战士"，这个称号似乎太言过其实了。拉美西斯二世去世时大约是90岁，他一生中多妻多子。古埃及人身高平均在1.6米左右。但是1881年发现的拉美西斯二世的木乃伊身高却是1.83米。

修复工作
公元前1188年逝世的萨普特国王的木乃伊也遭到了盗墓者的严重破坏，那些盗墓者想要寻找藏在裹尸布中珍贵的护身符。公元前1000年左右牧师们将萨普特国王的断臂用夹板固定好，然后重新包裹好。

萨普特国王的木乃伊包裹得和1881年被发现时一样

被拆开的萨普特国王的木乃伊

加斯东·马斯伯乐
在开罗，这位法国考古学家（右三）监督指导了王室木乃伊拆解包裹的全过程。

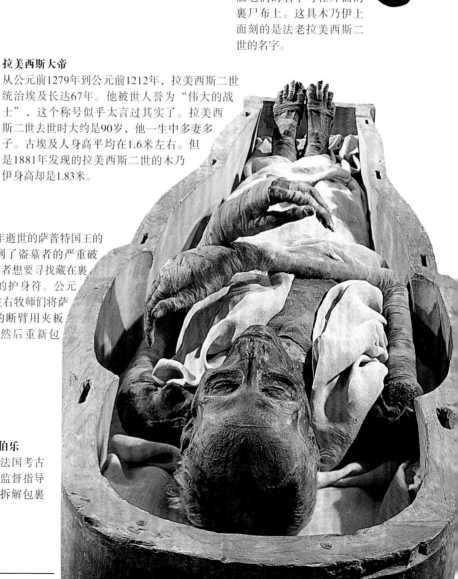

身份错位
这具保存完好的木乃伊的裹尸布上刻着"图特摩斯一世"。然而，保留下来的历史记录表明，该法老差不多活了50岁。而这具木乃伊是一位30岁的男子，似乎是因为被箭射到了胸部而死去的，因此该男子的真正身份仍旧是个谜。

内梅什巾冠，王室的象征

石膏涂盖的木头

残留的金叶碎片

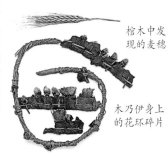

图特摩斯一世
底比斯庙宇里的一幅油画向我们展示了图特摩斯一世的真正面目。

花环
木乃伊在入棺时脖子上会放上花环。阿蒙霍特普一世的棺木被打开时，3000年前陪葬的花的香味弥漫了整个空间。里面还有一只被这芳香吸引而被困的黄蜂，干瘪了的尸体就在国王的旁边。

棺木中发现的麦穗

木乃伊身上的花环碎片

身份未知的女王
这木乃伊是在1898年发掘的第二个王室木乃伊藏匿处发现的。一些专家认为她就是女王泰伊，阿蒙霍特普三世的一位妻子，也可能是图坦卡蒙的祖母。

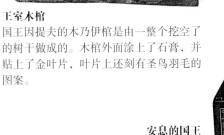

王室木棺
国王因提夫的木乃伊棺是由一整个挖空了的树干做成的。木棺外面涂上了石膏，并贴上了金叶片，叶片上还刻有圣鸟羽毛的图案。

安息的国王
王室木乃伊的第二个藏匿处之于1898年在阿蒙霍特普二世的坟墓中发现。就在拍完这张照片不久，一伙盗墓贼就攻破了武装警卫的防守。为了能找到价值连城的护身符，他们撕开了木乃伊身上的裹尸布。

残酷的死亡
在这些王室木乃伊中，最奇怪的莫过于不知名的这一具。他的脸因痛苦已经扭曲变形了，嘴巴张开着，似乎是在拼命地叫喊。其尸体被羊皮包裹着，而在埃及人看来羊皮是不干净的东西。

霍华德·卡特（中）和队员们透过第四神龛的一扇门好奇地凝视着里面的石棺

法老图坦卡蒙的珍宝

1922年11月26日，英国考古学家霍华德·卡特和其赞助人卡纳冯勋爵发现了3200多年前密封起来的埃及法老图坦卡蒙的坟墓。5年来有条不紊地勘探，使他们最终找到了这个迄今为止唯一完整保存下来的王室坟墓。里面葬的就是戴着华丽的纯金面具的图坦卡蒙木乃伊。木乃伊被放置在3层黄金木乃伊套箱中，每一个的大小恰好卡进另一个。3个木乃伊套箱放在了一个石棺中，周围摆放着4个镀金木质神龛，以及数量惊人的雕像、家具和珠宝。就像卡特说的，整个墓室全装满了"黄金——到处都是金光闪闪的黄金"。

国王和王后
盒子由乌木和象牙制成，上面是女王在花园中向国王献花的浮雕。

圣甲虫吊坠
该款带翅膀的圣甲虫吊坠由黄金和半宝石做成。图案是由图坦卡蒙名字的3个圣书体文字组成。

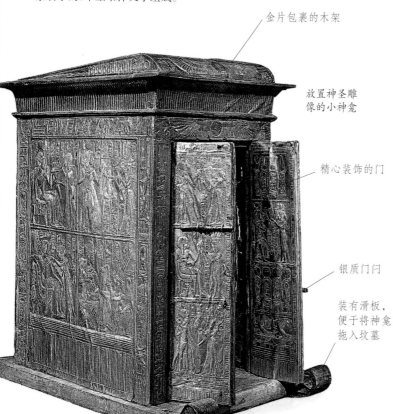

金片包裹的木架

放置神圣雕像的小神龛

精心装饰的门

银质门闩

装有滑板，便于将神龛拖入坟墓

图坦卡蒙木雕
该彩色木雕展示了公元前1327年左右国王去世时的模样。他很可能是穿着国王的衣服，佩戴着珠宝。

光头

珠子马甲

图坦卡蒙木乃伊
因为尸体与防腐树脂发生了化学反应，所以木乃伊没能很好地保存下来。图坦卡蒙体格稍显瘦弱，身高大约1.65米。通过牙齿可判断他当时应该是十六七岁的模样。

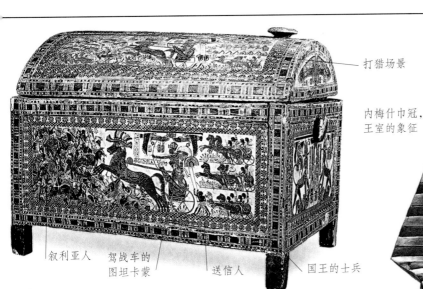

打猎场景

叙利亚人　驾战车的　送信人　国王的士兵
　　　　　图坦卡蒙

内梅什巾冠，
王室的象征

饰有猎鹰头
像的衣领

镶嵌着青
金石，这
是一种蓝
色石头

彩色木盒

盒内装满了图坦卡蒙的衣物，其中包括凉鞋。盒子上刻着
他生活中的场景。图中的这一面是图坦卡蒙带领军队大败
叙利亚的场面，但他事实上并没有打过仗。棺盖上描绘了
年轻的国王在沙漠中猎捕狮子、鸵鸟、羚羊的场面。

进展缓慢

卡特对待工作十分谨慎刻
苦，虽然在1922年11月就
和卡纳冯勋爵一起发现了
这座坟墓，但直到1925年
10月他才开始着手打开木
棺。他花了将近10年的时
间来研究坟墓内的物品。

黄金面具

国王木乃伊的面具由纯金打造而成，表面镶嵌着色彩
斑斓的玻璃和碎石，包括深蓝色的青金石。面具重达
10.2千克。法老戴着内梅什巾冠，眉毛上方画着秃鹫
和眼镜蛇。

整套黄金和宝石

图坦卡蒙木乃伊的中棺。跟外棺一样，中棺也是木制的，镶
嵌着黄金和色彩斑斓的碎石。里面是第三层，内棺则是由纯
金打造的，总重达110.4千克，令人难以置信。

镶嵌着红色的、蓝色
的以及绿色的玻璃

带翅膀的圣人图案

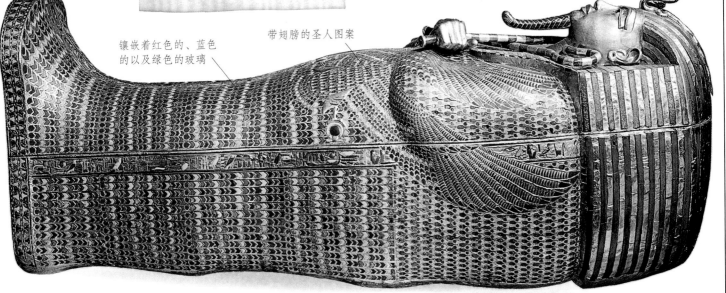

木乃伊的诅咒

"谁扰乱了这位法老的安宁，'死神之翼'就会在他头上降临。"在1923年春天，世界各地的报纸竞相报道，在图坦卡蒙的墓室中已经发现了这引人注目的铭文。而第一个进入古墓的卡纳冯勋爵的突然死亡引起了人们的关注。许多人认为是死去的法老在"诅咒"所有打扰了他安宁的人。自此，人们认为，是"诅咒"造成了这次考古的很多有关人员相继死去。现在一些专家认为这些人的死亡可能与古墓里的细菌，甚至与原子辐射有关。不管怎样，死亡原因都能得到合理的解释，所谓的"诅咒"根本是不存在的。法老最大的愿望是能够流芳百世。自墓地被发现以来，图坦卡蒙就成了著名的法老之一，这样看来，他应该感到高兴才对，而不应该是愤怒。

木乃伊粉
碾碎了的木乃伊是16世纪和17世纪时期广受欢迎的一种神秘药剂。木乃伊粉也可被用来制作绘画中的褐色颜料。

第一个受害者
1923年初的一天，卡纳冯勋爵被蚊子叮了一下，之后在刮胡子时又不小心刮到了伤口，引起了伤口感染，导致了高烧，他不幸于1923年4月5日去世。那天距进入图坦卡蒙坟墓才不过4个多月。之后，据说就在卡纳冯勋爵去世的那一刻，整个开罗突然停电，到处漆黑一片。还有传言说在图坦卡蒙的墓被打开的那天，卡特的金丝雀被眼镜蛇吞噬了。而著名的图坦卡蒙的面具的眉毛上有一条眼镜蛇。

卡纳冯勋爵的死亡证明

卡纳冯勋爵的致命剃须刀

危险的诅咒
这是在女祭司赫努特梅赫特坟墓中发现的4块"魔砖"之一。"魔砖"被分别放置在坟墓的四个角落里，每块砖上都镌刻了《亡灵书》中的一条咒语。其中一条这样写道："你们谁来偷窃，我都不会让你们得逞。我保护着奥西里斯赫努特梅赫特。"

固定在魔砖上的木质模型

碑文是僧侣体，由圣书体文字发展而来

真正的拉美西斯三世木乃伊

电影《木乃伊》中的鲍里斯·卡洛夫

木乃伊成为影星
沉睡了几个世纪的木乃伊因被打扰而愤怒，这成了恐怖电影的重要题材。第一部代表作品便是1932年拍成的电影《木乃伊》。该部电影中的祭司伊姆霍特普木乃伊（上图）的扮演者的样貌就是来源于1881年在王室陵墓中发掘的法老拉美西斯三世（左图）的容貌。

黏土砖

木乃伊的复仇

和《惊情四百年》以及《科学怪人》一样，复仇的木乃伊也成了好莱坞恐怖片中最受欢迎的角色。左图为1959年翻拍的《木乃伊》的海报。此外还有很多其他木乃伊系列的影片，如《木乃伊之手》等。就连喜剧制作者也在创作中运用了木乃伊元素。

在电影《夺宝奇兵》中，考古学家的助手发现自己竟然和整个坟墓中的木乃伊来了一次面对面的接触

迷失在坟墓中

1934年据某一报纸报道，一位匈牙利游客在参观帝王谷时在拉美西斯二世的坟墓中迷路了。第二天人们发现她时，她已经趴在法老雕像下面说不出话来了。在这冰冷漆黑的坟墓里熬过一晚确实吓坏她了。

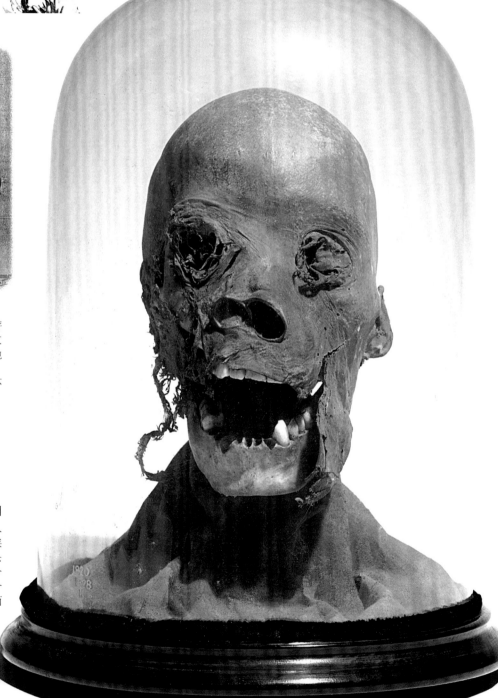

无声的尖叫

19世纪，很多木乃伊的头骨都被欧洲人收集起来，作为古董陈列于家中。来埃及旅游的游客可以从经销商那里买到头骨，这也是热销的纪念品之一。这具令人毛骨悚然的木乃伊头骨被安放在一个圆顶的玻璃罩下。没有人知道它从何而来，曾属于谁，抑或是其准确年龄。

希腊和罗马的木乃伊

正如在公元前30年入侵埃及的罗马人一样，希腊人也接受了埃及制作木乃伊的习俗。他们格外小心地将尸体包裹成复杂的几何图案。但希腊和罗马的木乃伊的防腐处理通常很糟糕。木乃伊被安放在空地上，而不是在坟墓里。而且通常是几代人一同葬在家族墓地中。人们在埃及法尤姆地区的一处陵墓里发现了一些罗马时期最有趣的木乃伊。和埃及木乃伊佩戴的理想化的面具不同，他们戴的是酷似死者的肖像画。

罗马猫
古希腊人和古罗马人将各种动物制作成了木乃伊。这只被保留下来的猫戴着彩绘的石膏面具。两种不同颜色的亚麻绷带缠绕成了复杂的"窗口"图案。

"活"死人
人们用彩色的蜡将这些木乃伊的肖像画到木板上。这些画像完成时，通常画中人还没死去。画中人的发型、佩戴的珠宝以及穿着，可以告诉我们很多关于罗马人统治下的埃及人的日常生活状况。

永葆青春
利用X射线扫描这具罗马男孩的木乃伊证实，该男孩死去时只有十几岁。这些精心制作的绷带都饰有镀金的饰钉。

镀金
饰钉

石膏面具
一些希腊木乃伊因为戴着石膏面具所以看起来像是坐在棺木里。很多面具不仅镀上了黄金，还镶上了用石头或玻璃做成的眼睛，这样看起来更栩栩如生。

 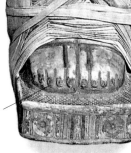

着色脚套

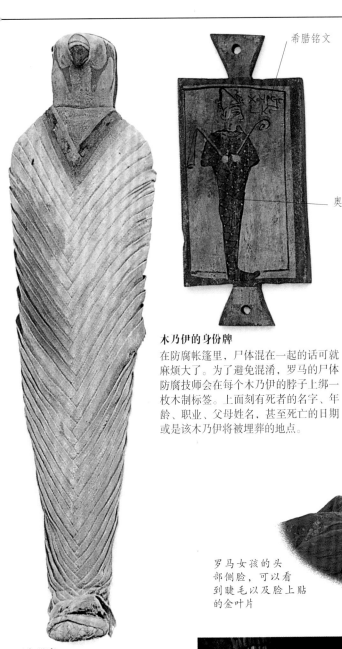

王室猎鹰

在古希腊和古罗马时代，大批的猎鹰被制成木乃伊，并与其他神圣的动物一同葬在特殊的陵墓里。

希腊铭文

奥西里斯像

木乃伊的身份牌

在防腐帐篷里，尸体混在一起的话可就麻烦大了。为了避免混淆，罗马的尸体防腐技师会在每个木乃伊的脖子上绑一枚木制标签。上面刻有死者的名字、年龄、职业、父母姓名，甚至死亡的日期或是该木乃伊将被埋葬的地点。

镀金女孩

该罗马女孩八九岁时死于埃及。她的遗体并没有经过恰当的防腐处理，但为了使皮肤坚韧而且防水，人们在她皮肤表层涂上了一层深色的液体松脂。身体上也被贴上了一片片薄薄的金箔。

黄金眼罩

黄金舌盖

黄金乳头盖

金叶片

罗马人用金片盖住木乃伊的私密部位。舌板可能是为了能让木乃伊开口说话。

罗马女孩的头部侧脸，可以看到睫毛以及脸上贴的金叶片

金叶片的碎片

埃及艳后之死

埃及的最后一位希腊的统治者克利奥帕特拉，死于公元前30年。克利奥帕特拉的遗体很可能被制作成了木乃伊，并按照女王应有的礼仪安葬了。然而人们一直没有发现其墓穴。

动物木乃伊

古埃及人还用同样的方法把逝者最喜欢的宠物制作成木乃伊，一起葬于坟墓中，让它们来生仍与主人做伴。但是大多数的兽类是因宗教原因被制作成木乃伊的。人们认为动物是众神的化身或是"精神"的使者。比如，奶牛悉心地呵护牛犊，所以与代表幸运与母爱的女神哈索尔联系在一起。这些献给众神的动物被制成了木乃伊，埋葬在大量的坟墓中。到古埃及后期，这个与宗教相关的产业得到了蓬勃发展，人们饲养了上百万的动物仅仅是为了将它们制成木乃伊。

神牛
神牛埃皮斯死后享有与法老同样精心的防腐处理和埋葬仪式。

野狗或是豺的木乃伊，献给阿努比斯神——引导亡灵之神

鼩鼱木乃伊的青铜棺，献给荷鲁斯神

鳗鱼与蛇
人们用这种青铜器来盛放鳗鱼或眼镜蛇的木乃伊。眼镜蛇的胡须和王冠代表它与王权相关联。

双胞胎
这两只猎鹰的遗体经过防腐处理之后，被制成了一个木乃伊。

圣甲虫是接受防腐处理的最小生物

翻滚于天际
圣甲虫把粪便滚成球，并将它们推来推去。在埃及人看来，甲虫神凯普利也是用这样的方式推动着太阳在空中运动。

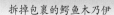

拆掉包裹的鳄鱼木乃伊

亚麻绷带

芦苇用来垫出鳄鱼的形状

盘中餐？
上图为一条被拆掉麻布的木乃伊鱼。在埃及的一些地区，鱼被看作是一种神圣的动物，永远不能被捕捉或食用。然而在其他地区，鱼会出现在餐桌上。这种现象往往会引起邻近城镇间的暴力冲突。

尼罗河里的鳄鱼
在古代，尼罗河里繁衍着很多鳄鱼，它们是水神索贝克的神物。被驯服了的鳄鱼被人们精心地供养着。迄今发现的最大的鳄鱼木乃伊长约4.6米。

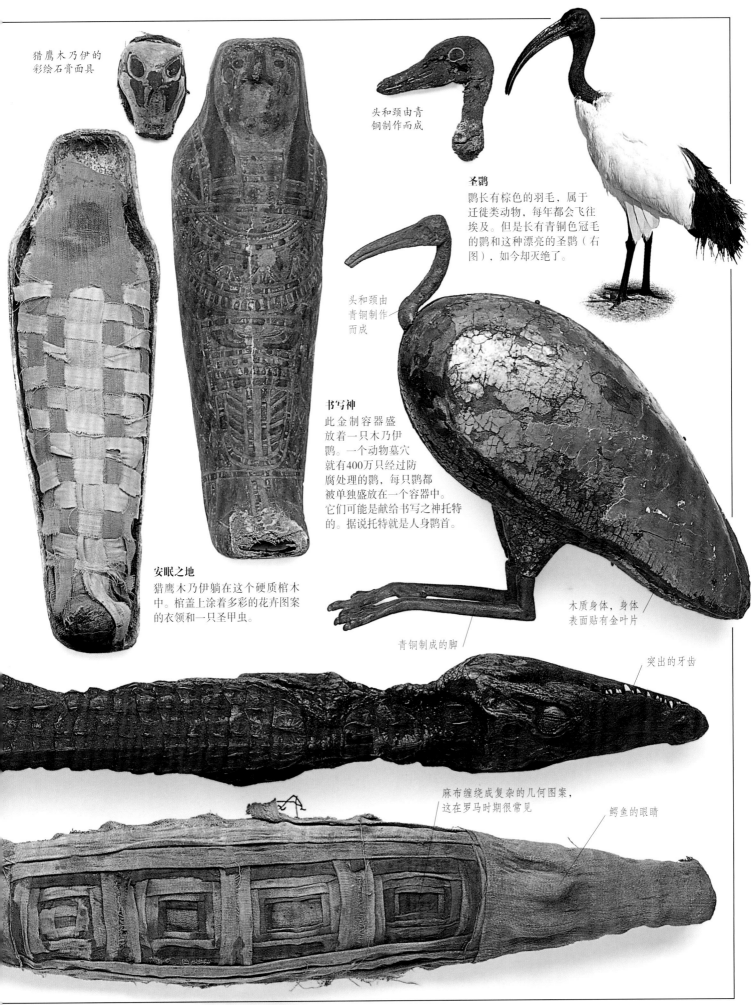

猎鹰木乃伊的
彩绘石膏面具

头和颈由青
铜制作而成

圣鹮
鹮长有棕色的羽毛，属于
迁徙类动物，每年都会飞往
埃及。但是长有青铜色冠毛
的鹮和这种漂亮的圣鹮（右
图），如今却灭绝了。

头和颈由
青铜制作
而成

书写神
此金制容器盛
放着一只木乃伊
鹮。一个动物墓穴
就有400万只经过防
腐处理的鹮，每只鹮都
被单独盛放在一个容器中。
它们可能是献给书写之神托特
的。据说托特就是人身鹮首。

安眠之地
猎鹰木乃伊躺在这个硬质棺木
中。棺盖上涂着多彩的花卉图案
的衣领和一只圣甲虫。

木质身体，身体
表面贴有金叶片

青铜制成的脚

突出的牙齿

麻布缠绕成复杂的几何图案，
这在罗马时期很常见

鳄鱼的眼睛

接下页

神猫

早在公元前2100年，猫已经被当作宠物喂养了。到古埃及后王朝时期，猫被看作神圣的动物。希腊历史学家希罗多德在撰写公元前450年埃及的历史时，曾经描述过人们是怎样对猫宠爱有加、细心呵护的。不论是谁杀死了猫都会被判处死刑。有的家庭甚至会把他们死去的爱猫送去布巴斯提斯——祭拜猫女神芭斯苔特的圣地。在这里，爱猫经过防腐处理和仔细包裹后，被放在一个特殊的猫形棺木里，然后安葬在陵墓中。

木乃伊的头为绿色，表明其戴着青铜质的木乃伊面罩

猫的包裹物

将猫制作成木乃伊，尸体防腐技师要先取出猫的内脏。然后将土或沙填充在其体腔中，再用浸过泡碱或是用树脂处理过的绷带把尸体包裹起来。这具保存完好的木乃伊外面的绷带缠绕成了一种复杂的菱形图案。

身体是白色，代表木乃伊内部用亚麻布包裹

被制成木乃伊的猫

面部滑稽的木乃伊猫

包裹紧凑

为了让制作好的木乃伊结实紧凑，尸体防腐技师将猫的前腿放在它的一侧，将后腿折在其腹部。猫的尾巴就蜷在两脚之间。

打过耳洞的耳朵，可能曾经戴过金耳环

芭斯苔特青铜像
这尊芭斯苔特女神像由青铜制作而成，镶嵌着彩色玻璃的眼睛。祭司们将成千上万的芭斯苔特雕像设立在寺庙中，这样信徒们可以给女神贡上食物和牛奶。

青铜容器用来托住被制作成木乃伊的猫的爪部

后面设有入口的木质容器

光头流行的真相
剃毛发被看作是一种精神上的洗礼，古埃及的祭司和女祭司全都剃去了头发。如果谁家的宠物猫死了，那么这一家人可能都会守丧，还要剃去眉毛以表示对猫的敬重。

"猫"形化棺木
这些木质的猫的棺木都被发掘于祭拜猫的最大的圣地布巴斯提斯。每个棺木中都保存着包裹完好的猫木乃伊。

木乃伊揭秘

19世纪，很多木乃伊被外科医生解剖了。但因为当时技术的局限性，他们的发现是有限的。在现在看来，毁掉这些仔细包扎起来的绷带，然后解剖木乃伊是一种破坏性的做法，也是一种大不敬的行为。1895年X射线衍射分析的发明表明，可以通过运用电子技术"解开"木乃伊，而且不会造成任何破坏。早期的设备沉重而笨拙。到了20世纪60年代，人们开发出功能强大、可带进博物馆的移动式X光机。这种最新的扫描设备可以透过绷带"看见"木乃伊里面的结构，并呈现出复杂的三维图像。可以给一个很小的木乃伊组织样本补充水分（再水化），研究细胞组织结构。甚至可以识别出人体的基本遗传结构DNA。一些科学家认为，遗传分析在将来的某一天会帮助治愈现代病毒。

开罗尸检
法国医生丹尼尔·富凯解剖了一名死于公元前1000年左右的女祭司塔韦德加特拉的木乃伊尸首。这次尸检发生在1891年的开罗博物馆，具有重大的历史意义。参与尸检的还有当时著名的法国的埃及古物学家，以及几位上流社会的妇女。

年龄估测
躺在棺木中的这具男性木乃伊大约制成于公元前1000年。通过对其牙齿和骨骼的研究，估测其年龄在20~35岁之间。如果一个人是在25岁之前死去的，用这种方法得出的结果会更加精确，因为那个时候死者的牙齿和骨骼还在继续生长。

曼彻斯特传统
1908年玛格丽特·莫里医生（右二）和她的同事们在英国的曼彻斯特大学解剖了一具木乃伊，并保留了一些组织样本。20世纪70年代罗莎丽·戴维医生带头将样本再水化，发现了一种叫"硅肺病"的肺部疾病。沙尘暴以及尘土飞扬的气候可能使很多古埃及人患上了像硅肺病这样的呼吸道疾病。

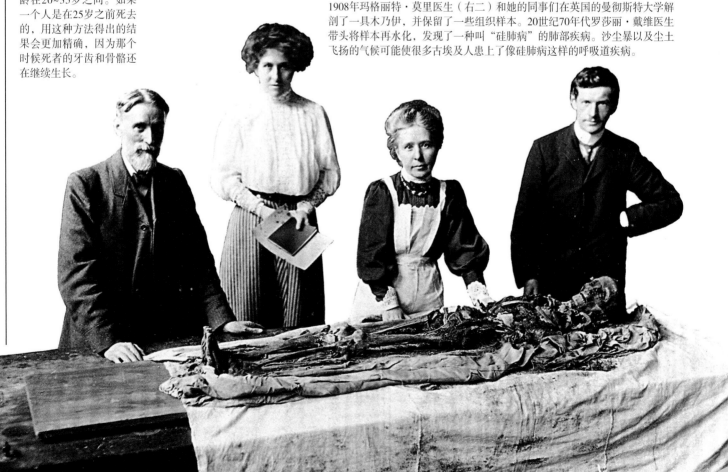

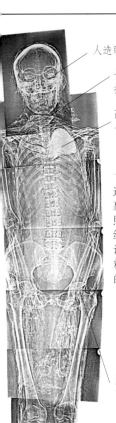

人造眼睛

长着翅膀的圣甲虫护身符环绕在颈部

高密度物质可能是一个陶罐

一览无余

这是公元前1000年前后一具包裹完好的木乃伊的X射线静电照片。静电照片会凸显出边缘，使图像的轮廓更容易辨认。该图显示出了很多包裹材料被塞到皮肤下面，以使皱缩的身体更加逼真。

胳膊放于身体两侧两手盖住生殖器官

亚麻绷带边缘

画在裹尸布上的人的面容

耳朵单独包裹

男性舞者

这种不寻常的木乃伊出现在女子的棺木中，这一现象在埃及被罗马统治时期就已经出现，甚至可以追溯到更早之前。从其包裹的方式来看，它是在强调胸和大腿的形状。亚麻布上的图画代表身体文身。这名男子生前可能是一名宗教仪式和宴会上的舞蹈演员，因为这些舞者都会有类似的文身。防腐师们小心地将尸体包裹起来，还原他生前的形态。木乃伊面部五官的画法和古埃及国王木乃伊的画法一样。手指和脚趾都是单独包裹的，即使最外面的一层也是一样的包法。这种现象是非常罕见的。

前臂经过包裹，形成精美的几何图案，这是罗马时期的典型特点

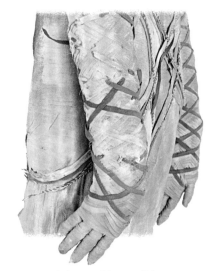

罗马木乃伊的侧面，每根手指都被仔细地包裹起来

阿提夫王冠的两个羽毛，象征奥西里斯神

带孔的颅骨

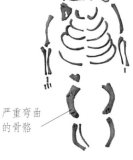

严重弯曲的骨骼

绘在裹布上的文身

骨骼病

这个手工布盒棺木制于埃及第22个王朝（公元前945—公元前715年），里面曾装有一具儿童木乃伊。现在只剩下一副骨架。医学专家研究发现，他的颅骨和其他骨骼中出现的这种奇怪的畸形现象是由一种叫作"成骨不全症"的罕见骨疾病造成的。

嵌入鞋内的珠宝片

亚麻凉鞋

木乃伊指纹

即使在3000年后，人们依然可以提取到木乃伊的指纹。英国苏格兰警方的法医专家获取了一名埃及木乃伊的指纹，该指纹是从大英博物馆借给他们的一只木乃伊手上提取的。

接下页

埃及王室"访问"巴黎

1974年埃及专家发现拉美西斯二世的皮肤被某种神秘的物质感染了。3天后拉美西斯二世木乃伊被空运到了巴黎，寻求医治。在法国，一队木乃伊保护人员成功地医治了他的传染病。包括放射技术、法医、植物学家、纺织专家在内的102位专家检验了古埃及法老的尸体。

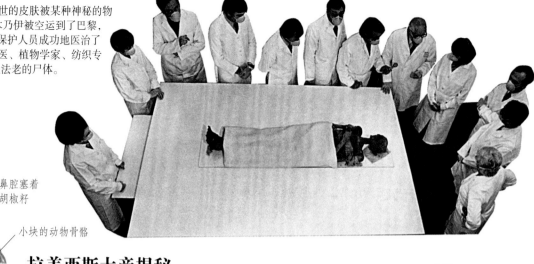

鼻腔塞着
胡椒籽

小块的动物骨骼

缺齿

卡住

这种X光显示防腐技师在国王鼻孔中塞入胡椒子，让它暴露在空气中，并用一个极小的动物骨骼将其支撑住。

拉美西斯大帝揭秘

拉美西斯二世木乃伊发现于1881年，此后一直存放于开罗博物馆。1977年一次特殊的"巴黎之行"无疑给来自世界各地的医学专家们一次仔细检查法老遗体独一无二的机会。经过仔细检查发现，木乃伊的皮肤上粘着一片微小的蓝金色面料。这或许是国王衣服上的。木乃伊身上的不寻常的布料残余表明，当时他的防腐处理可能是在北部首都培尔·拉美斯附近进行的。对树脂的分析可以识别出用来做防腐处理的香草和鲜花。拉美西斯二世的遗体涂有特别多的甘菊油。同样也包含野生烟草植物的提取物，可能是为了防止昆虫靠近尸体。

法老生前

此图应为法老拉美西斯二世生前的样子。拉美西斯二世与父亲塞提一世、儿子梅奈布塔长得惊人的相似。3位国王的木乃伊都长着大大的鹰钩鼻。

红发

拉美西斯二世的木乃伊现在已经3300多岁了，从这个角度来说，他的身体确实很健康。国王的头发应该是被染成了红褐色，但是现在看来已经是很自然的红色了。从他微微张开的嘴中可以看到他健康的牙齿。因为血液循环问题和严重的臀部关节炎带来的痛苦，他在生命的最后时光很难自由走动。拉美西斯二世去世时大约90岁。

CT扫描

自1977年以来，医生们一直使用CT扫描的先进的X光设备检测木乃伊。CT扫描会拍摄到很多薄的视图，每一视图都像是一片切片面包。然后这些视图再经过计算机处理，将它们放在一起，这样就能看到该物体的三维图像，包括它的所有的表面，以及里里外外的细节。这样医生可以放大查看某一个切面或是单独拿出某一特定的部分以便从更多方面的细节入手研究。切片的厚度也是可以变化的，可以就某一个区域提供更多的信息，如颅骨或者牙齿。1991年英国伦敦的圣托马斯医院的医生与大英博物馆一起开启了一次木乃伊扫描项目。第一具接受扫描的木乃伊是特穆腾格布丢，她被密封在一个美丽的木乃伊棺中，人们怕损坏棺木而没有打开它。

特穆腾格布丢的
木乃伊棺

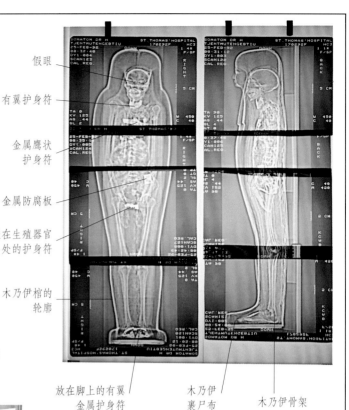

假眼

有翼护身符

金属鹰状
护身符

金属防腐板

盖在生殖器官
处的护身符

木乃伊棺的
轮廓

放在脚上的有翼
金属护身符

木乃伊
裹尸布

木乃伊骨架

镜头下的明星
放射线技师可以控制每一层切片的厚度。该木乃伊从头到脚共扫描了500多个切片。

X射线观察
CT扫描仪还可以模拟正常的X射线平面图像。像骨骼一样的致密结构显示为白色。像绷带这样的密度较低的材料显示为暗蓝色或者黑色。这些X射线能显示出木乃伊内部的骨架和躺在棺木中的木乃伊的情况。

电脑绘图
CT扫描可以使研究人员了解很多隐藏在表面下的物体的密度情况。不同的组织，如骨骼或皮肤，都有自己独特的密度。上图是特穆腾格布丢颅骨上的皮肤。研究人员甚至可以看到她颅骨里面诸如鼻窦腔这样的细节部位。如果一个护身符之类的物件是由黏土或金属制成的，也可以通过它的密度信息将其辨别出来。

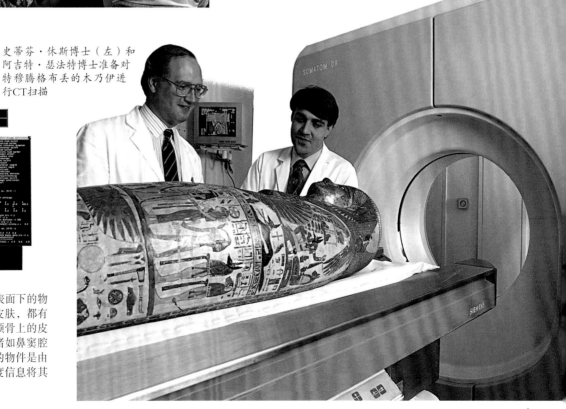

史蒂芬·休斯博士（左）和阿吉特·瑟法特博士准备对特穆腾格布丢的木乃伊进行CT扫描

安第斯山脉的木乃伊

陶制武士
公元前200年到公元600年前后，在秘鲁北部海岸居住着莫切族，他们以农业和渔业为生。他们制作精美的陶器，与去世的人一同下葬。

南美洲安第斯山脉地区最古老的木乃伊是由生活在智利和秘鲁海岸的渔民制作的。直到公元前3000年，他们一直悉心保存死者的遗体，把遗体放在阳光下晒干，有时候还会取出死者的内脏。在今天的哥伦比亚、厄瓜多尔、秘鲁和智利等地，到处都能够发现木乃伊。在这些文化中有很多将自己祖先的木乃伊看作是神圣之物。在公元1532年欧洲人入侵安第斯山脉地区前，印加人统治着这里的大部分地区，他们相信祭拜国王的木乃伊就可以使国王灵魂永存。到了重要的宗教祭拜日时，王室木乃伊会被抬到印加首都库斯科的街道上供子民祭拜。

秘鲁帕拉卡斯的舞妖图，当地发现了很多木乃伊

野生猫神
古秘鲁人非常擅长编织和刺绣，他们把布看作一种财物——视为珍品。这件猫神挂毯是钱凯人（公元1000—1470年）编织的。钱凯人并不喂养宠物猫，所以挂毯上的动物应该是野生猫科动物，如美洲狮或美洲虎。大量的色彩斑斓的织布被密封在了坟墓中。木乃伊也包裹着很多层特制的织布。人们认为，上好的服饰可以展现出一个人的重要身份。

上唇粘在了牙齿上

捆身体的绳索

解密秘鲁木乃伊
秘鲁的一些木乃伊经过了仔细的防腐处理。这一程序涉及去除内脏、熏干身体并涂上油、树脂和香草。但大多数的木乃伊是靠自然条件保存下来的。人们会蜷起死者的双腿，使其膝盖贴紧前胸，成坐立的姿势。再将其双手摆平，放在脸上，最后将胳膊和腿紧紧地绑在一起。

沙漠墓地
秘鲁海岸气候干燥，是晒干木乃伊的理想场地。19世纪80年代，在安康广袤的沙漠墓地里，数以千计的陵墓中发现了几百具保存完好的木乃伊。当地土壤富含自然盐，这对保存木乃伊很有帮助。

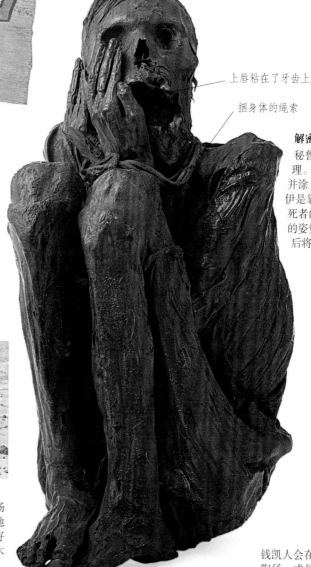

保存完好的脚趾甲

男形陶俑　　女形陶俑

生育祭
钱凯人会在死者的身旁放上陶俑。这些中空的陶俑，或是男形，或是女形，摆放在木乃伊的两侧。陶俑可能曾被色彩鲜亮的纺织布包裹。

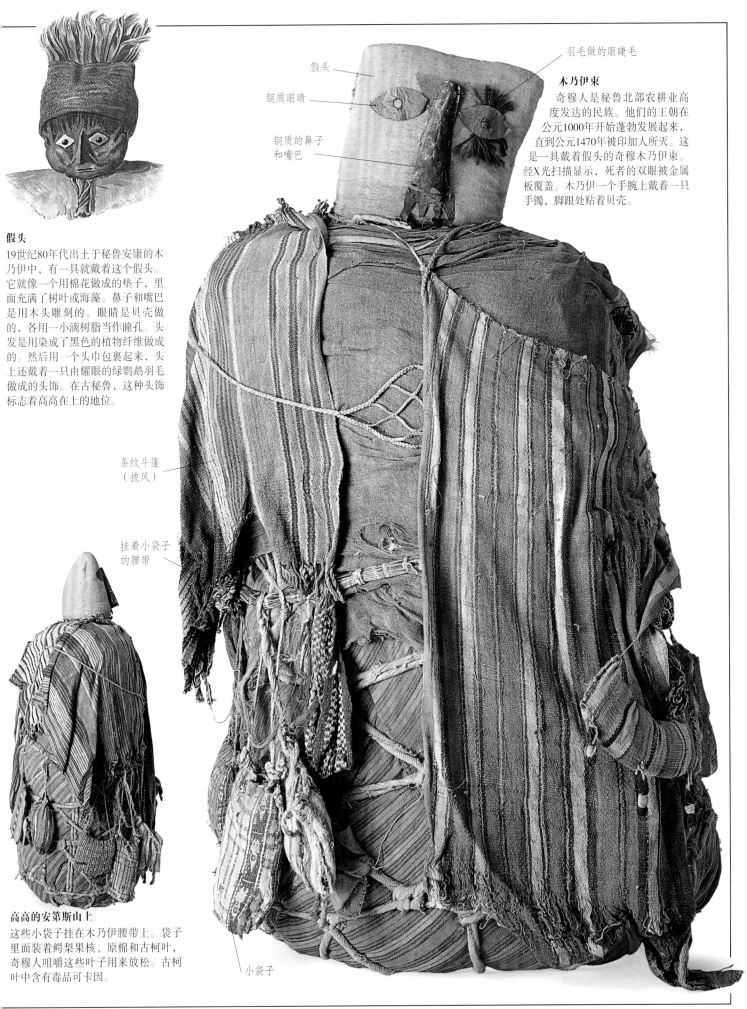

假头

19世纪80年代出土于秘鲁安康的木乃伊中，有一具就戴着这个假头。它就像一个用棉花做成的垫子，里面充满了树叶或海藻。鼻子和嘴巴是用木头雕刻的。眼睛是贝壳做的，各用一小滴树脂当作瞳孔。头发是用染成了黑色的植物纤维做成的。然后用一个头巾包裹起来，头上还戴着一只由耀眼的绿鹦鹉羽毛做成的头饰。在古秘鲁，这种头饰标志着高高在上的地位。

条纹斗篷
（披风）

挂着小袋子
的腰带

高高的安第斯山上

这些小袋子挂在木乃伊腰带上。袋子里面装着鳄梨果核、原棉和古柯叶，奇穆人咀嚼这些叶子用来放松。古柯叶中含有毒品可卡因。

小袋子

假头

铜质眼睛

铜质的鼻子
和嘴巴

羽毛做的眼睫毛

木乃伊束

奇穆人是秘鲁北部农耕业高度发达的民族。他们的王朝在公元1000年开始蓬勃发展起来，直到公元1470年被印加人所灭。这是一具戴着假头的奇穆木乃伊束。经X光扫描显示，死者的双眼被金属板覆盖。木乃伊一个手腕上戴着一只手镯，脚跟处贴着贝壳。

接下页

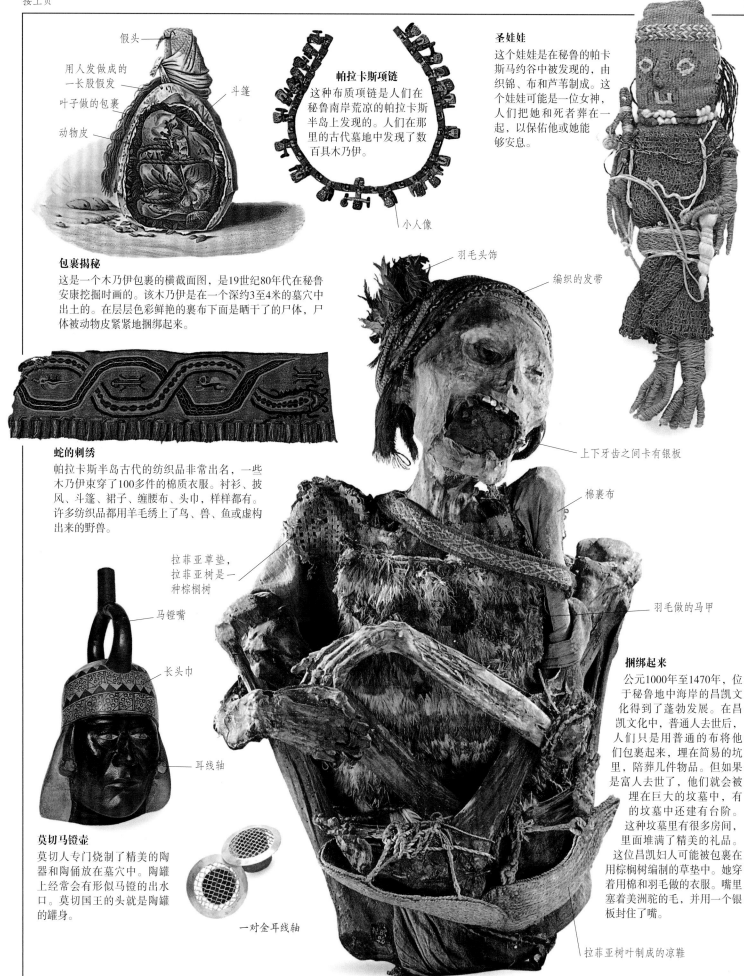

假头

用人发做成的一长股假发

叶子做的包裹

动物皮

斗篷

帕拉卡斯项链

这种布质项链是人们在秘鲁南岸荒凉的帕拉卡斯半岛上发现的。人们在那里的古代墓地中发现了数百具木乃伊。

小人像

圣娃娃

这个娃娃是在秘鲁的帕卡斯马约谷中被发现的，由织锦、布和芦苇制成。这个娃娃可能是一位女神，人们把她和死者葬在一起，以保佑他或她能够安息。

包裹揭秘

这是一个木乃伊包裹的横截面图，是19世纪80年代在秘鲁安康挖掘时画的。该木乃伊是在一个深约3至4米的墓穴中出土的。在层层色彩鲜艳的裹布下面是晒干了的尸体，尸体被动物皮紧紧地捆绑起来。

羽毛头饰

编织的发带

上下牙齿之间卡有银板

棉裹布

蛇的刺绣

帕拉卡斯半岛古代的纺织品非常出名，一些木乃伊束穿了100多件的棉质衣服。衬衫、披风、斗篷、裙子、缠腰布、头巾，样样都有。许多纺织品都用羊毛绣上了鸟、兽、鱼或虚构出来的野兽。

拉菲亚草垫，拉菲亚树是一种棕榈树

马镫嘴

长头巾

耳线轴

羽毛做的马甲

捆绑起来

公元1000年至1470年，位于秘鲁地中海岸的昌凯文化得到了蓬勃发展。在昌凯文化中，普通人去世后，人们只是用普通的布将他们包裹起来，埋在简易的坑里，陪葬几件物品。但如果是富人去世了，他们就会被埋在巨大的坟墓中，有的坟墓中还建有台阶。这种坟墓里有很多房间，里面堆满了精美的礼品。这位昌凯妇人可能被包裹在用棕榈树编制的草垫中。她穿着用棉和羽毛做的衣服。嘴里塞着美洲驼的毛，并用一个银板封住了嘴。

莫切马镫壶

莫切人专门烧制了精美的陶器和陶俑放在墓穴中。陶罐上经常会有形似马镫的出水口。莫切国王的头就是陶罐的罐身。

一对金耳线轴

拉菲亚树叶制成的凉鞋

无声的呐喊

在墨西哥博物馆，像这样的古老木乃伊有很多。在瓜纳华托的博物馆里展出的阴森的木乃伊与墨西哥城内规模巨大的墓地，都来自20世纪。

缝上的眼睛

缝上的嘴

缩小的头

亚马孙河流域的黑瓦洛印第安人总是习惯于压扁敌人的头部。在他们看来，一个人的灵魂就在他的头部。只要得到了敌人的头颅，黑瓦洛战士便可以获得死者的精神能量。他们借用一种复杂的方法把敌人的头部压扁到原来的一半大小。头发不会收缩，就在头发上装饰上珠子和羽毛。这样就做成了一种缩头。

编成辫子

美洲木乃伊

从美洲南部的阿根廷到北部的阿拉斯加州，人们在美洲大陆的很多地方都发现了木乃伊。迄今发现最早的木乃伊来自公元前1世纪，发掘于肯塔基地区。而阿拉斯加的严寒将因纽特人带有文身的尸体保存了下来。阿留申群岛附近的居民为了能烘干尸体，会把尸体掩埋在温暖的火山旁的洞穴中。在南美洲，不仅是秘鲁，其他很多地方也都发现了木乃伊。

智利女孩

这是在智利境内安第斯高山上发现的印加女孩木乃伊，木乃伊已经被冻干了。在印加文化中有"人祭"现象。遇到旱灾或是其他大灾难时，有时会挑选出合适的孩子，在征得孩子父母的同意后，将这些孩子制成木乃伊献给神灵。

哥伦比亚木乃伊

这具女性木乃伊是在哥伦比亚境内的安第斯山附近、靠近波哥大的一处洞穴中发现的，洞里还有其他13具木乃伊。其内部器官是通过脊柱底部的切口摘除的。在身体被烘干之后，双手被交叉绑起放在胸前。

皮肤上有绳子紧紧捆绑后留下的痕迹

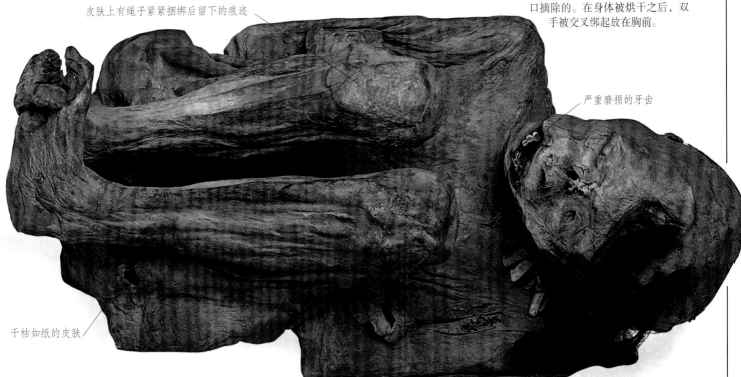

严重磨损的牙齿

干枯如纸的皮肤

冰人

5300年前的一个秋天，一名行者在阿尔卑斯山上突然遭遇了一场暴风雪。他试图躲在两个突起的岩石形成的石缝中，但是暴风雪来得太猛烈，最后他死在寒冷的冰雪之下。雪盖住了他的尸体，很快他就被冻入了冰川中。直到1991年这个气候反常的夏天，他的尸体才再次重见天日。人们用一种叫作放射性碳年代测定的方法来估测尸体的年龄。结果是，这位冰人奥茨（现在已被大家熟知），死于公元前3350年到公元前3300年之间。于是他成了世界上迄今为止保存最好、年代最久远的木乃伊。在他身上发现了70件物品，都是他生前携带的个人物品。专家组正在研究他的尸体、衣服、工具和武器。

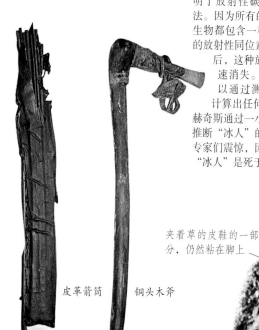

发现
1991年9月19日，两名德国登山者发现了一具冻在冰川里的尸体。该冰川位于奥地利和意大利边境附近的阿尔卑斯山的偏远地区，海拔约3000米。赶到现场的警察和法医都没有意识到尸体冻在冰川里有这么久了。他们将尸体从冰中砍了出来（上图），然后用直升机运到了奥地利的因斯布鲁克进行研究。起初，他被认为是奥地利人，后来研究人员发现尸体的位置正是今天意大利的边境。

放射性碳推算日期技术
罗伯特·赫奇斯在英国的牛津大学放射性碳研究部门工作。他发明了放射性碳年代测定的新方法。因为所有的有机（活着的）生物都包含一种叫作"碳-14"的放射性同位素。在生物死去之后，这种放射性同位素会恒速消失。因此，科学家可以通过测量碳-14的含量计算出任何有机体的年龄。赫奇斯通过一小段骨样品测试来推断"冰人"的年龄。其结果令专家们震惊，因为此前他们认为"冰人"是死于公元前2000年左右。

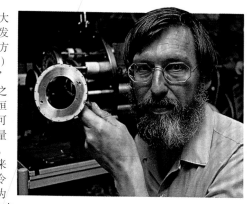

夹着草的皮鞋的一部分，仍然粘在脚上

都灵裹尸布
人们曾经认为，基督的尸体是用这件遗物包裹的。但经放射性碳年代测定，结果显示它被制作于中世纪。

皮革箭筒　　铜头木斧

"冰人"和他的武器
"冰人"所携带的物品中有一张弓和一个皮革箭筒，里面装着12支半成品的箭。斧头像是公元前2000年青铜时代的制品，但却是铜做的，比任何现在已知的铜斧都更久远，设计更先进。

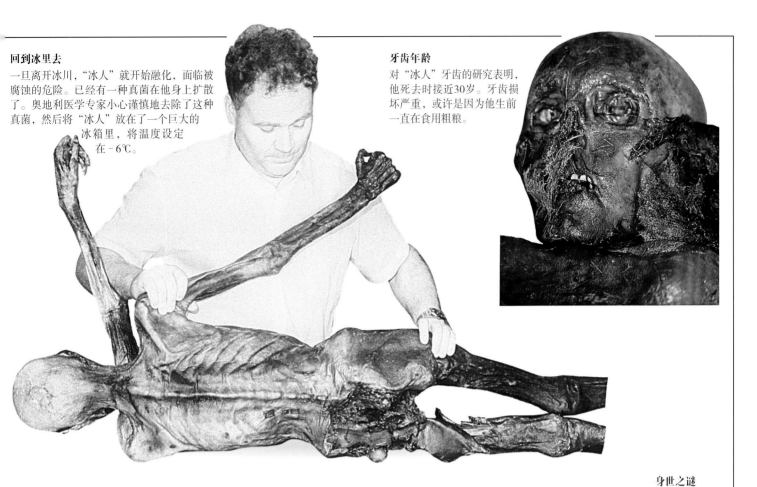

回到冰里去

一旦离开冰川，"冰人"就开始融化，面临被腐蚀的危险。已经有一种真菌在他身上扩散了。奥地利医学专家小心谨慎地去除了这种真菌，然后将"冰人"放在了一个巨大的冰箱里，将温度设定在－6℃。

牙齿年龄

对"冰人"牙齿的研究表明，他死去时接近30岁。牙齿损坏严重，或许是因为他生前一直在食用粗粮。

身世之谜

"冰人"身高至少有1.57米，身上还有几处奇怪的文身。为了登山，他精心准备了一番，穿着打了补丁的皮衣，为了保暖两只鞋子里都塞满了草。除了斧头、弓和箭以外，还带了一个皮袋，里面装着一个打火石刮刀，可能是用来生火的工具包。或许他来自意大利、奥地利或是德国南部的几个有名的城镇。

沼泽里的木乃伊

在诸如沼泽这样潮湿的地方已经发现了一些古代的木乃伊。他们往往是人们在切泥炭时发现的。只有等到放射性碳年代测定的结果，科学家才能给出死者的死亡时间。保存最好的沼泽木乃伊发现于北欧地区，尤其是丹麦境内。他们的年代最早可追溯到公元前500年的铁器时代晚期一直到公元400年的罗马统治时期。他们都是在陆地上遇难，然后被扔到了沼泽中的。他们可能是因犯了罪而被处决，或者是用来祭神的。从他们身上的多处伤痕可以推断出，他们是通过一些宗教仪式处决的。法医鉴定结果表明，这些受害者都死于冬至期，所以那个时候可能是庆祝某一个节日（如现代的圣诞节）。

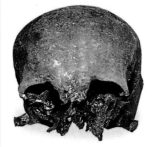

林多女人

1983年两个泥炭工人被一个已经腐烂了一半的女人头颅绊了一下。不久之后，就在柴郡的同一个沼泽地中又发现了一具林多男子的尸体。当地的一位男子很快交代说，23年前他杀害了自己的妻子，把她扔进了这块沼泽地。于是他被立案审判，被判谋杀罪名。但是用放射性碳年代测定得出的结果竟是，这尸骨是1770年前的！

断臂

霍尔德沼泽里的女人

这位沼泽里的女子是100多年前在丹麦的霍尔德沼泽发现的。她死于公元95年。大多数在沼泽中发现的尸体都是全裸的，这位女子却穿着羊皮斗篷、方格裙，戴着头巾。从她身上还发现了一把精致的牛角梳，还有一条穿着两个琥珀珠子的绳子。这说明她生前可能有重要的社会地位。

很多木乃伊的头发经年之后都已经变成了红色

割喉伤疤

格劳巴勒男人

这位男子的尸首发现于1952年的丹麦的格劳巴勒。通过对其头发的分析和对其尸体的放射性碳年代测定得出结论，该男子死于公元前400年到公元前200年间。令人难以置信的是，格劳巴勒男子的大部分内部器官都很好地保存了下来。甚至连他的指纹也有研究价值。科学家们可以从他胃里残留的食物推测出他死前所吃的最后一顿饭。他最后死于割喉等多种暴力伤害。

瘦长的手

如革质的皮肤，在泥炭沼泽中自然鞣化

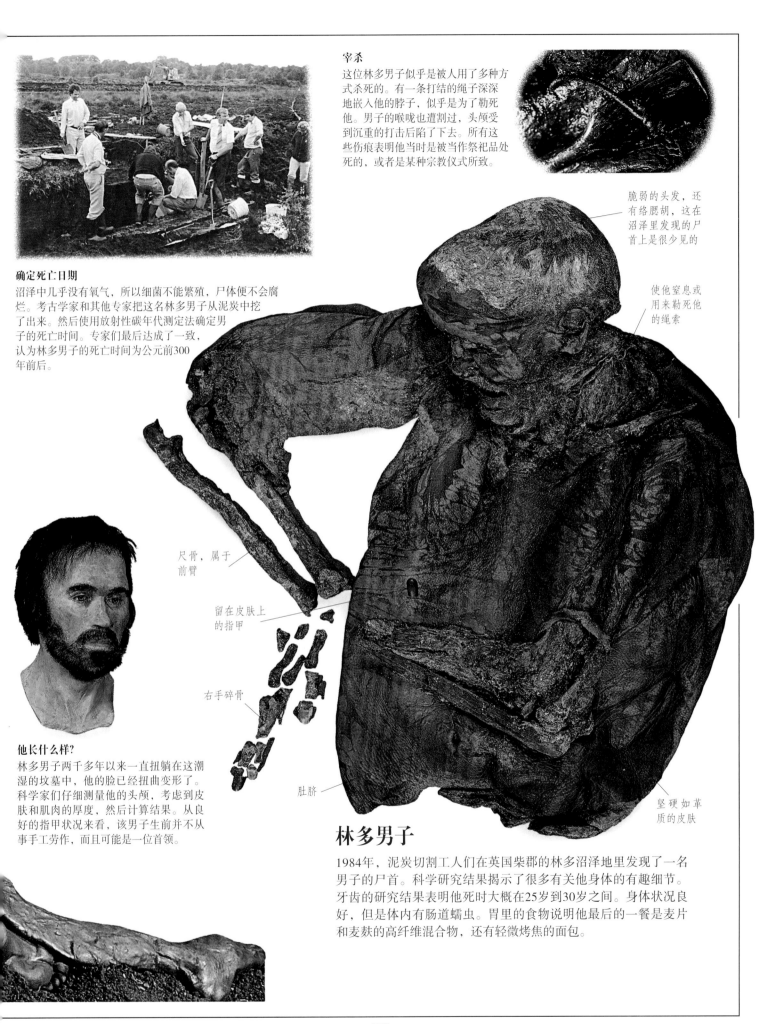

宰杀

这位林多男子似乎是被人用了多种方式杀死的。有一条打结的绳子深深地嵌入他的脖子，似乎是为了勒死他。男子的喉咙也遭割过，头颅受到沉重的打击后陷了下去。所有这些伤痕表明他当时是被当作祭祀品处死的，或者是某种宗教仪式所致。

脆弱的头发，还有络腮胡，这在沼泽里发现的尸首上是很少见的

使他窒息或用来勒死他的绳索

确定死亡日期

沼泽中几乎没有氧气，所以细菌不能繁殖，尸体便不会腐烂。考古学家和其他专家把这名林多男子从泥炭中挖了出来。然后使用放射性碳年代测定法确定男子的死亡时间。专家们最后达成了一致，认为林多男子的死亡时间为公元前300年前后。

尺骨，属于前臂

留在皮肤上的指甲

右手碎骨

他长什么样?

林多男子两千多年以来一直扭躺在这潮湿的坟墓中，他的脸已经扭曲变形了。科学家们仔细测量他的头颅，考虑到皮肤和肌肉的厚度，然后计算结果。从良好的指甲状况来看，该男子生前并不从事手工劳作，而且可能是一位首领。

肚脐

坚硬如革质的皮肤

林多男子

1984年，泥炭切割工人们在英国柴郡的林多沼泽地里发现了一名男子的尸首。科学研究结果揭示了很多有关他身体的有趣细节。牙齿的研究结果表明他死时大概在25岁到30岁之间。身体状况良好，但是体内有肠道蠕虫。胃里的食物说明他最后的一餐是麦片和麦麸的高纤维混合物，还有轻微烤焦的面包。

西西里的木乃伊

在意大利西西里岛首府巴勒莫的天主教堂地下墓穴里，依然安息着大约6000具木乃伊。最早的一批木乃伊距今已有近400年，他们都是生活在该教堂受人们尊崇的修道士。制作木乃伊的风气曾在巴勒莫的医生、律师和其他富有的专业人士中盛行起来。西西里岛人把木乃伊看作是与他们已故亲人直接联系的媒介，辞世的亲人正享受着来世的生活。即使祖父母已经过世很长时间，父母也会带着孩子来看望他们。这里的木乃伊没有超过80年之久的，但是仍然有络绎不绝的人们从很远的地方来此观光游览。

创始之父
地下墓穴里的最古老的木乃伊是神父西尔维斯特罗·德·古比奥，他于1599年进行防腐处理。他的遗体先在陶瓷管上悬挂12个月，然后再被搬运到上层，在阳光下风干。修道士用醋浸泡尸体，包裹上稻草和芬芳的药草，最后给尸体穿戴整齐。

留胡须的守护者
修道士住在地下墓穴的外面，负责管理和保护这些木乃伊和所有的墓地记录。他们是"嘉布遣会"修士。

身着盛装
这些女性木乃伊的服装是对当时卓越的服装制造技术和纺织技术的历史记录。衣服的花边给人的印象特别深刻。

保存完好、色彩鲜艳的服装

载有死者详细信息的标签，如姓名、年龄和职业

为死者除尘

现在由不足40位修道士照看着这6000具木乃伊。每年他们都会用吸尘器小心谨慎地给这些木乃伊除去尘土。

乳液浸泡软化

19世纪，修道士开始用砷或者氧化镁乳液浸泡尸体，以此让尸体的皮肤更柔软，更加栩栩如生。

棉质衣物，
比丝绸更耐穿

用枕头支撑起头部的
西西里岛木乃伊

睡美人

罗萨·隆巴尔多，西西里岛最后一批被制作成木乃伊的死者之一，死于1920年，年仅两岁。她父亲是一名医生，用一种独特的方法将她的尸体完好地保存了下来。

其他木乃伊

天然木乃伊是无意间被保留下来的，在足够寒冷、干燥、多沼泽的世界各地都能见到。在基督教教堂和佛教寺庙，受人尊崇的人死后有时会被制作成木乃伊陈列起来。到了20世纪，人们不再将国王或者圣徒制作成木乃伊，而开始把制作对象转向著名的政治家或是知名人士。阿根廷的尸体防腐方法得到了改进，其中就包括石蜡的运用。1952年，人们运用这些方法完美地保存下了总统的妻子——伊娃·贝隆的遗体。

关契斯人的木乃伊

1770年，在属于加那利群岛之一的特内里费岛的火山洞穴中发现了大约1000具木乃伊。他们都是关契斯人。关契斯人保存遗体已经有几百年的历史了。大量的关契斯木乃伊被挖掘出来制成了药物，所以只有很少的一部分幸存了下来。

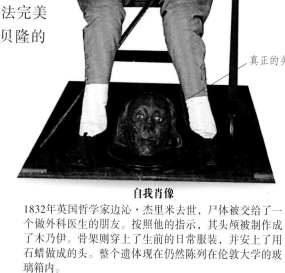

用蜡制成的头

真正的头

自我肖像

1832年英国哲学家边沁·杰里米去世，尸体被交给了一个做外科医生的朋友。按照他的指示，其头颅被制作成了木乃伊。骨架则穿上了生前的日常服装，并安上了用石蜡做成的头。整个遗体现在仍然陈列在伦敦大学的玻璃箱内。

鱼状木乃伊

美人鱼早在17世纪的欧洲就是非常流行的古物。这些想象中的生物基本上源于东亚地区，尤其是来自日本。图中被制成木乃伊的男性人鱼是猴身鱼尾。

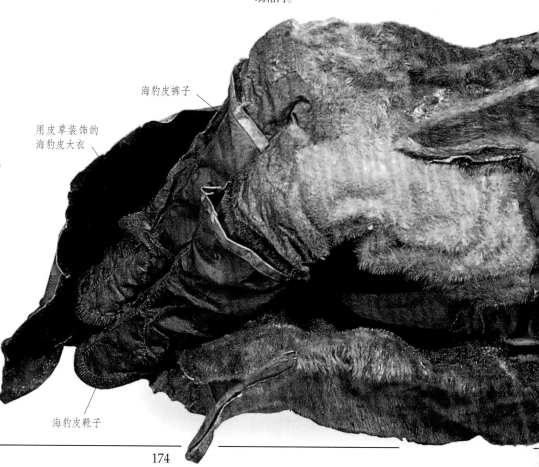

海豹皮裤子

用皮草装饰的海豹皮大衣

海豹皮靴子

辛追夫人的真实故事

辛追是中国汉代的一位贵妇，死于公元前168年左右。1972年，人们在湖南省一个很深的墓穴里发现了她保存完好的遗体。遗体用20层丝绸包裹着，躺在6层棺木中最里面的一个，每层棺木都画得很漂亮。然后再用层层的竹席和5吨木炭包裹起来。这样可能是为了吸水，确保遗体干燥。之后用土将墓穴密封好。检查遗体发现，辛追夫人已经用汞盐浸泡过，进行过防腐处理。

2160片软玉，由金丝串连在一起

用X射线检查戴夫人

晒干

在世界各地的炎热地区，很多民族通常把尸体挂在树枝上，让它们在太阳下晒干。位于澳大利亚和新几内亚之间的托雷斯海峡上的岛民们会将尸体绑在竹担架上。然后在担架下面点燃火苗，用烟熏干尸体。最后给尸体涂上赭红染料。

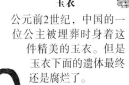

玉衣

公元前2世纪，中国的一位公主被埋葬时身着这件精美的玉衣。但是玉衣下面的遗体最终还是腐烂了。

冰封的塞西亚人

塞西亚人属于游牧民族，从公元前7世纪到公元前3世纪一直统治着亚洲中部的广大地区。他们将本族首领和贵族们像古埃及人一样精心地制作成木乃伊。塞西亚人生活的大部分时间都在马背上，甚至首领们的马也会被制成木乃伊与他们葬在一起。勇士们会在身上刺青，以象征他们骁勇善战。塞西亚人的墓穴寒冷刺骨，有助于尸体的保存。

身穿皮衣

这具因纽特女子木乃伊是1972年在格陵兰岛发现的8具保存完好的木乃伊之一。她大约死于1475年，终年30岁。她身上穿着的用动物毛皮经纯手工制作而成的御寒衣物也被完好地保存了下来。因纽特人认为，死者的灵魂在去往"死亡之地"的漫长行程中需要暖和的衣服。红外线照片显示，该女子脸上有褪色的刺青。和她埋在一起的其他5个木乃伊中的4个都有类似的刺青。

外套内衬由鸟皮做成

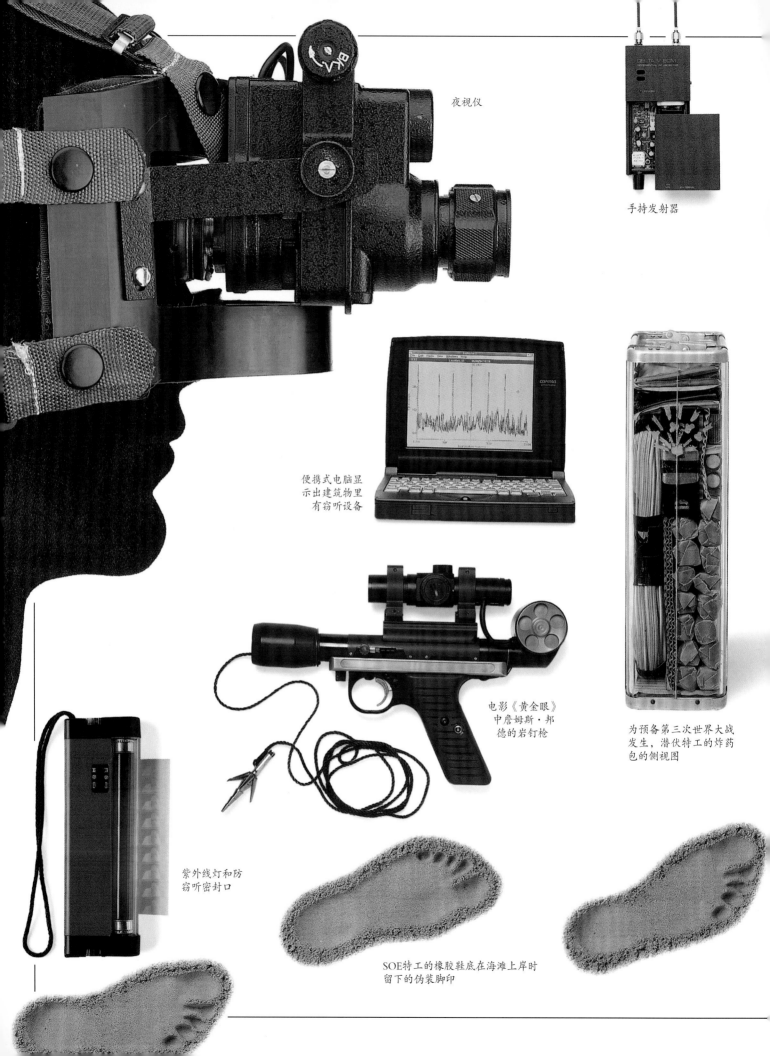

夜视仪

手持发射器

便携式电脑显
示出建筑物里
有窃听设备

电影《黄金眼》
中詹姆斯·邦
德的岩钉枪

为预备第三次世界大战
发生，潜伏特工的炸药
包的侧视图

紫外线灯和防
窃听密封口

SOE特工的橡胶鞋底在海滩上岸时
留下的伪装脚印

第一次世界大战时用于偷运地图和指南针的牛舌罐头

德国密写墨水和海绵

间 谍

Spy

间谍完全百科，揭秘间谍法宝，公开防谍秘籍

套在靴子上的橡胶鞋底，用于掩饰降落在海滩和沙漠上的脚印

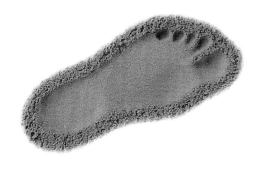

带有暗格的皮靴跟，第二次世界大战

隐藏在橡胶靴子后跟里的消息，第二次世界大战

何为间谍？

间谍活动出现在几千年前，自从国家之间开始为争夺土地、财富或奴隶展开战争，间谍就出现了。间谍潜入敌方的阵营，摸清兵力或窃取攻击计划。如果成功了，他们以英雄的身份带着获得的情报凯旋。而那些行动失败被捉住的人会被处决。自古至今，将军、政府官员以及商人都曾将重要资料或文件冠以"机密"这样的字眼以保护它们。同样这些人还会雇用间谍来获取对手的秘密信息。今天的间谍仍旧生活在危险中。

喇合用一根红绳子
将窗户做了标记

约书亚看着耶利哥的
城墙坍塌下去

《圣经》里的间谍
《圣经》里的一个故事讲述了间谍如何帮助摧毁了城墙坚固的耶利哥城。攻城军队的统帅约书亚派了两名间谍潜入城中，他们隐藏在妓女喇合家中。约书亚的军队摧毁城池的时候放过了喇合和她的家人。

埃及间谍
年轻的埃及女王安克苏纳蒙在她的丈夫图坦卡蒙死去后，写信给邻国的国王要过继一个成年继承人。可是，邻国的国王却将他的属下作为间谍派遣过去以刺探女王的虚实。

亚历山大大帝

马其顿国王亚历山大大帝(公元前356—公元前323）通过间谍查清敌军的动向，探明最佳的行军路线。亚历山大的间谍在以螺旋形绕在一根棍棒上的狭窄纸张上书写。将纸张从棍棒上拿下后就打乱了所写文字的顺序。将纸张再次绕到同样的棍棒上就能够轻易看懂上面的字。

蒙古人的间谍

间谍帮助成吉思汗（1162—1227）征服了亚洲的绝大部分。成吉思汗来自中亚地区的蒙古国。他精明地从他要征服的民族中招募间谍，而这些本地的间谍能够行动自由地搜集情报。

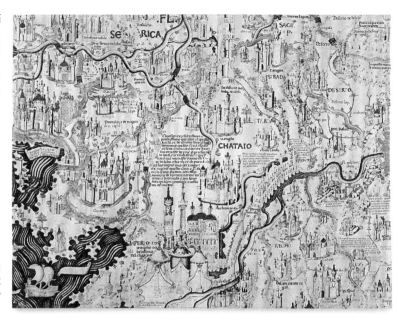

1459年的中国北部的契丹局部，当时是蒙古国的一部分

这幅贝叶挂毯实际是一幅70米长的亚麻布上的刺绣

带图案的手包隐藏着照相机镜头

隐身于人群

在男人容易引起怀疑的场合女人常常可以不惹人注意。战争时期，几乎所有的年轻男人都投身军队。在这幅二战期间（1939—1945）执行任务的荷兰间谍的照片中，一个女人正在用隐蔽的照相机拍照。

丹尼尔·克雷格饰演詹姆斯·邦德

为后世而记载

这幅贝叶挂毯展示了发生于1066年英格兰的黑斯廷斯战役中的间谍。挂毯记录了一支来自法国西北部的军队如何在诺曼底的威廉（1028—1087）的率领下征服了英国。英国间谍报告说发现了数以千计的短发无须的男人。在当时的英国，除教士之外所有的男人都留胡须和长发。事实上，这些"教士"却是士兵。

小说中的间谍

代号007的间谍詹姆斯·邦德是英国作家伊恩·兰开斯特·弗莱明（1908—1964）所著13部小说及改编的电影中的主人公。弗莱明本人曾经就是一名间谍。他本人的间谍事迹比起虚构的007毫不逊色。

间谍面面观

间谍们的背景各有不同，有的是主动投身于间谍生涯，有的是因为能接触到机密信息而被间谍机构看中并招至麾下。在间谍的世界里，金钱是投入这种生涯最常见的诱因，但是有些间谍则是出于坚定的信念。还有人做间谍是因为受到敲诈而不得不为之，另外还有人做间谍是因为这能使他们感觉自己举足轻重。卧底是指在目标组织中工作或服务的间谍，以此方式他们能够渗透到某个职位而获取情报。

游吟诗人
这些中世纪的游吟诗人游走于不同的城堡之间。有的吟游诗人倾听宫廷里的闲谈，之后去到另一个国家时将所听到的信息传于他人。

沃克尔走在维也纳街头，而苏联特工确定他未被盯梢

沃克尔1978年一次维也纳之行接到的书面指示中提到的建筑物（地图上用红色箭头标出）

说者无意，听者有心
这张战时海报警告英国公民不要闲谈正在服役的儿子和丈夫的事情。倾听别人交谈的巴士乘客或许是间谍，会将听到的军队调动的细节报告给敌人。

线人被捕
法国驻莫斯科大使莫里斯·德让无意中雇用了两名间谍做司机和女佣。他们以敲诈勒索为手段想使他成为一名"卧底特工"。

毛遂自荐的沃克尔
美国人约翰·沃克尔为美国海军工作，却在17年间将情报卖给苏联人。他的苏联幕后操控人通常指示他去奥地利维也纳，以便付给他酬金并培训他。

这些衣着华美的俄国外交官是沙俄特权贵族的成员

业余间谍

商人们去国外旅行时常常眼观六路，耳听八方。这些"业余间谍"正从迦南返回自己的家园报告他们的所见所闻。

伊拉克设计这种"超级大炮"以打击数千千米外的目标

间谍和超级武器

20世纪80年代，一个名叫杰拉尔德·布尔的加拿大人得到西方情报机构的支持，向伊拉克提供这种据认为能打到伊朗和以色列的"超级大炮"的部件。布尔于1990年被暗杀。

中情局里的鼹鼠

鼹鼠这个绰号用来指那些一面服务于一个情报机构，一面却秘密为另一个情报机构工作的间谍。

宫廷间谍

从事间谍活动在每个国家都是违法的。然而，外交家们，就像这幅16世纪木刻画中这些人物一样，拥有从事间谍活动的有利身份。如果被捕，他们外交官的身份能够在国际法的框架下保护其不受惩罚。事实上，只有极少数的外交官充当间谍。更多的外交官担任情报官员——他们以外交官身份掩护、招募并控制为其效力的间谍。

奥地利大公马克西米连宫廷中的外交官和商人

秘密装备

间谍常常依赖一些秘密工具、装置和武器，帮助他们窃听或偷拍，以及顺利逃脱或掩盖痕迹。虚构间谍詹姆斯·邦德在执行一项危险任务之前，会去拜访"Q"先生，后者就提供给他绝妙的装备。这位"Q"先生的原型是发明家查尔斯·弗雷泽·史密斯（1904—1992），他于第二次世界大战期间为英国情报机构设计装备。邦德系列小说中并没有"Q"先生，只是在电影中才加进去的。其他组织也拥有同样富于创造力的间谍设备设计者。例如，斯坦利·洛弗尔（1890—1976）就在二战期间为美国战略情报局（OSS）提供间谍装备。

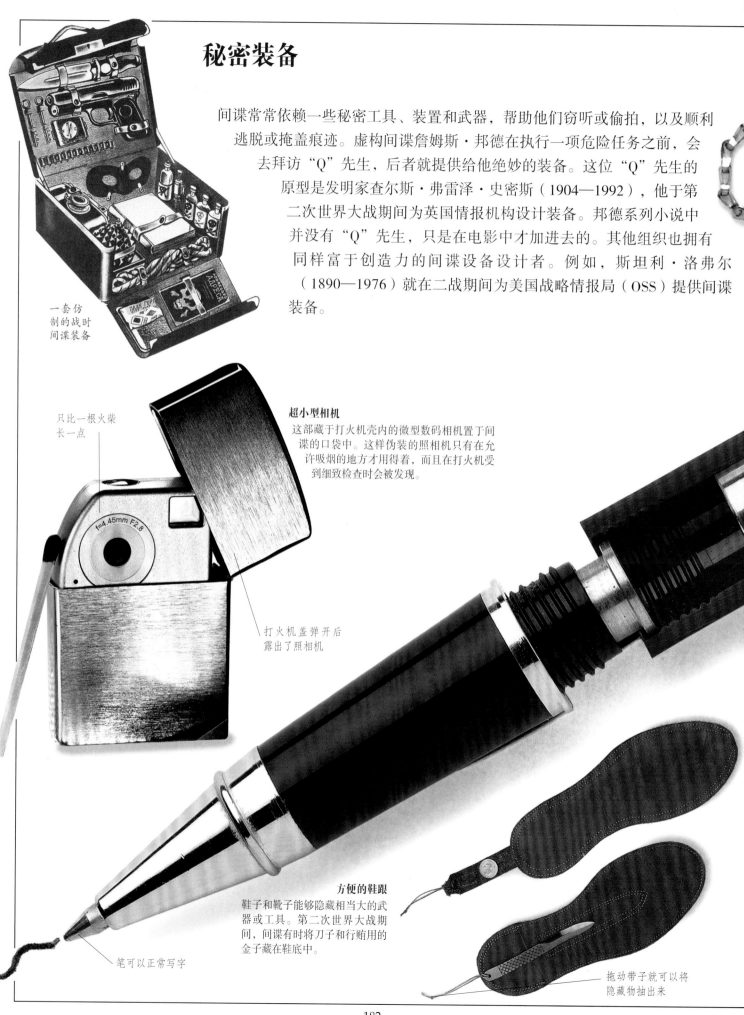

一套仿制的战时间谍装备

超小型相机
这部藏于打火机壳内的微型数码相机置于间谍的口袋中。这样伪装的照相机只有在允许吸烟的地方才用得着，而且在打火机受到细致检查时会被发现。

只比一根火柴长一点

打火机盖弹开后露出了照相机

笔可以正常写字

方便的鞋跟
鞋子和靴子能够隐藏相当大的武器或工具。第二次世界大战期间，间谍有时将刀子和行贿用的金子藏在鞋底中。

拖动带子就可以将隐藏物抽出来

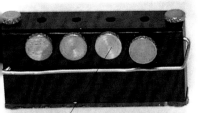

打开针孔后
这种照相机可以
拍四张照片

曝光须持续数分钟，因此
只有像建筑物之类的固定
物体才适合拍照

麦克风传声管

针眼照相机
一些最微型的间谍照相机使用针孔
而不是镜头。20世纪80年代
克格勃特工使用这种照
相机。

窃听笔
这支笔藏着一个能偷听近旁谈
话的麦克风。一个微型发射器将信
号以超高频无线频率发送出去。信号的
强度不高，但是足以让坐在500米外的车中
的同谋能凭借信号接收器听清谈话并记录下来。

笔体隐藏着信号
发射器

"刷"出活路
所有间谍都有被捕的危险。因
此第二次世界大战时期间谍们
将逃生工具藏于这种毛刷之类的
物品中。一个空格间装着一把用
来割断牢房铁窗的锯子、一张敌
占区的地图和一个罗盘。

拽着刷毛可将空格
间的"盖子"打开

笔管中装有最多
可用六个小时的电池

微型锯刃

罗盘
罗盘指针

藏在毛刷
中的工具

轻松进入
进入一栋上锁的建筑物最稳
妥的做法是贿赂雇员将门锁
打开。这种手段不可行时，
间谍会尝试使用像这样的形
状特别的工具撬锁。

将一根钩状细
杆插入锁中，
轻轻旋动，就
可撬动固定锁
簧的杠杆

地图印在薄纸上可以
折叠得很小

刷子底部是空的

这种形状特别的
工具就是撬锁器

撬锁器组合可帮
助特工对付大小
不一的锁

撬锁杆可折叠
放入刀柄中

扑克牌中的奥秘
第二次世界大战中，藏在一
副扑克牌中的地图被偷运至
战俘营的囚犯手中。撕开每
一张扑克牌会显露出整幅地
图的一小部分，然后如拼图
玩具一般合到一起。

见所不能见

视频监控是训练有素的情报人员的拿手戏。他们用眼睛和照相机搜集情报，或为了搜集情报而敲诈他们的敌人。他们利用技术手段使自己的目光更敏锐。望远镜使他们更清晰地看到私密的场景，而夜视装备可将烛光朦胧的卧室中发生的事情拍成照片。

管闲事儿的邻居
装备精良的间谍不需要伸长了脖子窥探别人。

放大
有时候间谍机构利用市场上买得到的装备，例如这部装有放大镜头的高分辨率35mm照相机。监控专家从公寓窗口或屋顶这样的固定观测点，或者安装在汽车上通过活动观测点远距离拍摄目标。

当场被捉
如果拍摄对象处于比较暗的环境中，监控拍摄需要有红外胶片和隐藏的红外光源，或者利用环境光线的夜视镜头。红外光线能够拍出更清晰的文件，但是容易被反间谍装备探测到。环境光线不会被探测到，但是由于不能记录色彩，所拍照片有一种怪异的绿光。

间谍正在使用夜光笔

增强图像的滤镜

相机后方的屏幕让使用者在离开现场之前方便查看图像

图像储存在壳体内部的一张可拆卸存储卡上

普通镜头拍下了整个街市

强大的300mm镜头有针对性地从人群中选出两个人

两节小电池可以整个夜晚为夜视镜提供电源

成像管使光增加50000倍的亮度

目镜可以根据每个间谍的不同视力加以调整

看透黑暗

夜视镜使间谍能够在非常暗的光线中看清事物。在完全的黑暗中，佩戴夜视镜的人可以看到被红外线手电筒照得雪亮的场景。成像管将来自照相机镜头的光子转化为电子。电子快速打到荧光屏上，形成一个亮点。荧光屏上就形成了一幅被拍摄场景的更明亮的复制品。

OH 1×20

双镜头使间谍能够判断距离

镜头形成和实物同等大小的影像，因此所拍场景不会被扭曲，而且夜视镜可用于夜间驾驶

结实的替带可支撑沉重的夜视镜

夜视镜的侧面图

虚虚实实

19世纪法国的间谍们用这种貌似普通的双筒望远镜监视他们的对手。其中一个镜头可以起到普通双目镜的作用。另一个镜头后面，一个角度镜使人能够清楚地看到侧面所发生的事情。今天类似的装备伪装成一个镜头罩，使间谍能够将照相机对着前方时拍摄侧面的事物。

变焦镜头的作用类似望远镜

真镜头

调焦轮

假镜头

真镜头在里面

角度镜孔

185

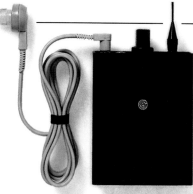

窃听器与窃听

有了窃听手段，对间谍们而言没有任何谈话是真正私密的。窃听器通常是非常小的，一般包括麦克风、电源、发射器和天线。间谍将无线电接收器调到适当的频率就能够听到窃听器接收到的各种声音，即使他身处别处。在窃听电话时，电话窃听器能够起到同样的作用。数字录音设备使监控窃听轻而易举。当有声音时，录音自动开始；在片刻的寂静之后，录音自动停止。

发送……
一个基本的窃听器能够做得非常小。这个窃听器和火柴盒一般大小。

……接收
这部袖珍接收器接收来自窃听器的信号，再将其转发到耳机或磁带录音机。它的电池能够用一星期。这种窃听器可以用完就扔。

被发现藏于图章内的长20厘米的窃听器

大使馆图章
作为苏联赠送的礼物，这方美国鹰饰图章复制品装饰着美国驻莫斯科大使馆。事实上，这方图章里藏有一部精巧的窃听器。声音会使图章内的一个弹簧发生振动。附近建筑物里的间谍能够用雷达探测到这种振动并破译。

中情局特工内藏麦克风的手表

几点了?
这块中情局情报人员的手表内藏着麦克风。但是1977年美国驻莫斯科大使馆的一位官员却招致了怀疑，原因就是他拜访克格勃总部时戴着两块手表。

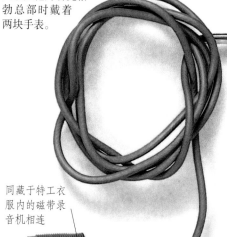

同藏于特工衣服内的磁带录音机相连

电话窃听
电话窃听比普通窃听更容易，因为间谍不需要进入被窃听的房间。除非有一个接线总台，电话窃听器可以装于电话机和交换机之间的任何位置。

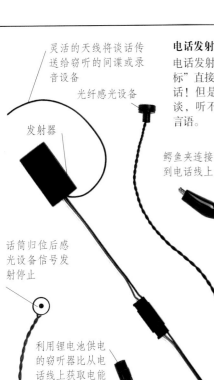

灵活的天线将谈话传送给窃听的间谍或录音设备

光纤感光设备

发射器

电话发射器

电话发射器的优点是："窃听目标"直接拿起话筒对着发射器说话！但是间谍只能听到电话交谈，听不到房间内的任何其他言语。

鳄鱼夹连接到电话线上

这个部件用来设定发射频率

话筒归位后感光设备信号发射停止

利用锂电池供电的窃听器比从电话线上获取电能的窃听器更难以被发现

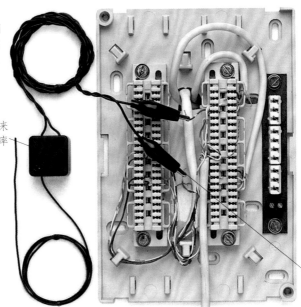

搭线窃听器直接连接到电话线上

搭线窃听

有时可以通过在电话线的接线盒中再接出一条线路来窃听某条电话线。

用夹子连接到选定的电话线上的电话窃听器

电话窃听器

在一栋布满分机和电话交换台的办公大楼内，间谍需要在每一条通往外面的线路上安装窃听器，并筛选许多个小时的磁带录音，只为了听到短暂的电话交谈。可以更有效地解决窃听问题——在一条特定电话线上装上窃听器。

微处理器从感光设备接收信号并启动发射器

移动窃听器

当今的移动电话是基于软件的，因此可以发送包含恶意代码的信息。这些代码一旦被接收，就会控制手机，使其通话被数字化监控并通过使用者的邮件和文件副本转发至窃听者的秘密网址。

间谍软件可远距离激活扬声器

在地图上的红点显示了使用者的位置

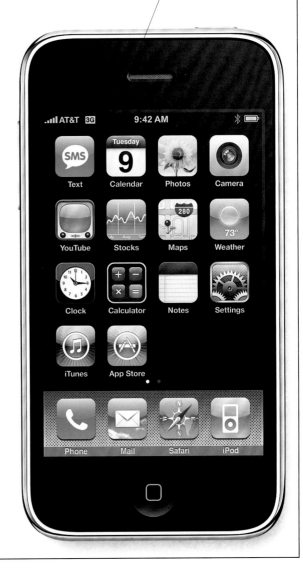

保持联系

任何时间一部手机打开后，它都能够被当局准确定位，而其使用者的活动也能够被追踪。间谍有时候改动手机中的软件，使其能够秘密跟踪监控目标的位置和行动路线。

GPS卫星定位软件被安装在大多数新款手机中

监听

窃听器的适用范围不是无限度的。接收距离由以下因素决定：发射器功率，阻挡信号的障碍物，以及本区域其他无线电使用者的信号干扰的程度。低功率窃听器总是更受欢迎，因为较弱的信号使反间谍机构更难以探测并定位窃听器。接收站可以位于一座邻近的建筑物中——一辆停下的车中，甚至是间谍的口袋里。特工使用无绳耳麦和不同的监听频率来监控并协调目标区域周围的活动。

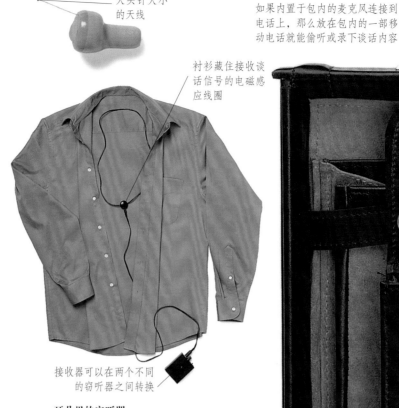

大头针大小的天线

衬衫藏住接收谈话信号的电磁感应线圈

如果内置于包内的麦克风连接到电话上，那么放在包内的一部移动电话就能偷听或录下谈话内容

接收器可以在两个不同的窃听器之间转换

耳朵里的窃听器
线路藏在衬衫下面，窃听设备放入耳朵里看起来就像是助听器。围绕着特工脖子的线路将来自口袋里的接收器的信号予以放大后送入耳中的磁场。

佩戴窃听器
藏在间谍衣服里的窃听器发出的无线电信号容易被操作窃听器探测设备的反谍报特工发觉。一个微型录音机可以解决这个问题，因为它不会发出无线电信号。

使用者利用麦克风上的遥控开关启动它

更好的接收效果
这部由电池供电的窃听器同一台便携式录音机连接起来以用于无人照顾的监听。一个利用它接收来自电话窃听器信号的特工只需要偶尔回来给设备换一换磁带。

拉杆天线

耳麦插孔

汽车电池能够长时间为接收器供电

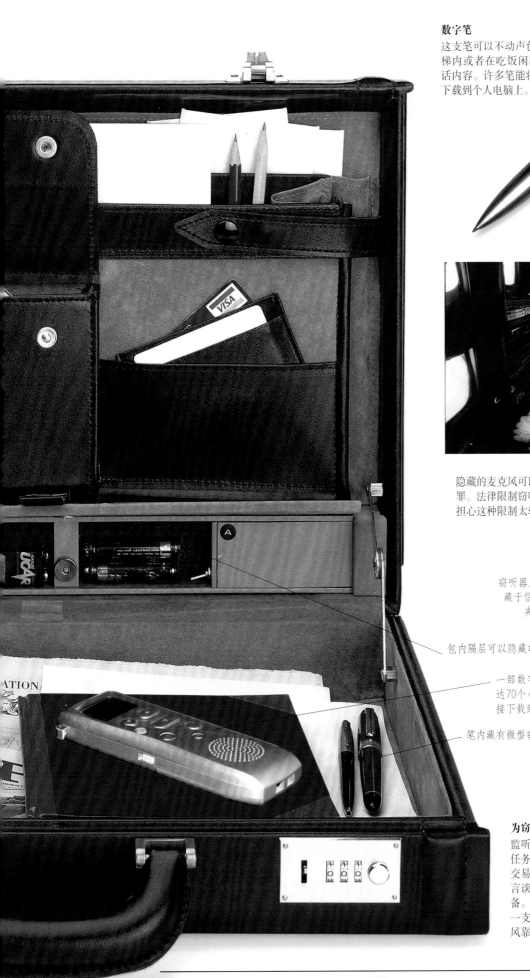

数字笔

这支笔可以不动声色地在办公室中、在电梯内或者在吃饭闲聊时录下交谈和电话内容。许多笔能将声音文件直接下载到个人电脑上。

笔内藏有一个微型数字录音机，大约可以录12个小时，并且能够通过遥控操作

监视

隐藏的麦克风可以被合法用于调查威胁国家安全的犯罪。法律限制窃听器的使用，但是一些公民权利团体担心这种限制太软弱。

窃听器只有4毫米厚，可藏于信用卡后面，或者夹在两页日记之间

包内隔层可以隐藏电源和电子发射器

一部数字录音设备能储存多达70个小时的谈话，之后直接下载到电脑上

笔内藏有微型窃听器

为窃听辩护

监听会议是政治和工业间谍司空见惯的任务。在公文包内装置窃听器是为秘密交易留下长久记录的一种审慎的方式。言谈能够被记录或发送至外面的监听设备。手机可以用来记录或监听谈话，而一支窃听笔不会招人耳目，还能使麦克风靠近说话人。

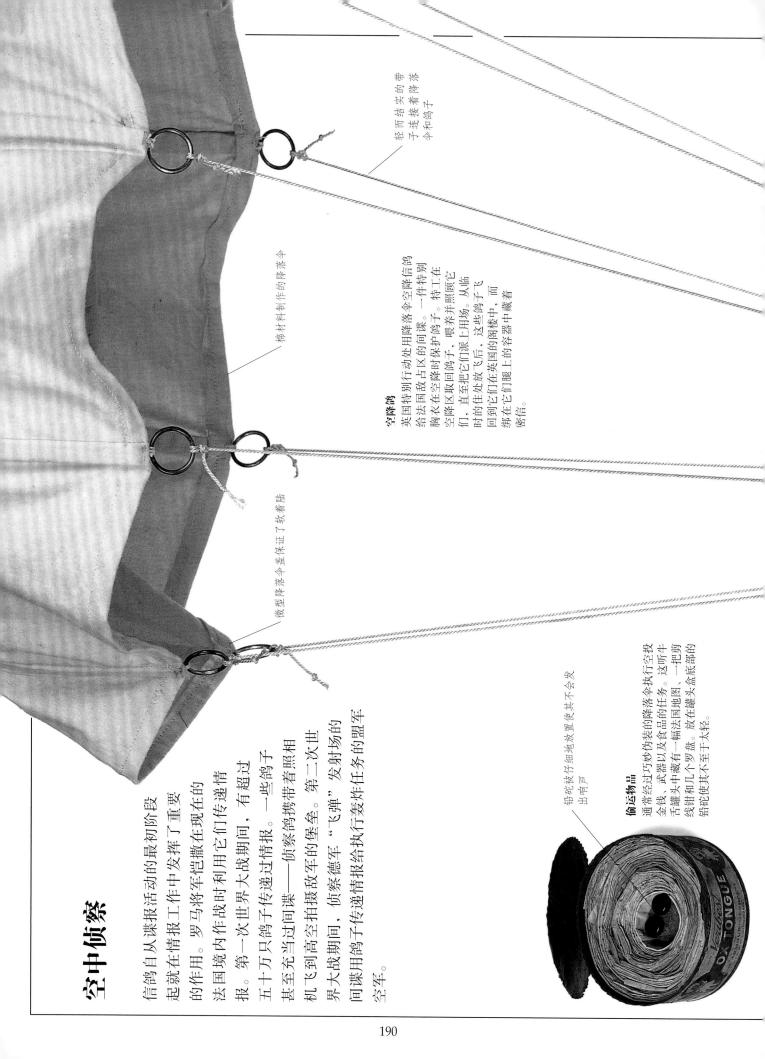

空中侦察

信鸽自从谍报活动的最初阶段
起就在情报工作中发挥了重要
的作用。罗马将军恺撒在现在的
法国境内作战时利用它们传递情
报。第一次世界大战期间，有超过
五十万只鸽子传递过情报。一些鸽子
甚至充当过间谍——侦察鸽携带着照相
机飞到高空拍摄敌军的堡垒。第二次世
界大战期间，侦察德军"飞弹"发射场的
间谍用鸽子传递情报给执行轰炸任务的盟军
空军。

轻而结实的带子连接着降落
伞和鸽子

棉材料制作的降落伞

微型降落伞盖保证了软着陆

空降鸽

英国特别行动处用降落伞空降信鸽
给法国敌占区的间谍。一件特别
胸衣在空降时保护鸽子。特工在
空降区取回鸽子，喂养并照顾它
们，直至把它们派上用场。从临
时的住处放飞鸽子，这些鸽子飞
回到它们在英国的阁楼中，而
绑在它们腿上的容器中藏着
密信。

铝饭装过仔细地放置使其不会发
出响声

偷运物品

通常经过巧妙伪装的降落伞执行空投
金钱、武器以及食品的任务。这听牛
舌罐头中藏有一幅法国地图，一把剪
线钳和几个小罗盘。放在罐头盒底部的
铅砣使其不至于太轻。

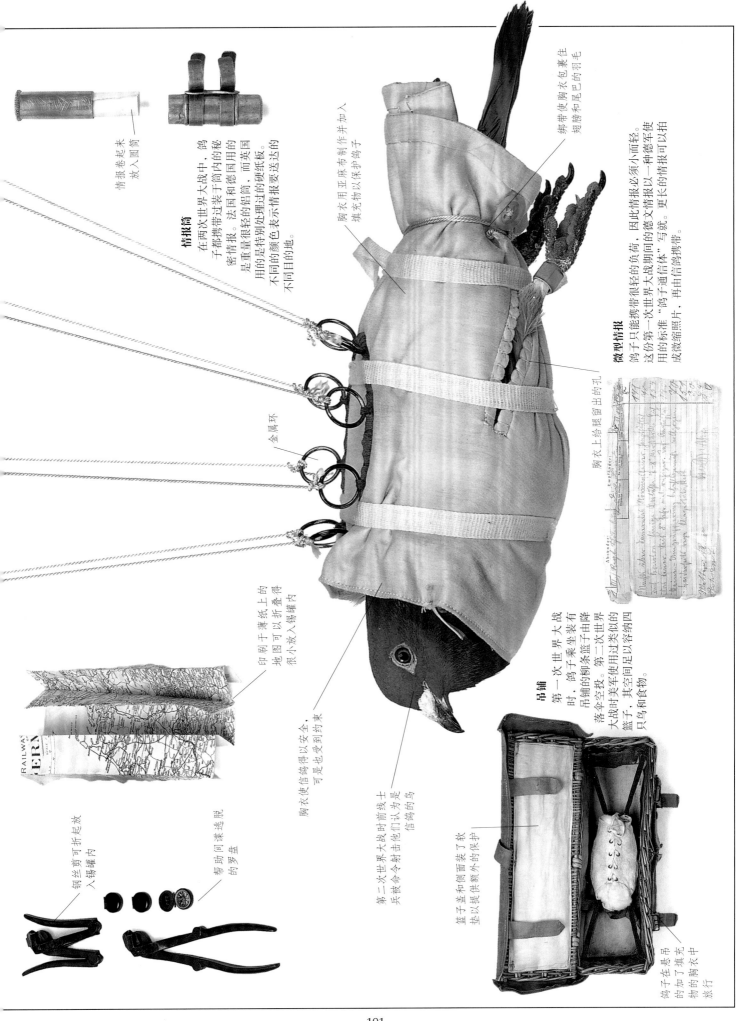

情报筒

在两次世界大战中，鸽子都携带过装于筒内的秘密情报。法国和德国用的是重量很轻的铝筒，而英国用的是特别处理过的硬纸板。不同的颜色表示报要送达的不同目的地。

情报卷起来放入圆筒

绑带使胸衣包裹住翅膀和尾巴的羽毛

胸衣用亚麻布制作并加入填充物以保护鸽子

微型情报

鸽子只能携带很轻的负荷，因此情报必须小而轻。这份第一次世界大战期间的德文情报以一种军使用的标准"鸽子通信体"写就，更长的情报可以拍成微缩照片，再由信鸽携带。

金属环

印刷干薄纸上的地图可以折叠得很小也放入锡罐内

胸衣上给腿留出的孔

胸衣使信鸽得以安全，可是也受到约束

第一次世界大战时前线士兵被命令射击他们认为是信鸽的鸟

钢丝剪可折起放入锡罐内

帮助间谍逃脱的罗盘

吊铺

第一次世界大战时，鸽子乘坐装有吊铺的柳条篮子由降落伞空投。第二次世界大战时美军使用过类似的篮子，其空间足以容纳四只鸟和食物。

篮子盖和侧面装了软垫以提供额外的保护

鸽子在悬吊的加了填充物的胸衣中旅行

191

动物间谍

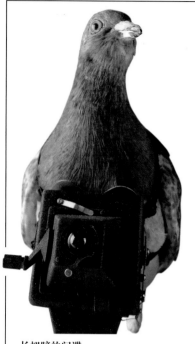

在过去的一百年中，军事和情报机构曾经训练过动物来辅助甚至取代人类间谍或士兵的工作。一般来说，它们接受训练来传递秘密情报或执行侦察任务，但是有时候它们执行人所不能胜任的任务，比如在下水管道中铺设窃听线路或通过气味追踪敌方特工。20世纪70年代，中情局实验过机器人蜻蜓，而今天科学家们正在试图将芯片植入活的飞蛾体内，使它们成为可以遥控的微型监控设备。

长翅膀的间谍

一战期间，鸽子不仅仅是秘密情报的运送者，而且还肩负飞行侦察的任务。这些鸽子随身携带着微型弹簧驱动的带有电机的照相机，照相机按照预先设定好的间隔时间自动拍摄照片。

通信狗

1917年，这只德国通信狗正在跨越一条壕沟。狗在野外跑得比人快三倍，并且在天太黑，不能发信号的时候，或是雾太大、太潮湿，或太黑，导致鸽子不能飞行的时候，狗就派上了用场。

反潜海鸥

在第一次世界大战中，英国海军上将弗里德里克·英格尔菲尔德爵士想训练海鸥落在德国U形潜艇的潜望镜上，使潜艇上的人变成"瞎子"。但是鸟儿不合作。在第二次世界大战期间，美国海军也曾考虑使用海鸥找到潜艇的位置。但该计划从未实施过。

耳孔里的麦克风

植入皮毛的导线、天线

发射器和电池

小猫特工

1961年，美国中央情报局把电子设备植入一只雌猫，把它变成了一个移动的窃听装置。但是在训练的时候，这只小猫经常偏离路线。最终该项目被放弃，设备也从猫身上去除了，这只小猫的后半生是正常度过的。

中央情报局用死老鼠传信

中央情报局为了在莫斯科的特工之间传递密信，曾经把死老鼠开膛，在其肚子里放上密信、钱、胶卷等，然后把死老鼠扔在莫斯科街头，由特工捡回去。

气味跟踪

在冷战时期，东德的秘密警察训练雄性德国牧羊犬追踪由雌狗分泌的激素气味。这种气味被加入间谍的门垫上。然后，狗就可以在长达三天的时间里跟踪目标。另外一些方法用无菌布，从某个人的汽车座椅或是曾站立过的地方捕捉气味。把采集好气味的无菌布存放在密封的罐子里，多年后仍能用于跟踪目标。

柏林斯塔西（前民主德国国家安全局）博物馆的气味样品罐

老鼠间谍

英国情报部门军情六处的人员曾用老鼠在一个疑似俄罗斯间谍的公寓进行窃听。军情六处的特工训练老鼠，把公寓阁楼里的麦克风上的电线，通过排水管带到下面公寓里的接收器上。

蜻蜓间谍

这款昆虫直升机是20世纪70年代由中央情报局的研发部门开发的微型无人机，用于偷听谈话。这架昆虫直升机于1976年试飞，但是后来发现，在侧风的情况下，这种昆虫直升机很难控制，于是该项目被废弃了。

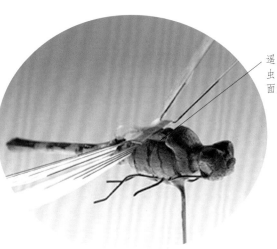

遥控的机器人小虫能够在窗户外面盘旋。

海洋里的特工

美国海军曾使用受过专门训练的海豚和海狮在港口巡逻，寻找地雷、敌方间谍，以及可能会尝试在美国船只上安放炸药的破坏者。海豚还可以被训练来拍摄外国船舶的船体的秘密设计。

飞蛾

仿生蛾

美国政府雇用的科学家已经尝试在一只飞蛾身上植入微型计算机，试图控制它的运动，并使用飞蛾来收集和传输数据。电子传感器把蛾的肌肉振动转化为它身上所载的微型计算机所需的电能。

听筒使特工听到播放的
信号而别人却听不到

欧拉夫·奥
里德·奥
尔森的代
码表

听筒连
接器

频率盘

发射器依靠电网供
电或者靠电池工作

设备装入手提箱
里重达14.5千克

电压
调节器

秘密情报

因为情报会迅速失去价值，所以速度至关重要；而且隐秘性对保护情报和间谍的安全也是必不可少的。间谍可以利用无线电进行远距离的即时联系。可是，任何人只要调到正确的波段就能够截获无线电信号。反间谍机构利用三部接收机能够在几分钟内准确定位并抓获间谍。今天，一部现代的移动电话连接到互联网上就能够复制本页所展示的各种设备的所有秘密通信功能。

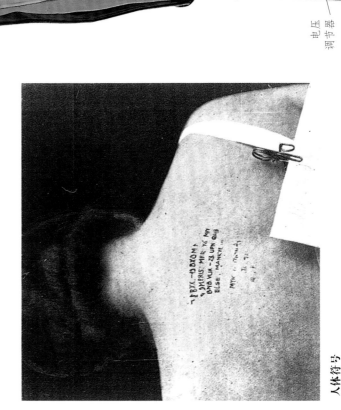

人体符号

第一次世界大战时期，这位比利时情报员将情报用隐形墨水写在了后背上。不幸的是，她的抓捕者发现了情报并处死了她。

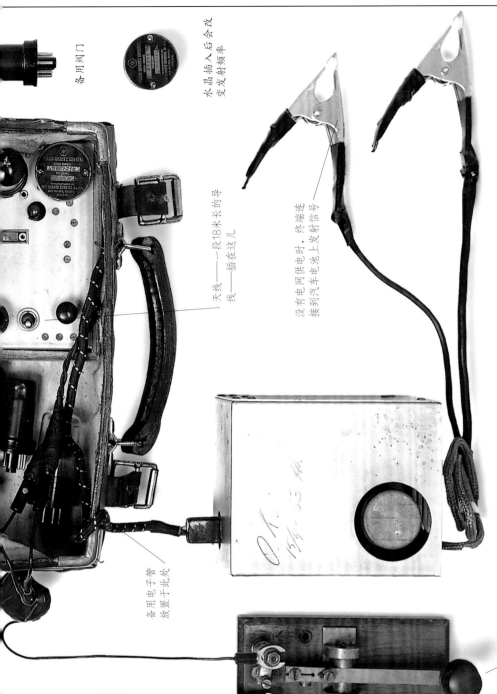

备用阀门

水晶插入后会改变发射频率

天线——一段18米长的导线——插在这儿

没有电网供电时，终端连接到汽车电池上发射信号

备用电子管放置于此处

敲击键盘发出作为密码信息的长短不一的无线电脉冲波

信息能够微缩至句号大小

挪威间谍

当德军于1940年入侵中立国挪威时，欧拉夫·里德·奥尔森受训成为一名无线电的间谍话务员，之后他逃回英国，克里斯蒂安桑海军基地提供给他德国船只活动的细节。奥尔森将情报编成密码，然后用发送到英国。他所用的密码被认为无法破解，因为用以编码成的一套随机数字只有欧拉夫·里德·奥尔森和英国陆军情报六处掌握。

欧拉夫·里德·奥尔森于1944年在他的装备基地使用这部便携式无线电设备。

闪无线电而获罪

彼得和海伦·克罗格在他们家平房的厨房地板下面藏了一部无线电发射器。他们用它向俄国潜水艇他们的秘密发送给俄国人。1961年他们受审时，这部无线电设备就成为他们的罪证。

微点摄影

微点照相机结构简单且小巧易携带。然而，微缩照相对胶卷的曝光和处理非常小心，否则微点照片将无法利用。

微点照相机（实际尺寸）

微点照片

摄影术为间谍提供了一种秘密传递信息的简单方法。用专门照相机将文件拍成照片，间谍可以得到微点照片——是原照片的1/100。这些关于间谍微点照片的文字能够缩小为句号大小。

代码和密码

间谍利用代码和密码通信联系。用代码时，字母、数字或者符号替代了文字或一份情报的全部含义。间谍有时候用莫尔斯电码发送情报，这种电码是由点和线组成的，所有无线电话务员都理解。其他的代码和密码非常复杂，难以破解。密码包含把情报转换为密码的"密钥"。这种密钥可以是数字、词语甚至一首诗。任何人只要掌握了密钥就能够轻易破解密码。如果没有密钥，情报读起来就会毫无意义。

简单的密码
这幅第一次世界大战中用过的漫画人物画像拼出了"Ypres"（位于比利时的一次著名战役所在地）和"8日"这个日期。

密码盘
这个金属密码盘发明于1802年，直径小于6厘米。两个内圆可以旋转至与两个外圆上不同的字母和数字对齐。这就形成了一个简单的易于破解的替代密码。

代码表非常微小，所以伊冯·考尔姆能够很容易地隐藏它

代码表
像这样的表能够把通常使用的词语转化为代码字。这些微型代码表在第二次世界大战期间藏在特别行动处无线电报员伊冯·考尔姆的手提包中。

巴登·鲍威尔出发前已经画了几幅昆虫的素描，以便到达预定地点后可以很容易地改编它们。

蝴蝶素描
在一次到亚得里亚海滨的黑山地区执行搜集情报的任务时，英国间谍鲍威尔装扮成一个蝴蝶收藏者。当他到达预定地点时，他画了一幅落在一根树枝上的蝴蝶的素描。

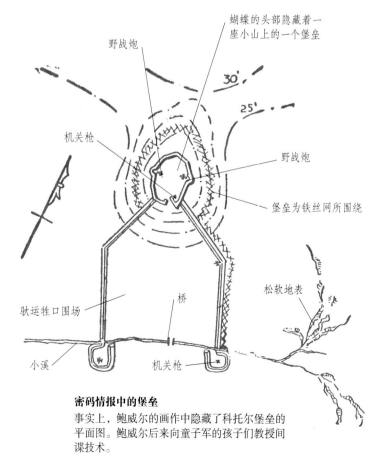

蝴蝶的头部隐藏着一座小山上的一个堡垒

野战炮

机关枪

野战炮

堡垒为铁丝网所围绕

驮运牲口围场

桥

松软地表

小溪

机关枪

密码情报中的堡垒
事实上，鲍威尔的画作中隐藏了科托尔堡垒的平面图。鲍威尔后来向童子军的孩子们教授间谍技术。

皇家密码

苏格兰玛丽女王发送密码情报给她囚牢外面的同盟者。在他们使用的代码中，同样的符号每次出现时都代表同一个字母，因此代码很容易被破解。

快速加密

这部英格玛密码机在20世纪30年代和第二次世界大战期间被德军（上图）和外交官用于情报工作。波兰的特务机关在招募的一名德国密码部门的间谍的帮助下到1938年时破译出四分之三的英格玛密码，并于1939年将破译方法传授给了英国人和法国人。

箱子盖中装有备用电灯泡

符号之间的数字代表人的名字

密信由安东尼·巴宾顿签署，他是刺杀伊莉莎白一世的计划的同谋者

电灯泡在箱子盖上的字母显示窗后面点亮，以指示加密的文字

转子的位置控制着每个字母的加密

转子在每个字母之后旋转，以确保加密模式始终不重复

密码由键盘输入

将插座与插头连接起来会使密码更为复杂

转子和插头能够产生数以亿计的组合

英格玛在工作

在设置好插头和三四个转子之后，英格玛的加密工作是自动化的。按下一个字母键会点亮上面显示屏中的一个不同字母。加密的字母每次都不同。接收密码情报的英格玛机器的破译程序正相反。波兰特务机关提供的那份情报和一台英格玛密码机帮助英国人在一次名为"超级"的行动中破译了绝大多数的英格玛密码，这次行动的内幕直到1972年才得以公开。

截获和破译密码

密码有助于保护秘密情报，但是它们完全不会破坏情报的意义。情报机构招募被称为密码分析员的密码破译者。利用一套替代密码，密码分析员开始计数字母。在英语中，"E"比其他字母使用得更频繁。因此，如果在情报中"W"出现得最多，那么它或许代表"E"。下一步是寻找以"E"结尾的两个字母组成的词。在英语中只有四个这样的词：he、me、be和we。然后密码分析员寻找独立成词的字母——在英语中只有两个这样的单字母词，"A"和"I"。利用这样的技术以及更为复杂的技术，密码分析员能够破译复杂的密码之谜，虽然有时候这要花费他们很长时间。计算机能够加快这个过程。

密码破译人员在工作
英国在第二次世界大战期间的密码破译中心位于伦敦附近的布莱奇利公园，设立于1939年8月。5000多名工作人员一天要对付2000条密码情报。

齐默尔曼电报
这份英国1916年破译的电报是德国人发给他们的墨西哥大使的。它建议墨西哥与德国结成同盟入侵美国南部的三个州。震惊的美国人迅速参加了第一次世界大战并站在了英国人一边。

"邦比"是波兰发明家根据他们当时所吃的邦比冰激凌起的名字

英国皇家海军妇女服务队队员在操作这种机器

像邦比那样干
布莱奇利公园密码破译中心的密码分析员使用了世界上最早的计算机破译密码。两个小时内，一台"邦比"机就能够试验完英格玛密码机所用的转子位置的所有组合。

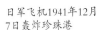
日军飞机1941年12月7日轰炸珍珠港

中了两枚炸弹和七枚鱼雷后,美国军舰西弗吉尼亚号起火燃烧

紫色密码机
日本的紫色密码机使用插接板以生成数量巨大的密钥。紫色密码机用电话接线盘代替了英格玛机器中的转子。一组美国密码分析员通过制造紫色密码机的复制品破译其密码。

珍珠港预言
通过破译紫色密码,美国密码专家预测1941年12月7日日本人将要发动攻击。间谍达斯科·波波夫有一份有关珍珠港的微点照片,而且理查德·佐尔格曾经预言日本人将要向南面进攻。清晨六点对夏威夷珍珠港的灾难性突袭发生了。

夫妻组合
俄罗斯出生的美国人威廉·F.弗里德曼(1891—1969)领导美军通信情报部门破译了日本人的紫色密码机密码。在20世纪20年代,他的妻子伊丽莎白在禁酒时期破译了朗姆酒走私者的密码。

密码破译的先驱者
赫伯特·奥斯本·亚德利(1889—1958)是一位杰出的密码破译专家,还是第一次世界大战及后来美国密码破译领域的先驱者。他筹建了以"黑室"而闻名的美军情报部队,专门破译外国情报。

赫伯特·亚德利的特别通行证

"死去的士兵"
1943年,一位溺水而亡的英军少校的尸体在西班牙被冲上了岸。他随身携带的文件描述了盟军进攻希腊和撒丁岛的计划,于是德军将部队迅速调集到那儿。事实上,"马丁少校"只是一位死于肺炎的平民。德国人只留下很少的兵力在西西里,而这才是盟军的真正目标。

塞在衣兜里的戏票票根使少校的故事完美无缺

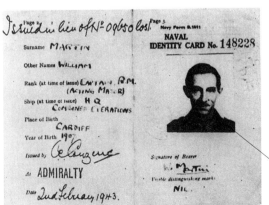

被情报人员塞入"马丁少校"衣兜里的伪造的身份证

相貌与"马丁少校"相仿的一个活人的照片

隐藏

斗篷和匕首是密探的传统标记。间谍将匕首藏在斗篷之下，而斗篷代表秘密、伪装和隐藏。有些间谍选择更为奇异的伪装——路易十五的间谍戴戎爵士许多年装扮了女人。对于一个现代间谍而言，伪装同样是必须的。今天的间谍力图身处人群中不引人注目。间谍还选择一些平常之物藏东西。通过将信息最小化，间谍们能够将其藏于较小的物体中。大型的物体比较难于藏匿。但是聪明的间谍能够隐藏重型设备、坦克发动机，甚至被绑架的人。

间谍戒指
微点照片可将文件缩至一个句点大小。第二次世界大战中，英国间谍将文件藏在这枚空心戒指内。

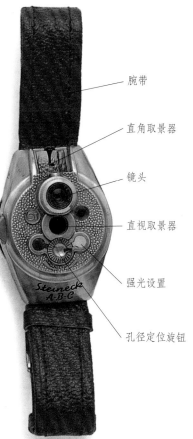

腕带
直角取景器
镜头
直视取景器
强光设置
孔径定位旋钮

请微笑！
早在1893年间谍们已开始用怀表模样的照相机拍照了。这种手表模样的照相机启用于1948年。在它直径25毫米的胶片盘上能拍摄8张照片，每一张只有指甲大小。

皇家啤酒桶
被英格兰女王伊丽莎白一世囚禁期间，苏格兰女王玛丽（1542—1587）将加密文件封于不透水的袋子塞进啤酒桶中运给支持者。回信也是同样的方式。她的"邮递员"双料间谍吉尔伯特·吉福德，出卖了这个计划。

苏格兰女王玛丽

桶里装满啤酒时会用木塞子封住

电池提供1.5伏电

空隔间大得可以容纳一卷胶卷

数字岩石间谍
将情报放在秘密传递点比安排和一个间谍见面更为安全。英国情报机构利用这种隐藏于假岩石里面的数字化的秘密情报传递点来接收、储存并重新发送信息给在莫斯科的间谍。

磁铁抓住底部把它旋开

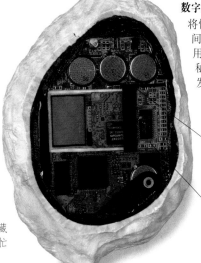

三块圆形扁平电池为电路供电

同间谍的手机秘密联系的小型集成电路

这块假岩石隐藏于一条交通繁忙的道路旁

电池包括在内
这个独创性的隐藏处里面有一个小电池。在它的底部有一个秘密的空间。

杜科斯伪装成皮尔托夫斯基同志

杜科斯伪装成一个生病的知识分子

杜科斯伪装成一个长着胡须的工人

杜科斯伪装成一个癫痫症患者

戴戎爵士当时的画像

戴戎抱怨说他有时会忘记自己究竟佩戴着女人的头饰还是男人的头盔

羞涩的女人

戴戎爵士（1728—1810）是一名高超的剑术家和律师。他于1756年开始了为法国国王路易十五做间谍的职业生涯。他在俄国宫廷装扮成女人以博得俄国女皇的信任，而且还担任着英国人的双料间谍。他晚年时以一个女性的身份住在伦敦。

间谍ST 25

保罗·杜科斯作为英国驻俄罗斯情报部门的头目成了一名伪装专家。1917年俄国十月革命时他正在莫斯科。遭到契卡（秘密警察）的追捕时，杜科斯竟然伪装成皮尔托夫斯基同志——一个契卡头目。

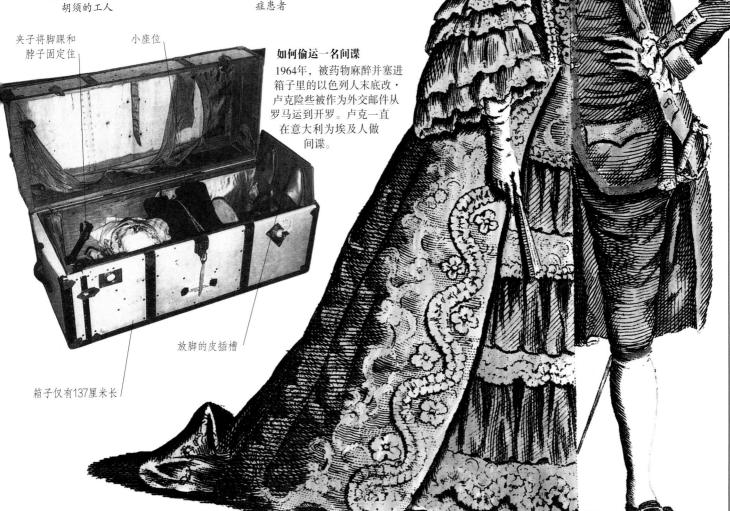

夹子将脚踝和脖子固定住

小座位

如何偷运一名间谍

1964年，被药物麻醉并塞进箱子里的以色列人末底改·卢克险些被作为外交邮件从罗马运到开罗。卢克一直在意大利为埃及人做间谍。

箱子仅有137厘米长

放脚的皮插槽

战时间谍

行进中的军队要依赖老练的士兵勘察前方的地形，并判断敌人的实力。穿着军装公开行动的侦察兵如果被捕，将在牢狱中度过余生。于是，战时间谍便乔装打扮以逃避追捕，并且秘密地搜集情报。因此任何身着便装在敌占区被捕的人将被作为间谍受审，而且惩罚——通常是处死——是立即执行的。尽管处罚这么严酷，每次战争中都有间谍的身影。18世纪的普鲁士国王腓特烈大帝甚至为他所雇用的间谍之多而夸口："一百个间谍走在我的前面！"

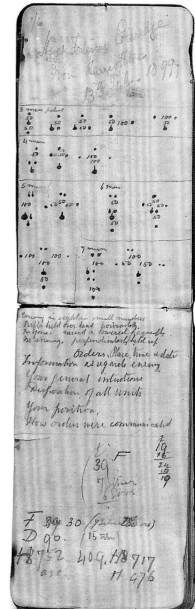

柯勒律治少校1899年7月13日的日记

间谍之死
约翰·安德烈少校（1751—1780）在美国独立战争时期（1775—1783）被作为间谍处死。他去和美国的叛徒本尼迪克特·阿诺德（1741—1801）会面，后者是守卫哈德森河谷的西点要塞的指挥官。阿诺德想把要塞献给英国人，于是他把行动计划的细节交给了安德烈。安德烈被美方的民兵组织抓住了。这名英国间谍于1780年被绞死。

南方美女
在美国内战（1861—1865）中许多女人担任过间谍，而贝尔·博伊德（1844—1900）则成为南方邦联军中最著名的间谍之一。她从住在她弗吉尼亚家中的北方联邦军军官的口中获悉到军事秘密，然后冒着炮火将情报送到南方领导人手中。

间谍头子
当内战使美国一分为二时，亚伯拉罕·林肯邀请一位私家侦探帮助联邦军队搜集情报。苏格兰人艾伦·平克顿（1819—1884）这位著名侦探机构的头子曾经挫败过一起针对林肯总统的刺杀行动。不幸的是，平克顿不熟悉战争，他于1862年辞去了林肯的间谍首脑一职。

柯勒律治少校用以隐藏情报的空心子弹

和布尔人作战

在布尔战争（1899—1902）中，英国军队力图控制位于现在南非的田地和黄金。他们的敌人，是荷兰白人定居者的后裔。柯勒律治少校是为英军服务的间谍，他的日记记载了布尔人防御工事的细节。

卡通画上的抓捕

第一次世界大战（1914—1918）期间，间谍们通常在远离前线的区域行动，比如在瑞士和荷兰这样的中立国家。尽管如此，公众对间谍和他们所作所为的恐惧还是启发了许多卡通画画家。

柯勒律治于1900年发出电报要求更多的资金

林肯（中）在安提塔姆战役的灾难后开除了他的将军（左）

1862年9月17日，由于错误的情报12000名联邦军人死于安提塔姆战役，平克顿（右）辞职

法国出生的维奥莉特·萨博是英国特别行动处最好的射手。

勇敢的突击队员

维奥莉特·萨博精通法语，还是一位高超的步枪射手。第二次世界大战期间，英国特别行动处要招募她，她同意了，因为她的丈夫埃迪安（上）在北非为英国作战时牺牲了。她在法国第二次执行特别行动处的任务时被捕了。维奥莉特·萨博在德国战俘营被处死。

好得令人难以置信

第二次世界大战中最聪明的间谍代号为"西塞罗"，他为德国做过间谍工作。他是阿尔巴尼亚人，真名叫艾尔伊萨·巴兹那。在担任英国驻土耳其大使的贴身男仆时，他打开了大使馆的保险箱，将密码、英国间谍名单以及盟军进攻欧洲的计划拍了照片。德国领导人都不相信这些文件是真的，但他们还是付给了他一笔钱——全部是假币。

乔装改扮

通过装扮成一个保姆，"安妮特"混过了法国南部的一个战时关卡。"安妮特"的真实身份是无线电话务员伊冯·考尔姆，她靠编造经历在一年中免于被捕，并且传送了400多份秘密情报。在英国，特别行动处训练间谍们，让他们熟记为其准备好的有关过去经历的故事。然后特别行动处将他们用降落伞或者小艇投放到法国。

苦涩的药丸
一些特别行动处的间谍随身带着能够在数秒钟内致人死命的毒药丸。没有一个间谍用过它。

仿制的法国火柴盒

小折刀
男女间谍们都随身携带着小折刀以备不时之需。

性命攸关的定时
小心谨慎的间谍不会在一个约定会面地点等待超过几分钟的时间。

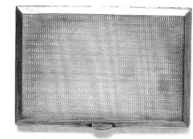

分手的礼物
特别行动处的间谍在出发去执行一项任务前会收到一份珍贵的礼物。如果这个间谍被一个敌方的贪官抓获，这可以作为行贿的物品。

钱包　　粉盒

微型地图
战时间谍利用地图筹划破坏活动。一份丝绸地图（上）可以折叠得很小从而易于隐藏。

微型电报键
莫尔斯电码键小到足以轻易地藏在手提包里。

镜子

插入式调谐
伊冯·考尔姆带着各种各样的晶体管。她能够使她的特别行动处无线电设备调谐到正确的波长。

代码表

手提包中的隐藏处
在伊冯·考尔姆的手提包的衬里和外层皮面之间有一处秘密隔层，在这里藏着代码表和传递的计划。

衣服必须根据20世纪40年代的法国式样剪裁

特别行动处会仔细地除掉间谍衣服上所有的英国标签

一个扮作小职员的间谍应该戴一顶这样的朴实而廉价的帽子

伊冯·考尔姆破旧的皮手提包

手提包要与伊冯·考尔姆的伪装身份吻合——一个社区护士

袜子可以被特别行动处间谍作为行贿物品，因为羊毛织物在战时非常稀缺

小山羊皮鞋子

伊冯·考尔姆，特别行动处无线电话务员

多件这样的物品属于伊冯·考尔姆，这个假名为"安妮特"的特别行动处间谍。她于1943年通过降落伞潜入法国，作为一名无线电话务员执行任务。伊冯·考尔姆知道何时值得冒险。尽管绝大多数无线电话务员每天都转移他们的无线电设备以免被捕，但是她却觉得从同一个地方连续六个月发出情报是安全的。透过窗户她能够发现5千米外的信号侦察车。

间谍，鼹鼠，背叛者

双料间谍实际上是"受到控制的敌方间谍"。在间谍战中，他们不是为两个老板服务，而是只为一方服务，欺骗另一方，获得信任，并借机窃取其秘密。做一名双料间谍非常危险。如果被抓获就别希望得到宽大处理。双料间谍可以是主动自愿的，或者是先被反间谍机构揭穿了真面目然后又被策反了。他们的新主人给他们提供虚假然而可信的情报，双料间谍就把这种假情报交给自己的原主子。背叛者是指离开自己的祖国携带着秘密投向另一个国家的情报人员。虽然他们在所效力的国家会受到赏识，但是在所背叛的国家却会遭到仇恨。

对间谍的称颂
理查德·佐尔格（1895—1944）在第二次世界大战期间似乎是一个狂热的纳粹分子。然而在担任德国大使的政治顾问时，他却将情报提供给德国人的敌人俄国人。

背叛者之死
日本的反间谍机构为德国同盟者揭穿了佐尔格的真面目。他于1941年被判死刑，于1944年被执行死刑。

中情局中的俄国间谍
在长达九年的时间里，奥德里奇·埃姆斯（生于1941年）一直是一名苏联间谍，可是同时还是中情局里的一位受信任的官员。埃姆斯和他的妻子罗莎里奥向俄国人提供了中情局招募的许多间谍的详细信息。

因为间谍罪分别受审之后的奥德里奇和罗莎里奥

古代的间谍头子
中国古代军事家孙子是最早写到双料间谍的人之一。他称他们为"死间"——他们深入敌方阵营散布假情报，一旦暴露就必死无疑。孙子于公元前4世纪写出了《孙子兵法》。

ЗДРАВСТВУЙТЕ, ТОВАРИЩ ФИЛБИ

«Если бы мне предстояло начать жизнь сызнова, я начал бы так, как начал».

Феликс ДЗЕРЖИНСКИЙ.

ДЕКАБРЬСКОЕ морозное утро, ночная мгла еще не ушла с заснеженных улиц. Деревья на Гоголевском бульваре покрыты пушистым инеем. У троллейбусной остановки — цепочка по-

представить все, что угодно. Предположить, что в то августовское утро в кабинете за столом, напротив него, сидел кадровый сотрудник советской разведки, он не мог даже в дурном сне.

— Я делал, что мог в то время, и был счастлив узнать однажды, что я зачислен в кадры советской разведки.

— Каким же образом, товарищ Ким, вам удалось попасть на службу в английскую разведку?

— Это довольно длинная история, — говорит он. — После окончания Кембриджа я некоторое время работал в одной

— Я пошел вверх по служебной лестнице. Через год я уже был заместителем начальника одного из отделов МИ-6.

— МИ-6, что это значит?

— В Англии существует две службы под кодовым названием МИ-5 скрывается контрразведка, МИ-6 — это собственно секретная разведывательная служба.

— Западная пресса отмечала, что ва-

Он был внимателен в обращении с людьми, но по существу относился к ним свысока. В дела он не вникал, и, я бы сказал, при всей его агрессивности он был дилетантом, о чем лучше всего говорит авантюра с вторжением на Кубу, к позорно провалившимся. Считали, что он занял этот пост благодаря своему брату — Джону Фостеру Даллесу

给英雄的欢迎
菲尔比从他以记者身份从事间谍工作的贝鲁特逃往莫斯科。苏联的报纸以通栏大标题欢迎他：欢迎菲尔比同志。

锤子和镰刀，苏联的象征

冷战时的鼹鼠
哈罗德·金姆·菲尔比（1912—1988）在还是剑桥大学的一名学生时就加入了共产党，到1933年时已经是一名苏联间谍了。然而，七年之后，他在英国的军情六处找到了一份工作。在三十年的间谍生涯之后他逃往莫斯科。

在莫斯科退休
回到苏联后，菲尔比一直住在莫斯科，直到1988年去世。菲尔比和他的同事盖伊·伯吉斯以及唐纳德·麦克利恩的间谍经历给英国情报机构抹了黑。

来自两边的奖章
菲尔比到达莫斯科不久就得到了这枚奖章。十八年前，英国国王乔治六世不知道他是一位间谍，颁给他一枚大英帝国勋章。

秘密身份
伊戈尔·古琴科（1919—1982）是苏联驻渥太华大使馆的密码职员。他不愿意返回苏联，于是带着苏联人从事间谍活动的证据叛变了。他被报界和政府看作一个疯子而受到冷遇。

秘密武器

间谍在战争时期最忙碌，那时危险无处不在；战争结束时，情报机构的任务就是保证和平的延续。许多战时间谍公开地携带武器，其他间谍则很巧妙地隐藏他们的枪和刀。随着冷战时期的到来，间谍活动的隐秘性增大了。华约国家和北约国家都企图杀死对方的人，其中的一些行动，如谋杀乔治·马科夫，确实成功了，其他的计划却未成功。

按下手柄近旁的扳机射出小子弹

夺命伞

保加利亚人乔治·马科夫在伦敦的英国广播公司（BBC）发布对他的国家的领导人的批评。1978年的一天，回家时步行走过滑铁卢桥时，马科夫被一个保加利亚特工用一把特制的伞刺中，几天之后死去了。刺客使用雨伞将一枚装有剧毒的小子弹射入马科夫体内。

夺命铅笔

这两件伪装为铅笔的武器用于近身搏斗中。这支刺人笔装有一个十字形的刀刃，而那支自动铅笔能够发射一枚镀铬的子弹。

铅笔从这里剖开露出里面的刀子

没有枪管的枪准确性受到限制

乔治·马科夫在1978年

改进的韦伯利－斯科特6.35mm手枪

缩短的枪管

扳机护环

枪带

这支第二次世界大战中所用的小手枪佩戴于衣服下面的腰带上，射程非常短。从皮带扣引过来的引火线顺着遮住枪的外套袖子延伸过来。这种枪带的巨大优势是间谍能够扣动扳机而不被任何人发现。

高压气筒使雨伞变成了一支气枪

小子弹中的孔眼装有毒药

简单的切割器

这些异常锐利的刀具是用来割破汽车轮胎的。它们小巧而易于隐藏。破坏者利用刀具割破所有的轮胎（包括备胎）。

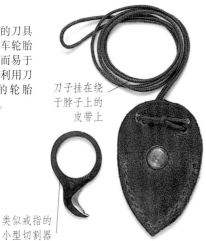

刀子挂在绕于脖子上的皮带上

类似戒指的小型切割器

戒指转轮枪

19世纪装备精良的法国间谍携带这种微型的固定在戒指上的转轮枪。通过转动枪膛特工能够发射五枚子弹。这种设计有时候被称作扑克牌手枪或者掌心手枪。

这种手枪因为非常小，所以射程非常有限

夺命手套

使用这种手套手枪的特工必须格外小心，因为枪里只有一枚子弹，而且这发子弹能够轻而易举地炸飞他的两三根手指。美国海军情报处在第二次世界大战期间制造了这种手枪。

戒指手枪能够发射五枚子弹

枪管从手指间伸出来

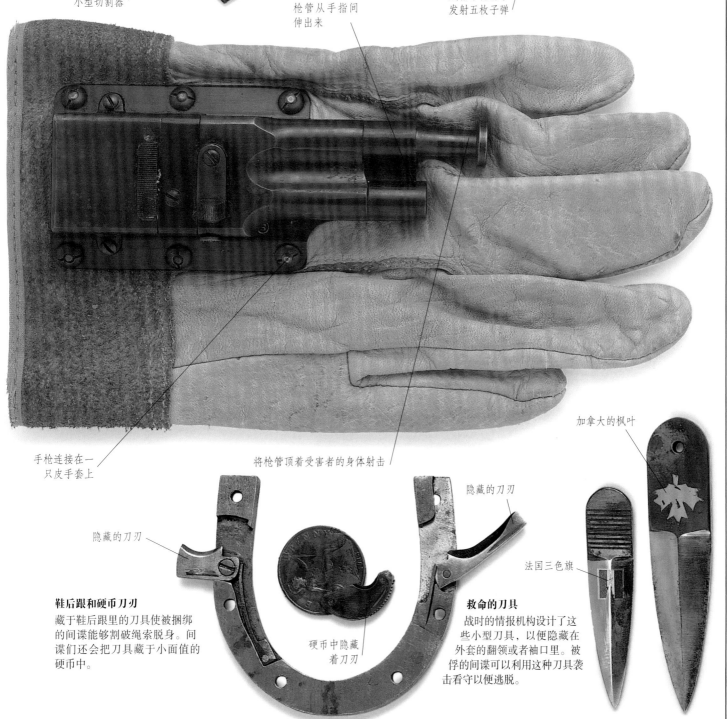

手枪连接在一只皮手套上

将枪管顶着受害者的身体射击

加拿大的枫叶

隐藏的刀刃

鞋后跟和硬币刀刃

藏于鞋后跟里的刀具使被捆绑的间谍能够割破绳索脱身。间谍们还会把刀具藏于小面值的硬币中。

隐藏的刀刃

硬币中隐藏着刀刃

法国三色旗

救命的刀具

战时的情报机构设计了这些小型刀具，以便隐藏在外套的翻领或者袖口里。被俘的间谍可以利用这种刀具袭击看守以便逃脱。

冷战

第二次世界大战在1945年结束时，政治的边界将欧洲一分为二。东面是苏联和它的同盟国。西面是由美国所支持的西方的资本主义国家。东西方国家之间激烈对抗被称为冷战。间谍在冷战所制造的不信任的气氛中有了用武之地。他们有足够多的事情做，因为东西方之间你追我赶地制造威力更大的炸弹，互相派遣间谍去刺探对方的底细。因为所有这一切，双方在本土都需要更多的反谍报人员来抓捕对方的间谍。在铁幕的两边，对核战争的恐惧意味着用于间谍活动的资金源源不断。最后在1989年，冷战结束了，而先前分裂为两部分的德国的统一进程也开始了。

搜寻导弹

导弹很容易通过间谍卫星所拍摄的照片被发现，因此美国和苏联都研制了能够隐藏在水面以下的导弹发射装置。三叉戟导弹的设计者声称这种导弹可以用于打击导弹掩体。

奇特的蘑菇云

试验炸弹

美国在内华达沙漠中试验了原子弹。这些炸弹摧毁文明世界的威力使每个人都感到恐惧，因此冷战双方都不敢使用它们。

人们用锤子和凿子拆毁这堵墙时，人群中爆发出欢呼声

"使世界安全"

苏联和美国这两个超级大国各自都建立了数量庞大的装有核弹头的导弹的储备。他们从来没有发射它们，而美国这些大力神II型导弹就一直存放着，等待着被转换为卫星发射器。

分裂欧洲的墙

冷战时期的间谍战在东德的首都柏林进行得最为激烈。一份战时协议赋予了法国、英国、美国对西柏林的控制权。东德政府在1961年建了一堵墙将柏林市分割开来。这堵墙于1989年被拆毁，从而统一了德国，并且象征着冷战的结束。

柏林的间谍交换

冷战时期任何被俘的间谍都可能被处决，最好的情况下也要被长期监禁——除非他们的政府愿意为了交换俘虏而谈判。在这种交易中，东西方国家之间交换被俘的间谍。

击落

美国派遣U-2间谍飞机对铁幕另一边的国家实施拍照。苏联于1960年击落一架这种飞机，并俘获了中情局间谍飞行员加里·鲍尔斯。苏联于1962年释放了他以交换苏联间谍鲁道夫·阿贝尔。

U-2飞机飞行员
加里·鲍尔斯

德国重新统一后添加到残留墙壁上的涂鸦艺术

211

间谍头子

间谍头子拥有巨大的影响力。围绕着情报工作的那种神秘性意味着，虽然绝大多数的间谍头子明智地为自己的国家服务，而那些反其道而行之的却掌握着危险的力量。过去，间谍头子直接从国王或者女王那儿接受命令。然而，1519年一位威尼斯的外交官这样描写英国国王亨利八世的第一任间谍头子沃尔西："他统治着国王和整个王国。"20世纪，直到冷战结束时，特务组织的头子控制着整个东欧国家。现在各国对它们的安全机构的存在都比较公开，但是对其间谍网络中的特工身份仍然讳莫如深。

罗马士兵
大西庇阿是罗马帝国最精明的间谍头子之一。进攻西班牙新迦太基城时，他的间谍发现敌人的增援部队十天之后才能赶到。因此，西庇阿指挥的海军和陆军轻松赢得了胜利。

王座后面的权力
沃尔西作为英王亨利八世的第一任情报机构头子是当时英国最有权势的人。沃尔西的间谍拆看从威尼斯和其他国家寄给外交官的信件。后来，托马斯·克伦威尔接替沃尔西担任情报总管。

沃尔西（左）许多年都对英王亨利八世施加着影响

印度的情报机构
莫卧儿统治者阿克巴统一了印度。他利用托钵僧做他的耳目。在其统治时期阿克巴扩展了印度帝国的疆土，改革了政府。他依赖由警察局长所提供的情报，后者有雇用间谍的职责。

看不见的间谍
日本12世纪时互相交战的诸侯利用忍者作为间谍和刺客。他们接受严格的体能训练，并且是伪装高手。武田信玄因为恐惧忍者，在厕所安装了第二道门以便逃生。

俄罗斯的特务机构
俄国第一个沙皇伊凡五世和他的绰号"雷帝"非常相配。他在被称为特辖军的残酷无情的密探的帮助下实施统治。特辖军实际上是令民众谈虎色变的暴徒。他们佩戴狗头和扫帚的标志，象征着他们探听并扫除叛国行为的权力。

华兴翰的密码破译
人员假造了额外的
一段文字，向玛丽
探问图谋反叛者的
名字

信件是用一种简
单的密码写成的

特务组织之父

弗朗西斯·华兴翰为建立英国的特务组织而贡献颇多。他最大的成就是揭露了谋杀英国女王伊丽莎白一世的图谋。华兴翰的特工截获了图谋反叛者和女王被囚禁的堂姐妹苏格兰女王玛丽之间来往的密信。这些信件证实玛丽卷入了谋反事件，于是1587年2月她被处决了。

新官上任三把火

在接近半个世纪的期间，埃德加·胡佛掌握着联邦调查局，这个机构的一个职能是侦察外国间谍在美国的活动。1947年，中情局被组建以负责对外安全事务，联邦调查局的权力受到限制。

黎塞留

黎塞留组建了法国的秘密警察机构"黑阁"。他的特工暗中监视贵族们，给了路易十三更大的控制权。

高级间谍

阿尔弗雷德·雷德尔是奥地利的首席间谍捕手。他使奥地利的特务组织得以现代化，自己却背负了沉重的债务。他不得不为俄国人提供情报，与其合作了十年时间。雷德尔于1913年以叛国罪被指控，他不愿受审而选择了饮弹自尽。

披着羊皮的狼

"无脸人"是冷战期间马库斯·沃尔夫的绰号。他执掌着东德国家安全局的涉外间谍行动。甚至当时西德总理威利·勃兰特的一个亲密助手也被招募成为一名间谍。

间谍机构

在每一个间谍身后都有一个庞大的情报搜集网络。中情局和军情六处这样的组织给予间谍们文件、金钱以及援助，并且收集间谍们传递的情报。情报网络不但解读间谍传递的信息，而且卫星也能为其提供信息，而截获的无线电信号提供了更多的信息。许多情报人员阅读外国的报纸、杂志和期刊，聪明的情报分析人员能够从这些"公开渠道"获得大量信息。第二次世界大战期间，俄国情报专家注意到美国正在储存白银用于"科学研究"，并且禁止发行原子物理学期刊。他们不必置间谍们的生命于危险之中就猜到美国正在研究开发原子弹。

间谍对间谍
《疯狂》杂志的卡通人物取笑冷战高潮时期的间谍战。

美国的保卫者
自从1947年之后，中央情报局（CIA）就负责美国的情报搜集及分析工作。它还负责对外国的反间谍工作。受美国国防部管辖的不太为人所知的国家安全局实际上比中央情报局规模还大，并且负责通信情报工作——代码、密码以及通信的拦截。另一个组织——美国特勤局，负责保护总统。

中央情报局的徽章

英国的反谍报机构军情5处的徽章

斯塔西
德国的两部分于1990年统一之前，斯塔西（国家安全局）负责东德的情报工作。斯塔西雇用了超过85000名的雇员，并且掌握着东德三分之一人口的详细档案。

身着便装的斯塔西官员佩戴的徽章

特工明星
英国军情五处和军情六处分别负责国内和国外的间谍和反间谍工作。1992年，英国任命一位名为斯黛拉·雷明顿的女性担任军情五处的负责人。该机构又被称为安全处，始建于1906年。军情六处是秘密情报处的军用名称，雇员们称其神秘的负责人为"C"。

以色列的海外间谍活动
以色列建立了极其高效的安全与情报机构。成立于1949年的摩萨德（情报特工机构）负责海外谍报活动以及对国家的敌人采取行动。辛贝（以色列安全与反间谍机构）负责国内的安全。

犹太教灯台——犹太教的象征

摩萨德的徽章

1991年苏联对外情报处PGU的徽章

苏联地图

为俄国做间谍
SVR（对外情报处）建立于1991年苏联解体之后。它负责在俄国本土之外的情报搜集工作。反间谍部门和所有其他的国内情报部门全部整合为联邦安全局（FSB）。

瓦努努孤注一掷透露他在罗马被绑架的信息

摩萨德在行动
摩萨德特工特别擅长在外国采取秘密行动。1986年，莫迪凯·瓦努努这位资深核专家披露了以色列正在制造原子弹之后，摩萨德特工在意大利绑架了他，并把他带回以色列接受审判和监禁。

射击练习
情报机构的工作很少涉及暗杀。20世纪，俄国克格勃（国家安全委员会）制造了多起国际暗杀，而中央情报局则以其不成功的刺杀古巴领导人菲德尔·卡斯特罗的计划而出名。

马努林自动手枪

保卫法国
法国的情报工作也由多个组织承担。海外安全总局（DGSE）搜集外国情报并且组织海外的反谍报行动。高效的国土监督局（DST）由内政部管辖，负责国内安全。

海外安全总局在外国的特工用这种马努林自动手枪防身

监控进行时

商业秘密对竞争对手具有潜在价值，为了获取这些秘密，内部的雇员和外面的间谍常常不择手段。为了窃取文件，工业间谍使用秘密特工所用的工具和手段；而为了保护这些文件不被窃取，企业必须采用反间谍技术。此处展示的设备全部用于保护商业秘密不被窃取。然而，所有这些手段同样可以用来监督雇员。职场间谍可能会监督待遇菲薄的职员，因为他们容易被贿赂而出卖情报给竞争对手。甚至办公室里的闲谈也会成为隐藏的麦克风的捕捉目标。

你在接收我吗？
做情况介绍的销售代表可以"意外地"把一个装有窃听器的文件夹落在会议室里以记录客户的私密交谈。

坐享其成
由于越来越多的业务是在互联网上进行的，机器人间谍软件可以伪装成图片、音乐文件或者贺卡发送给目标计算机。一旦进入目标计算机，该软件将使其感染病毒，将其使用者的电子邮件和文件副本通过互联网发给间谍。

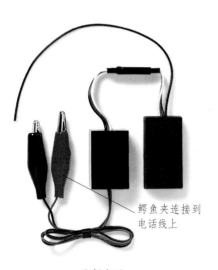

鳄鱼夹连接到
电话线上

职场窃听
一台普通的办公桌上的电话机是窃听器的理想隐藏处。它有一个内置电源，夹在某处隐蔽的电话线上，随时可以窃听谈话。

声音大而清晰
一个安置了窃听器的销售代表可以从停在外面的汽车中窃听客户的谈话。只需拉起无线天线，他就可以接收到信号并听到任何关于销售情况的交谈。

针孔窥探者

每十个美国公司中就有一个以上利用摄像机窥探自己的员工，它们中配备的最小的镜头比一个火柴头还要小得多。

被照相机捕捉

联邦调查局的特工1979年利用隐藏的摄像机在一起贪腐案中搜集证据。摄像机证实美国国会议员正在受贿（上）。七名国会议员因此被定罪入狱。

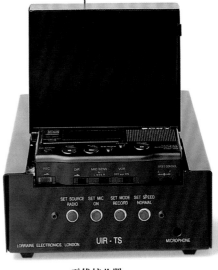

无线接收器

绝大多数的办公室窃听器的窃听范围很有限，但是有了利用电话线的无线接收器，世界上任何地方只要有电话就能够窃听。设备通常连接在电话线上。窃听器检测到音频，并使目标电话不发出铃声。随后间谍就可以窃听到房间内的谈话，电话的送话口就成了麦克风。

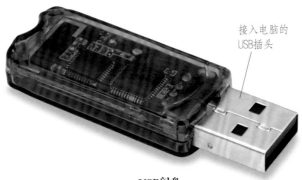

接入电脑的USB插头

USB闪盘

USB闪盘是一种记忆存储设备。间谍可以利用其秘密复制存储于计算机网络中的数百万页的文件。绝大多数的情报机构都将它们计算机上的USB接口去掉，以防文件被窃。

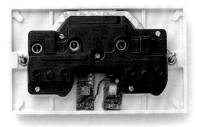

插头窃听器

伪装成壁式插座的窃听器不容易被发现，除非将其拔出来或者使用专门设备。插座功能正常，还能够为窃听器提供电源。间谍利用适当的插入相同电路上任何其他插座的接收器能够监听任何谈话。

机器眼

监控虽然通常是对外的，有的组织事实上对内使用它，安保人员可以利用闭路电视摄像机监督雇员的可疑行动。摄像机可以连接到大容量数字存储设备和互联网上。

工业间谍

政府和政客并不是间谍的唯一目标。企业也拥有工业间谍想窃取或复制的秘密。（丝绸业就是一个早期的牺牲品。6世纪之前，只有中国人知道如何制造这种奢侈布料。之后东罗马帝国皇帝查士丁尼一世使用间谍手段窃取了它的生产技术。他指使两个僧人利用空心藤条将蚕茧偷运出中国。）当今的工业间谍已今非昔比。可是，通常企业只是利用工业间谍针对它们的竞争对手。成功的间谍能够窃取设计细节、供应商和客户的名单。提前知道了对方的价格表甚至能够将其逼向破产。

对竞争对手实施间谍手段
最为常见的一种工业间谍行为是，受信任的雇员离职加入竞争对手一方，并随身带走公司秘密。通用汽车公司（GM）怀疑何塞·伊格纳西奥·洛佩斯·德·阿里奥图阿在离职后加入竞争对手大众汽车公司时涉嫌这种间谍行为。在一级方程式赛车设计方面也发生过类似的丑闻。2007年，麦克拉伦公司因为拥有法拉利公司的机密信息而被罚款。

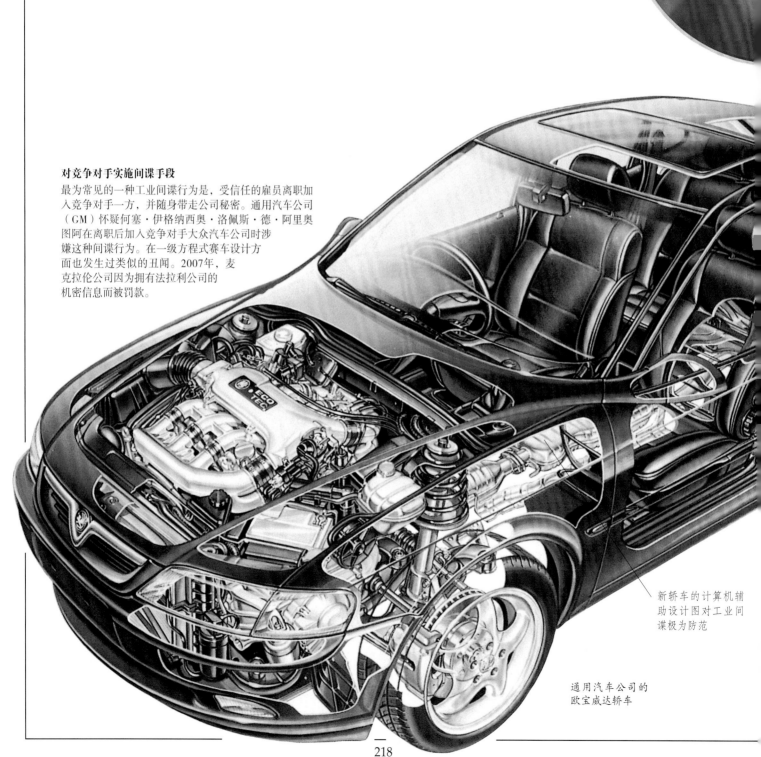

新轿车的计算机辅助设计图对工业间谍极为防范

通用汽车公司的欧宝威达轿车

在欧洲，因为盗版影音作品和软件的猖獗，每年的损失金额都高达数十亿英镑

早在出现于时装走秀台上之前，晚礼服的设计就是间谍窃取的目标

娱乐业

盗版和工业间谍大幅度减少了娱乐圈人士所赚取的利润。利用一张原版盘，盗版者可以制作数百万张CD或DVD光盘。音乐录制间和电影制片厂必须有严密的安全防范措施，以确保母带在预定发行日之前处于保密状态。尽管有这些防范措施，工业间谍仍然能够偶尔成功地盗取录音录像原版。

为了使新车的外形保密，在进行道路测试时将新车的零部件装配在旧车的车体上加以伪装

革命性的盘式制动系统可能会引起竞争对手的兴趣

时装

在时装界，窃取创意和设计造就了一门庞大的生意。声称被人侵权容易，而拿出确凿证据通常很难。服装行业中的裁剪工人和其他职员可能会拷贝图样，并将其卖给其他设计者。

计算机间谍

1981年，联邦调查局抓获了计算机工程师健治·林，他窃取了IBM公司计算机磁盘驱动器技术的机密细节资料。在他被捕受审之后，日立公司不得不支付给IBM 3000万美元的赔偿金。

合成钻石

通用电气公司的一名工业间谍将合成钻石制造技术卖给韩国一家公司赚了一百多万美元。1992年，通用电气公司发现了这桩间谍活动。

钻头顶端的微型合成钻石使其能够切削得更快

反间谍

今天，发现窃听装置和使用它们的人更加困难，尤其因为大量窃听活动发生在互联网上。反间谍机构的任务就是查出他们。然而，有时候让一个敌方间谍照常活动会更有价值。行动中的间谍能够为反间谍机构提供有用的信息。间谍的活动能够透露出其所利用的技术和设备的秘密信息。这些细节可以用来帮助抓捕其他间谍。反间谍机构还可以利用未被揭穿伪装的间谍向敌人提供假情报。有时候，通过将罪证突然摆在间谍面前，反间谍机构能够将其策反，使其成为双料间谍。

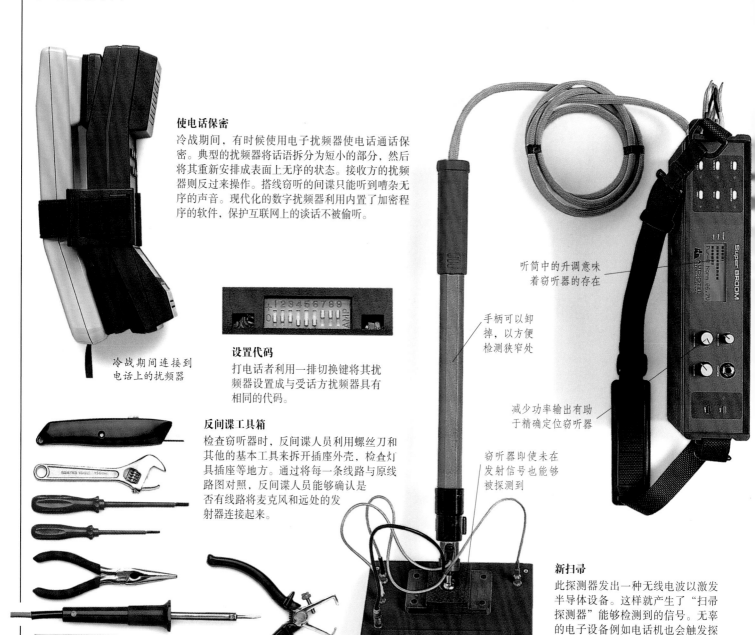

有人在监视你
反间谍机构使用许多和间谍相同的手段。这幅19世纪的卡通画取笑了间谍和反间谍机构同样热衷使用隐藏的摄像机。

使电话保密
冷战期间，有时候使用电子扰频器使电话通话保密。典型的扰频器将话语拆分为短小的部分，然后将其重新安排成表面上无序的状态。接收方的扰频器则反过来操作。搭线窃听的间谍只能听到嘈杂无序的声音。现代化的数字扰频器利用内置了加密程序的软件，保护互联网上的谈话不被偷听。

冷战期间连接到电话上的扰频器

设置代码
打电话者利用一排切换键将其扰频器设置成与受话方扰频器具有相同的代码。

反间谍工具箱
检查窃听器时，反间谍人员利用螺丝刀和其他的基本工具来拆开插座外壳，检查灯具插座等地方。通过将每一条线路与原线路图对照，反间谍人员能够确认是否有线路将麦克风和远处的发射器连接起来。

听筒中的升调意味着窃听器的存在

手柄可以卸掉，以方便检测狭窄处

减少功率输出有助于精确定位窃听器

窃听器即使未在发射信号也能够被探测到

新扫帚
此探测器发出一种无线电波以激发半导体设备。这样就产生了"扫帚探测器"能够检测到的信号。无辜的电子设备例如电话机也会触发探测器，但其他的信号可能就来自隐藏的窃听器。

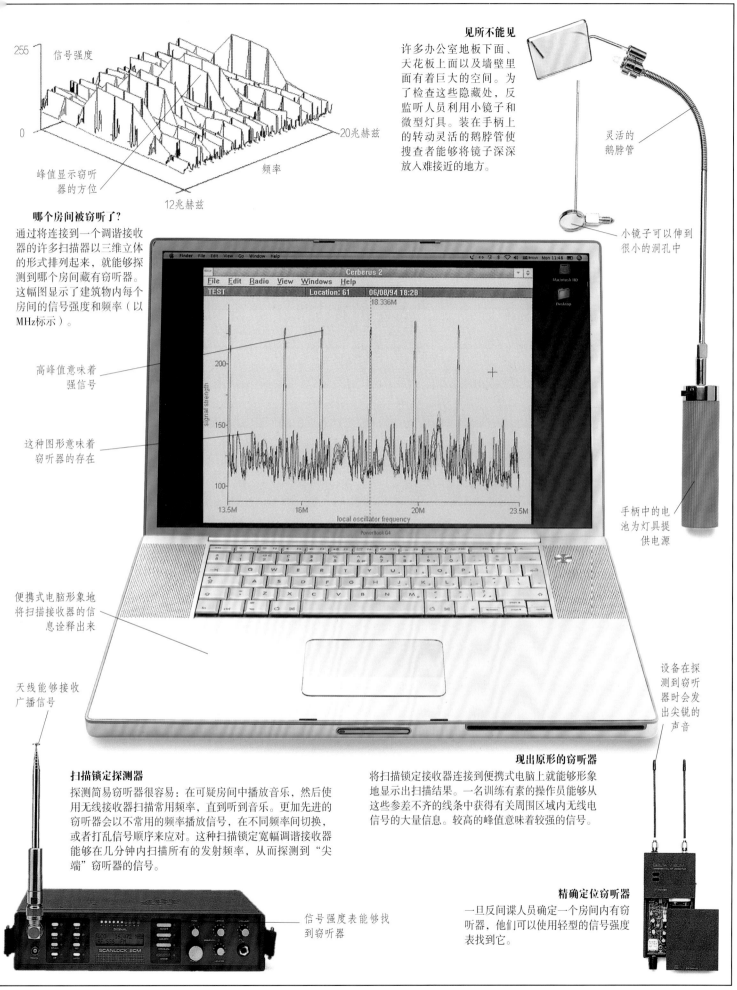

255

信号强度

0

峰值显示窃听
器的方位

12兆赫兹

频率

20兆赫兹

见所不能见
许多办公室地板下面、天花板上面以及墙壁里面有着巨大的空间。为了检查这些隐藏处，反监听人员利用小镜子和微型灯具。装在手柄上的转动灵活的鹅脖管使搜查者能够将镜子深深放入难接近的地方。

灵活的
鹅脖管

哪个房间被窃听了？
通过将连接到一个调谐接收器的许多扫描器以三维立体的形式排列起来，就能够探测到哪个房间藏有窃听器。这幅图显示了建筑物内每个房间的信号强度和频率（以MHz标示）。

小镜子可以伸到
很小的洞孔中

高峰值意味着
强信号

这种图形意味着
窃听器的存在

手柄中的电
池为灯具提
供电源

便携式电脑形象地
将扫描接收器的信
息诠释出来

天线能够接收
广播信号

设备在探
测到窃听
器时会发
出尖锐的
声音

扫描锁定探测器
探测简易窃听器很容易：在可疑房间中播放音乐，然后使用无线接收器扫描常用频率，直到听到音乐。更加先进的窃听器会以不常用的频率播放信号，在不同频率间切换，或者打乱信号顺序来应对。这种扫描锁定宽幅调谐接收器能够在几分钟内扫描所有的发射频率，从而探测到"尖端"窃听器的信号。

现出原形的窃听器
将扫描锁定接收器连接到便携式电脑上就能够形象地显示出扫描结果。一名训练有素的操作员能够从这些参差不齐的线条中获得有关周围区域内无线电信号的大量信息。较高的峰值意味着较强的信号。

信号强度表能够找
到窃听器

精确定位窃听器
一旦反间谍人员确定一个房间内有窃听器，他们可以使用轻型的信号强度表找到它。

捕捉间谍

锁定并且确认一个间谍不是件容易的事。可疑的无线电信号有时可以帮助反间谍局精确地锁定隐藏着的发送器。通过监控电话和秘密的破解邮件，反间谍者可以找到一些蛛丝马迹。跟踪一个可能的间谍通常可以发现一些其他隐蔽的间谍。一旦间谍被抓住，就意味着他们的身份将公之于众，从而无法继续秘密的工作，然后他们或被遣返回国，或被起诉并实行监禁。

情报人员带着博萨德的侦察设备离开法庭

通过哔哔声寻索导弹迷踪
来自一名叛变者的秘密消息使英国军情五处开始着手调查弗兰克·博萨德（生于1912年）。他们将传送器安装在博萨德从空军部办公室盗取的文件上，以此抓住了他。

用一根能插入信封顶部缝隙的探针将信夹住取出

多疑的间谍搜捕人员
詹姆士·杰西·安格尔顿（1917—1987）时任美国中央情报局反间谍部门负责人。他怀疑每个叛变者都是克格勃的双面间谍。其高度怀疑的态度使整个部门的工作效率大为下滑。他下令非法拦截邮件的事件使其名誉扫地，1974年，他终于被解雇。

旋转柄将信卷成紧紧的卷

将透明的笔芯粉末涂在表面

拉动把手就能将信拽出

罗森堡夫妇被判刑后带离法庭

启封课
反间谍侦探用这种方法打开信件，而丝毫不损坏信封。这项被称作启封的技术，使得他们可以监视间谍的信件。

残忍的判决
对间谍严厉的惩罚有时会引起强烈的负面情绪。朱利叶斯和埃塞尔·罗森堡夫妇因提供军事机密给苏联而被逮捕。他们是和平时期唯一因间谍罪而被处死的美国公民。许多人曾为他们求情。

在行动中被发现

新一代的数码相机和监控软件连接在一起，能够进行面部识别，即使间谍进行了伪装，软件也能在人群中将其识别出来。一旦被定位，电脑会自动跟踪并拍摄下间谍的活动，同时向安全局报警。

监视摄像机可以用于跟踪嫌疑人的动向

SMERSH特工的身份证

经过紫外线灯的照射，反窃听的安全封条被显示出来

间谍死神

苏联反间谍组织"锄奸团组织"对军事安全负责，在国家的情报部门内部捕捉间谍。该组织不久后得名"间谍死神"（SMERSH）。

检查封缄

反间谍特工在拆除过窃听器的地方用封条进行标记，以确定该区域是安全的。紫外线灯可以用来检查反窃听标签没有被撕毁。

现行犯

将这些特殊的粉末均匀地撒在秘密文件上，只要间谍用手接触过这些文件，反间谍组织就可以抓住接触过该文件的间谍。

这种芯片发射出的无线电波的有效范围达90米

有关芯片的知识

无线射频识别芯片比正常文字里的小数点大不了多少，这种芯片也叫作"标签剂"。可以粘在人的衣服，鞋子甚至是护照或身份证上，以便秘密地追踪其行动。

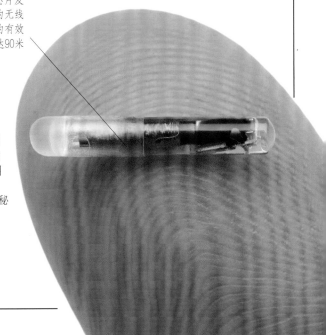

粉末撒在文件上，在普通的灯光下肉眼是看不见的

战略情报无人侦察

运用真人间谍进行侦察，不仅花销巨大，而且效率迟缓。一旦间谍身份暴露，会使该国的政治家陷入窘迫的境地。科技方法的使用可以让间谍远程操控传感器以收集情报。通信、信号、电子情报和图像情报都可以提供有价值的信息。其中最有价值的或许就是图像情报了。通过侦察飞机或卫星上的相机或雷达收集图像。这些图像可以完美呈现出地面的物体。像天上的卫星可以使间谍的视野远程化一样，海底的技术情报也同样敏锐。海底的水听器能够追踪敌方潜水艇的声音。地震检测仪可以检测到原子弹试爆所引发的振动。

无人侦察机
暗星是一种美国制造的无人机。无人驾驶飞机能够在防卫森严的敌军领空中飞行，拍摄详尽的照片。

发射侦察卫星
旧式的侦察卫星用胶片传送信息，因为图片的成像效果比影像清晰。胶片装在太空舱里投掷到地面，用于收集以及进一步的加工。

从太空看地球
多光谱影像能够为情报部门提供战区和军事基地的详细图片，但是这些图片不能够显示地表真正的颜色。这是前南斯拉夫中部城市萨拉热窝的一张图像，经过电子学处理后，建筑物成为粉红色。

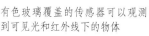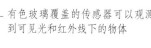
俄国KFA卫星重返大气层后降落在地面

有色玻璃覆盖的传感器可以观测到可见光和红外线下的物体

黑鸟高空战略侦察机的发动机马力强大，该机速度是音速的3倍

天空之眼
美国锁眼系列的12颗侦察卫星可以从400千米远的距离侦察到葡萄柚大小的物体。这个用于绘制地图的地球观测卫星的构造原理和侦察卫星是一样的。雷达成像技术可以使侦察卫星透过云层检测，卫星里的多光谱照相机已能够区分真实的树和伪装物。

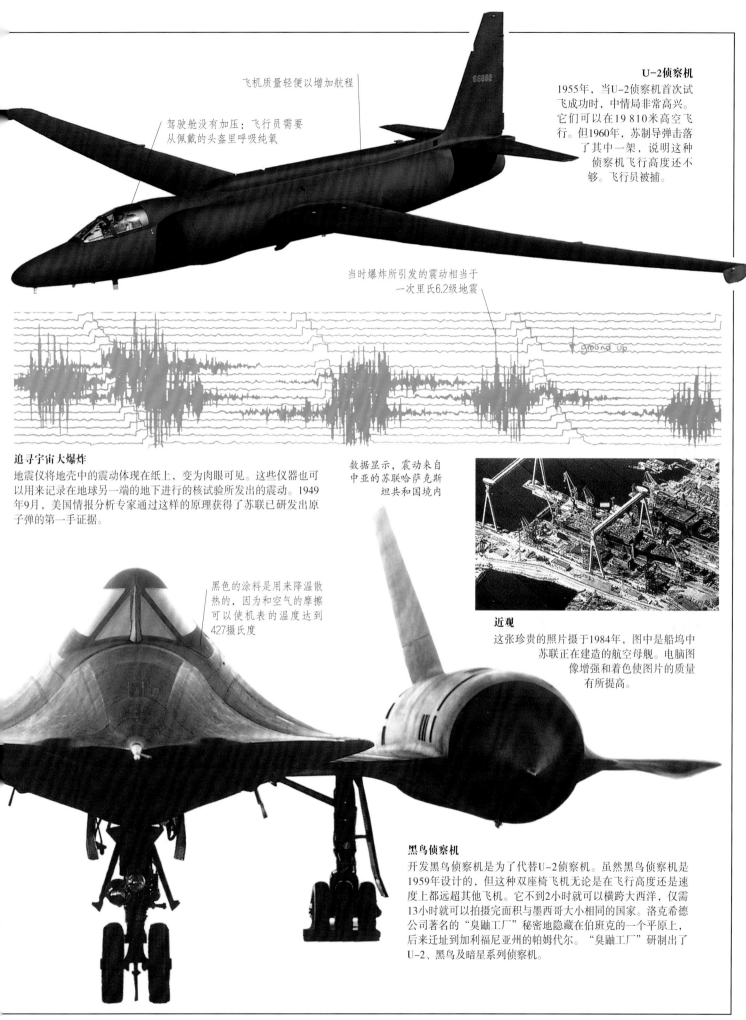

U-2侦察机

1955年,当U-2侦察机首次试飞成功时,中情局非常高兴。它们可以在19 810米高空飞行。但1960年,苏制导弹击落了其中一架,说明这种侦察机飞行高度还不够。飞行员被捕。

飞机质量轻便以增加航程

驾驶舱没有加压:飞行员需要从佩戴的头盔里呼吸纯氧

当时爆炸所引发的震动相当于一次里氏6.2级地震

ground up

追寻宇宙大爆炸

地震仪将地壳中的震动体现在纸上,变为肉眼可见。这些仪器也可以用来记录在地球另一端的地下进行的核试验所发出的震动。1949年9月,美国情报分析专家通过这样的原理获得了苏联已研发出原子弹的第一手证据。

数据显示,震动来自中亚的苏联哈萨克斯坦共和国境内

黑色的涂料是用来降温散热的,因为和空气的摩擦可以使机表的温度达到427摄氏度

近观

这张珍贵的照片摄于1984年,图中是船坞中苏联正在建造的航空母舰。电脑图像增强和着色使图片的质量有所提高。

黑鸟侦察机

开发黑鸟侦察机是为了代替U-2侦察机。虽然黑鸟侦察机是1959年设计的,但这种双座椅飞机无论是在飞行高度还是速度上都远超其他飞机。它不到2小时就可以横跨大西洋,仅需13小时就可以拍摄完面积与墨西哥大小相同的国家。洛克希德公司著名的"臭鼬工厂"秘密地隐藏在伯班克的一个平原上,后来迁址到加利福尼亚州的帕姆代尔。"臭鼬工厂"研制出了U-2、黑鸟及暗星系列侦察机。

今日间谍

冷战时代间谍活动频繁。冷战于20世纪80年代末结束，起初很多间谍都失业了。情报机构努力寻求可以充分利用间谍技术的新的应用。用于全球监测的技术已经发展并且被应用到其他的领域。除了用于跟踪潜水艇，美国的秘密水听器网络也可以监听鲸鱼的声音。地球监测卫星曾经只有情报机构才有权利使用，而现在私人公司也可以使用。情报机构发现，他们用来抓间谍的技术，在追捕恐怖分子时也同样奏效。曾经，情报官员主要搜寻的是冷战时期的叛徒，现在，他们则负责追踪哥伦比亚的毒枭。现在，俄罗斯的情报机构以及美国中央情报局的规模要比冷战时期大很多。

天空中的眼睛
卫星数据帮助人类生态学者检测气候的改变，以及由于人类的活动和自然灾害造成的栖息地的丧失。它们能让研究者获得关于在过去40多年里地球变化的清晰的图片。

街头毒品
情报组织可以搜集关于毒品的生产和走私的信息。这些试剂盒（左图）能够帮助他们抓到毒枭。这个喷雾能很快地识别藏到任何地方的毒品。

不断变化的角色
尽管这个世界改变了很多，但是秘密组织仍然发挥着一些作用。美国的情报机构仍然肩负保卫总统的职责。

美国情报人员在反对毒品峰会上保护布什总统

毒品间谍
反对毒品的战争现在很大程度上依赖美国的卫星。在哥伦比亚上空，卫星能够识别丛林中的飞机跑道、毒品实验室和储存区。使用通过卫星图片搜集的信息，哥伦比亚士兵通过直升机和陆地进攻扫荡毒品基地。

双肩包里藏着一把机枪

燃料棒里包含
核材料颗粒

能源恐惧

恐怖分子需要7千克核电站产生的钚来制造炸弹。全世界的情报
机构一起合作来追踪被偷售的钚和铀。

密封在里面的钚
有剧毒，但是它
释放的辐射对制
造炸弹的人来说
不构成危险。

光辉道路

阿维马埃尔·古斯曼被
捕后，不再领导光辉道
路运动，该运动在秘鲁
进行恐怖活动。警察利
用间谍跟踪他，并于
1992年将其逮捕。

有组织地犯罪

在美国，美国联邦调查局跟踪着间
谍和有组织的犯罪团伙之间的战
斗，例如黑手党等黑社会组织。像
英国军情五处等反间谍和安全机
构，最近才与警察合作。

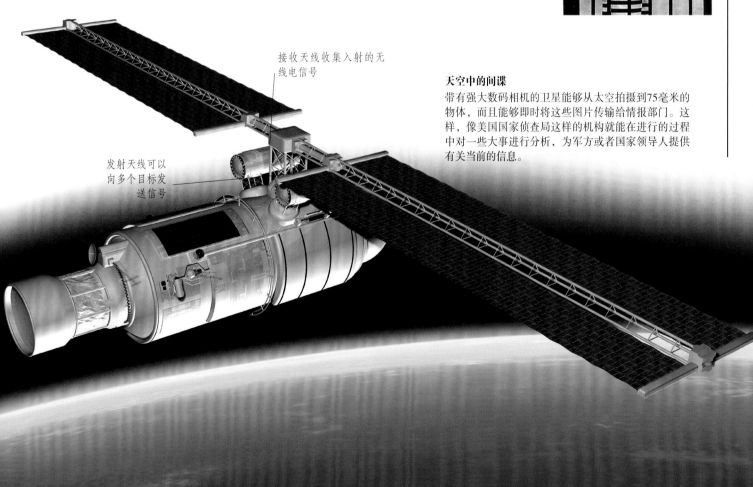

接收天线收集入射的无
线电信号

发射天线可以
向多个目标发
送信号

天空中的间谍

带有强大数码相机的卫星能够从太空拍摄到75毫米的
物体，而且能够即时将这些图片传输给情报部门。这
样，像美国国家侦查局这样的机构就能在进行的过程
中对一些大事进行分析，为军方或者国家领导人提供
有关当前的信息。

你与间谍

你被监视了！每天你走在街道上，或者乘车旅行，都会被摄像机拍摄下来。你的通话记录和你的上网地址都可以通过通信服务提供商来查询，而且你在购买东西的时候在超市和商店也有记录。并不只是你一个人被监视，而是这个社会的所有人都被监视着。同时，全世界的政府也忙于收集本国人口的数据，从人们的医疗记录、身份特征到他们的财务交易的细节。这种监视能够使我们的国家和邻国更加安全，使我们的卫生服务更加有效，令我们的休闲时间更加有价值，但是这种措施却有可能被滥用。

被摄像机拍摄到
2005年7月7日伦敦的恐怖爆炸案件发生后，闭路电视的镜头播放出这些嫌犯在恐怖袭击的当天早上前往英国的首都伦敦和9天前去伦敦进行踩点（上图）。这些镜头使警察在袭击发生后的几小时内就认出了这些嫌犯。

为了拍摄近距离的目标，摄像机可以远程控制平移、倾斜和缩放

闭路电视监测中心
伦敦每平方千米内的闭路电视摄像机的数量要比其他任何的城市都多。警察可以坐在数排监控器显示屏前进行监视，这种监控器连着国家和私人的监控摄像机。闭路电视监控器连接大容量数字存储驱动器，所有的影像都带有时间或者日期的标签，存放起来以备日后研究。一些崇尚自由的社会团体对此感到很不满，但是政府却认为闭路电视可以提防犯罪分子，而且使街道更安全。

操作员可以选择一台摄像机，通过它来监视任何看起来不正常的事情

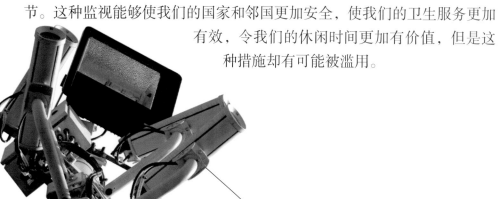

警察的耳目
一些摄像机记录交通状况和车牌号码，其他的则监控行人。安装在闭路电视塔上的多个麦克风能够监听到例如枪声等其他的声音，通过三角定位，指挥警察到达现场。

触屏手推车可以扫描带有RFID标签的商品

我们知道你们买了什么

一些商店除了给货物贴上条形码以外，还使用RFID标签。当把货物放入到购物车里的时候，车载接收机就会检测到货物上的标签。商店的数据库会通过RFID记录人们购买的物品，并重新调配库存。这个数据也可以用来分析人们的消费习惯。

宝宝监视器

父母可以用外形像玩具一样的信标，就像Giggle Bug这款产品来防止他们的宝宝走丢。这个跟踪器包括一个射频标签（RFID），当父母按下手持怀表带上的按钮时，这个跟踪器就会发出哔哔声，出现孩子在30米（100英尺）以内的地理位置。

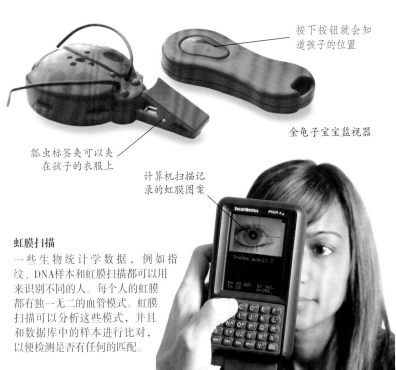

按下按钮就会知道孩子的位置

瓢虫标签夹可以夹在孩子的衣服上

金龟子宝宝监视器

计算机扫描记录的虹膜图案

虹膜扫描

一些生物统计学数据，例如指纹、DNA样本和虹膜扫描都可以用来识别不同的人。每个人的虹膜都有独一无二的血管模式。虹膜扫描可以分析这些模式，并且和数据库中的样本进行比对，以便检测是否有任何的匹配。

在线危险

每次你访问一个网址的时候，你会无意识地留下一些细节，可以被用来记录你在互联网上的活动。当你没有检查下载的文件是否有病毒时，将有可能给黑客一个进入你硬盘驱动器盗取你私人信息的机会，甚至是在你毫不知情的情况下远程打开你的电脑摄像头。

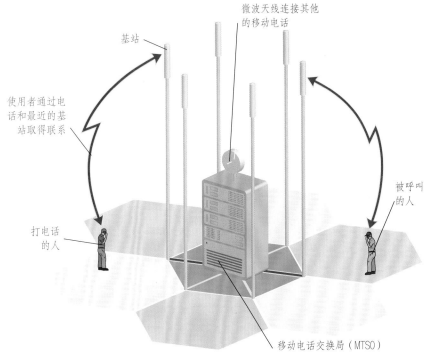

微波天线连接其他的移动电话

基站

使用者通过电话和最近的基站取得联系

被呼叫的人

打电话的人

移动电话交换局（MTSO）

移动电话追踪

移动电话公司将其服务的范围分成网络六角形。每一个基地（中继器的桅杆）被放在3个电话的连接处。两个打电话的人都和他们最近的基地连接。电话公司的记录显示哪个基地参与到这个呼叫行动中及其信号强度。当发生紧急状况时可以使用这个信息。

著名间谍

最成功的间谍是不会出名的。一旦完成任务，他们就会隐于幕后。但是，处于战争时代的间谍例外。奥德特·桑塞姆就曾因其从事的间谍活动，以及遭受的刑罚和监禁，被授予英国最重要的奖章——乔治十字勋章。但不是每个人都觉得奥德特应得这枚奖章。伊冯·考尔姆就曾抱怨，英国特别行动处的其他特工都没有得到那么丰厚的奖赏，是因为"我们没有被抓住！"话虽如此，但没有哪个间谍希望被抓住。间谍的日常生活是很枯燥的。然而，确实有个别间谍的生活像小说一样让人激动，有的甚至成为小说人物的原型：达斯科·波波夫就是伊恩·弗莱明小说中詹姆斯·邦德的原型之一。

肖恩·康纳利在电影《铁金刚勇破神秘岛》中扮演邦德

真正的间谍会站出来吗？
1962年，007系列里第一部电影的詹姆斯·邦德（顶图）和真正的间谍达斯科·波波夫（上图为波波夫与妻子合照）。邦德小说的作者伊恩·弗莱明于1941年遇见波波夫。

在舞台上表演时，玛塔·哈里经常穿着华丽精致的服饰和头饰

玛塔·哈里假称自己是一位献身于湿婆神的印度教圣舞者之女

失败的间谍
玛塔·哈里原名玛嘉蕾莎·麦克劳德（1876—1917）。第一次世界大战期间，这位异域舞者周旋于数名驻法德国军官之间。她被德国特勤局招募，但是并不被完全信任。德国最终于1917年10月5日将她卖给法国，紧接着被法国的行刑队处决。

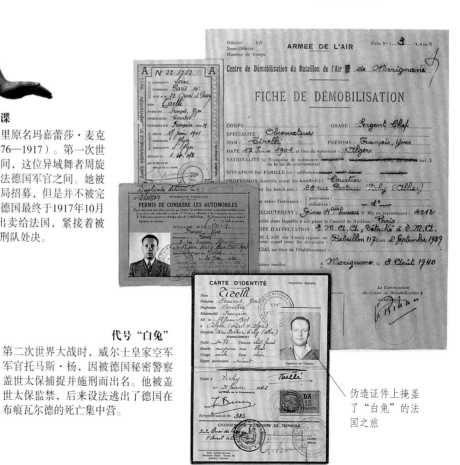

代号"白兔"
第二次世界大战时，威尔士皇家空军军官托马斯·杨，因被德国秘密警察盖世太保捕捉并施刑而出名。他被盖世太保监禁，后来设法逃出了德国在布痕瓦尔德的死亡集中营。

伪造证件上掩盖了"白兔"的法国之旅

唐纳德·麦克莱恩（1913—1983）将原子弹的秘密情报传给莫斯科

盖伊·伯吉斯（1911—1963）以其酗酒暴力吸引别人的注意力

金·菲尔比（1912—1988）警告麦克莱恩和伯吉斯说他们正遭怀疑，授意他们潜逃

安东尼·布兰特（1907—1983）帮助克莱恩与伯吉斯两人离开英国，逃往苏联

奥德特·桑塞姆是第一名荣获乔治十字勋章的女性

图为1954年奥德特·桑塞姆和她的布娃娃

整个布娃娃都是手工缝制的

布娃娃的滑雪棒是由卡片和银箔制作的

战时女英雄

在第二次世界大战期间，奥德特·桑塞姆（1912—1995）是特别行动处的一名特工。1943年，奥德特被一名双面间谍出卖而被捕，受到酷刑。在德国的监狱中，她为一名牧师的侄子和他的女儿做了这些布娃娃。在1945年5月，她终于被盟军解救。

剑桥五人

20世纪最为臭名昭著的间谍中有4名曾在英国剑桥大学上学。当他们为英国外事部门效力时，唐纳德·麦克莱恩和盖伊·伯吉斯开始向莫斯科泄露情报，当军情五处开始怀疑他们时，他们于1951年逃亡到莫斯科避难。金·菲尔比是传说中的"第三人"，他于1961年也逃往莫斯科。"第四人"叫安东尼·布兰特，后来也私下供出了他的间谍身份。后来，"第五人"的身份也被公开，他是约翰·克恩克罗斯。

公审受害人

苏联军事情报总局的奥列格·潘科夫斯基（1919—1963）1960年与西方情报处有过联系。他提供给美国的情报帮助美国在冷战期间占了上风。克格勃逮捕潘科夫斯基后对其进行了公审，潘科夫斯基"认罪"。据报道，他1963年被判死刑并被处决。

小说中的间谍

美国作家詹姆斯·费明茂·库柏（1789—1851）在1851年出版了一本名为《间谍》的书，但是间谍小说在过去的50年才开始受到大家的欢迎。伊恩·弗莱明在第二次世界大战期间曾担任英国海军情报局的间谍。约翰·勒·卡里总结了他在军情五处和军情六处的经验，并给大家呈现了更加真实的秘密组织的世界的图像。好莱坞成功地将这两个作者的书都拍成了电影。艾伦·杜勒斯曾经是美国中央情报局的负责人，他写道"间谍英雄在真实的生活中几乎是不存在的"。但是这却不能阻止美国中央情报局使用间谍题材的电影中有益的方面训练间谍，并让他们认识到交易情报的陷阱。

迈克尔·凯恩在1965年的电影中饰演哈利·帕尔默，这部电影是根据《伊普克雷斯档案》改编的

反英雄

在《伊普克雷斯档案》中，作家莱恩·戴盾塑造了一个英雄间谍人物。伦敦的犯罪分子无奈变成间谍的故事是戴顿第一本非常畅销的书。

作者遇见间谍

弗雷德里克·福赛思（左）的书《敖德萨档案》以德国"香槟间谍"沃尔夫冈·洛茨（右）为原型。洛茨阻止了埃及导弹计划，帮助以色列在对抗埃及的1967年的六日战争中取得胜利。

洛茨的高尚的生活方式使他赢得了"香槟间谍"的称号

间谍暗杀名单

英国的间谍也许不是世界上最出色的，但是该国的间谍题材小说作者荣居最畅销书排行榜的榜首。007系列被翻译成了很多种语言。

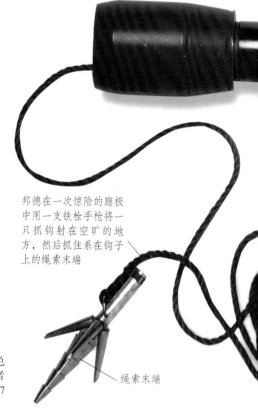

邦德在一次惊险的蹦极中用一支铁栓手枪将一只抓钩射在空旷的地方，然后抓住系在钩子上的绳索末端

绳索末端

SPYCATCHER 3　LT. COL. ORESTE PINTO
TINKER TAILOR SOLDIER SPY
JOHN LE CARRÉ
CASINO ROYALE/IAN FLEMING
THE ELIMINATOR　ANDREW YORK
DIAMONDS ARE FOREVER/FLEMING
MOONRAKER/IAN FLEMING
Catch Me:Kill Me　William H. Hallahan
Len Deighton Funeral in Berlin
Passe-passe pour H.B.B.　BRUCE OSS 117
FLEMING　O.H.M.S.S.　TRIAD PANTHER
YOU ONLY LIVE TWICE/FLEMING
WIKTOR SUWOROW LODOŁAMACZ
EL PARTIDO DE LONDRES
LEN DEIGHTON　HOOK

虚构的邪恶夫人

大仲马（1802—1870）的著名的冒险小说中的人物，米拉迪（右）是最危险的间谍，她曾试图诋毁法国的王后。

印度绳子魔术

伊恩·弗莱明在邦德系列故事中所描述的这些设备是查尔斯·弗雷泽－史密斯等人的真正发明，曾应用到第二次世界大战的间谍组织中。

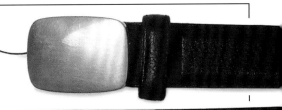

27米长的精密绳索可以承担邦德的重量

在电影《黄金眼》中邦德使用的腰带

望远镜瞄准器

时间工具

手表在邦德的很多电影中有非常重要的作用。在《黄金眼》中，邦德手表中的激光帮助他摆脱困难的处境。

电影《黄金眼》中詹姆斯·邦德的岩钉枪

岩钉枪中配有激光，邦德使用这个激光割开了俄罗斯化学工厂的屋顶

印钞机

伊恩·弗莱明（1908—1964）打算写一个"终结所有间谍故事"的间谍故事。他成功了。这14本邦德间谍小说销量超过了1800万册。

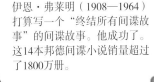

在第十七部詹姆斯·邦德电影《黄金眼》中，皮尔斯·布鲁斯南饰演这个足智多谋的英国间谍

邦德使用电磁炸弹摧毁了化学工厂

这些逼真的道具里包括一把有锁的手枪

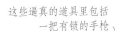

浴室被窃听

在电影《对话》中，窃听专家（由吉恩·哈克曼饰演）被卷入充满欺骗和谋杀的可怕的世界中。这部电影对工作中的工业间谍的描述罕见但却真实。

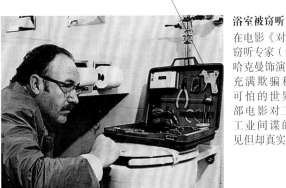

威尔斯在《大战火星人》
中描述的场景

"火星全球勘测者"号

来自火星的陨石

阿拉伯台地的陨击坑群

诺亚纪的火星

火星"探路者"号

喜帕恰斯

火 星

Mars

带你亲临夜空中闪耀着暗红色光芒的行星——火星

古代的火星

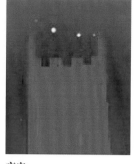

夜空
在上面这幅照片中，木星（左）是最亮的，右侧是火星。太阳系内的行星反射的都是太阳的强光，并不会像来自亿万千米之外的恒星光线那样，因受地球大气层的影响而闪烁不定。

在古代，由于没有望远镜，天文学家们只能用肉眼观察恒星和行星等天体。古代科学家已经知道6颗行星——水星、金星、地球、火星、木星和土星。他们认为夜空中大部分星星是"不动的"，所以称之为"恒星"，而在恒星之间穿行的行星则被称为"游星"。4000年前，古埃及人把发射橘红色光芒的火星称为"Har Decher"（红星）。几个世纪后，巴比伦人把它命名为"Nirgal"（死亡之星）。公元前5世纪，罗马人把它叫作"Mars"（战神）。公元2世纪，天文学家克劳迪乌斯·托勒玫宣称，火星、太阳、月亮和其他行星都环绕地球运转。他的理论被称为"地心说"——以地球为中心的学说，这个学说在此后的1400多年里占据着天文学的统治地位。

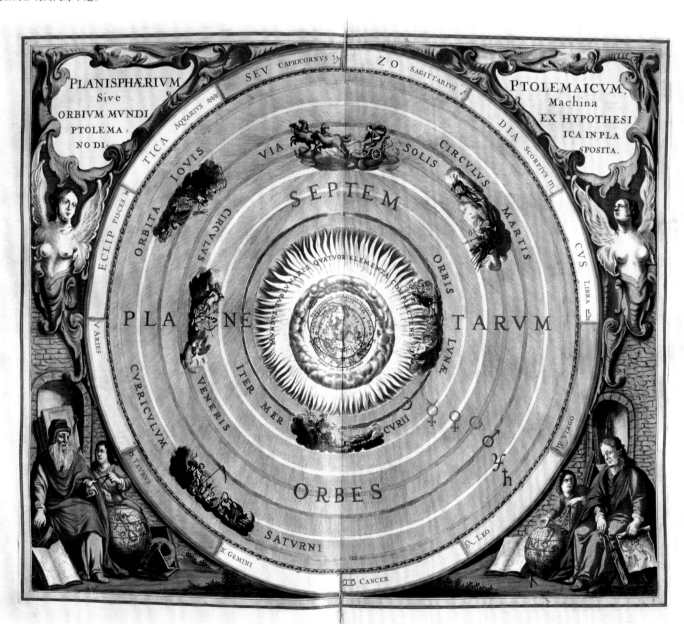

托勒玫体系
这幅17世纪的"平面星图"展现了托勒玫的地心说对太阳系的描述：太阳系中有7个大天体绕着地球旋转，由近及远依次是：月亮、水星、金星、太阳、火星、木星和土星。

早期的天文学家

托勒玫吸收了古代科学家关于天体的各种观点。他的天文学巨著《至大论》中包含了天文学家喜帕恰斯（公元前190—前120）和哲学家亚里士多德（公元前384—前322）的学说。这些思想家认为，地球和天体都是一个有序、有组织的体系——宇宙——的一部分。

克劳迪乌斯·托勒玫

托勒玫（约公元100—约170）对数学、光学和地理学有着巨大贡献，他的理论对天文学的统治一直持续到了16世纪。左图描绘的是托勒玫手持天球仪的形象。在右图中也能看到这种天球模型。

亚里士多德

古希腊哲学家亚里士多德把宇宙划分为地球和天空两部分，地球是宇宙的中心，天体围绕着地球运转。托勒玫根据亚里士多德的"球形宇宙论"建立了自己的学说。

喜帕恰斯

出生于比希尼亚（现属土耳其）的喜帕恰斯是最伟大的天文学家之一。他绘制出了1000多颗恒星和行星的星图。他发展了通过测量恒星的位置来确定地理位置的数学方法。这种方法为远洋航行奠定了基础。

战神

古罗马人把战神马尔斯（Mars）当成帝国神圣的保护者。在神话中，马尔斯是仅次于罗马主神朱庇特（Jupiter）的神，同时也是罗马城的建立者罗幕路斯和雷穆斯的父亲。

矿物的保护

上图展示的是赤铁矿。铁是古罗马战神的象征，勇士们相信由这些矿物制成的护身符能在战斗中给予他们魔法般的保护。

披挂盔甲的战神

这座战神的人身青铜像铸造于公元4世纪，当时的罗马是一个庞大的帝国。战神是罗马帝国的保护者，也是罗马军团崇拜的武神。

母狼

罗慕路斯和雷穆斯

罗慕路斯和雷穆斯

战神有一对双胞胎儿子——罗慕路斯和雷穆斯，他们的妈妈是一位公主。他们被一只母狼抚养长大。这对双胞胎在他们获救的地方建立了罗马城。

硬币上的战神

罗马帝国的硬币上铸有一名士兵的半身像，他的头盔上刻有战神的形象。

天文学家对火星的关注

ASTRONOMY（天文学）这个单词结合了希腊文astron（星星）和nomos（定律）的意思。一般来说，天文学是研究恒星和行星及其大小和运动定律的学科。早期的天文学家通过数学方法——尤其是几何学——来计算天体运行的轨道。波兰天文学家尼古拉·哥白尼（1473—1543）提出了"以太阳为中心"的理论，这就是著名的"日心说"。这个学说打破了托勒玫以地球为中心的地心说体系。后来，天文学家利用伽利略改良后的望远镜和利帕席发明的早期望远镜证实了哥白尼的理论。到了19世纪，科学家们用功能日益强大的望远镜来研究火星，并坚信他们看到了运河和海洋。有些科学家甚至认为，火星上可能有着远比地球文明先进的古老文明。

尼古拉·哥白尼

哥白尼是16世纪波兰天文学家。他创立的日心说在科学界赢得了越来越多的支持。但许多哲学家和宗教人士却直到18世纪初仍然信奉地心说。

开普勒的教学轨道

约翰尼斯·开普勒（1571—1630）在他的祖国德国学习了数学。他对天文学也十分感兴趣。通过对火星仔细观测，他发现行星是沿椭圆轨道运行的。开普勒运用数学知识计算出了行星的轨道，还发明了一种经过改良的望远镜。

惠更斯和沙漏海

荷兰天文学家克里斯蒂安·惠更斯是较早使用自制望远镜研究火星的天文学家之一。他观测到了火星上的暗斑，由于其形状很像沙漏而被命名为"沙漏海"。两个世纪后，人们利用更好的望远镜看到了更清晰的影像，它被重新命名为大流沙。

设想火星生命

威廉·赫歇尔（1738—1822）在青年时代就从祖国德国来到了英格兰教授音乐。他是一个狂热的天文爱好者，并且建造了自己的望远镜。他对火星尤其着迷，因为他认为火星是与地球最为相似的星球。惠更斯和赫歇尔都是最早宣称火星上可能存在生命的人。

威廉·赫歇尔

赫歇尔的望远镜

为了聚集更多的星光，作为光学学生的赫歇尔在他的望远镜中使用了许多巨大的镜面。他的"反射式"望远镜在当时是最先进的。在望远镜的帮助下，他在1781年发现了天王星。除此之外，他还研究过火星，并断定火星的两极地区存在冰冠，其在夏天会因为部分冰融化而变小，到了冬天又会变大。

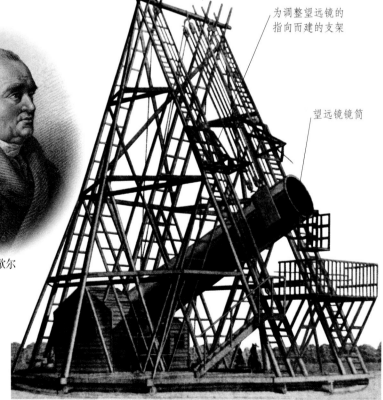

为调整望远镜的指向而建的支架

望远镜镜筒

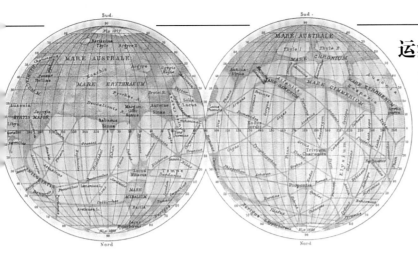

运河理论

19世纪后期，研究火星的天文学家对他们的观测结果展开了激烈的争论。天文爱好者帕西瓦尔·洛厄尔称火星上存在着由"智慧生物"建造的运河，有些观测者也说他们看到了巨大的蓝色"火星海"。而美国天文学带头人爱德华·E·巴纳德利用当时功能最强大的望远镜，却并未在火星上发现任何运河或海洋。然而，他却观测到了高大的山脉和巨大的高原。后来的科学研究证实，巴纳德是正确的。

斯基亚帕雷利的火星地图

1877年，意大利米兰天文台台长乔瓦尼·斯基亚帕雷利（1835—1910）开始研究火星。他确信自己在火星上看见了水道。他将此绘制成了地图，来说服其他天文学家——火星上存在着运河。

斯基亚帕雷利的命名

为了绘制出准确而完整的火星地图，斯基亚帕雷利在他的望远镜前整夜工作。他用拉丁名和希腊名来标记火星上的地区和自然特征。这些名字大多来源于希罗多德和《奥德赛》，以及《圣经》。后来的火星研究者认可了这些命名。

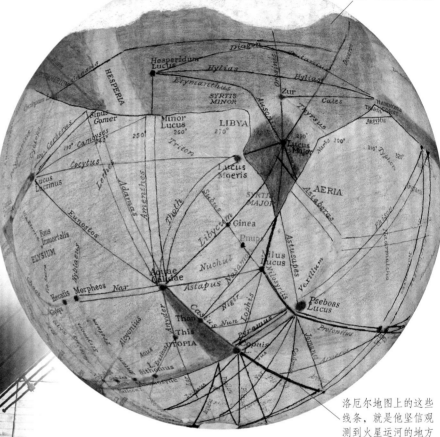

洛厄尔相信这里是冰层

暗区：洛厄尔认为这里可能存在植被

洛厄尔地图上的这些线条，就是他坚信观测到火星运河的地方

爱德华·E·巴纳德

美国人爱德华·E·巴纳德（1857—1923）是天体摄影学的先驱之一。1894年，巴纳德利用加利福尼亚州里克天文台的一架口径91厘米的天文望远镜研究了火星。他认为，火星上没有任何运河。

洛厄尔的天文台

这张照片摄于1900年，表现的是美国人帕西瓦·洛厄尔（1855—1916）在他建立的天文台上研究火星的情景。洛厄尔相信火星与地球有很多相似之处——有水、植被，甚至还有可供人类呼吸的大气。他根据观测结果绘制了火星运河的地图（右上图）。

火星和流行文化

没有任何其他行星能像火星那样激发人类的想象力。19世纪末，作家们开始描述火星上的"智慧生命"。这些"智慧生命"通常都对人类充满敌意。1897年，英国小说家赫伯特·乔治·威尔斯写作了《大战火星人》，他率先将火星人描绘成幽灵般的入侵者。20世纪20年代，随着早期电影的发展，人们喜爱上了火星冒险的题材。1938年的广播剧《大战火星人》就是其中最惊悚的故事之一，它是以新闻报道的形式录制的，听起来就像火星人真的入侵地球了。

火星纪事

1951年，科幻作家雷·布雷德伯里在《火星纪事》中描写了人类反过来进军火星的故事。对于火星来说，人类是一种外星生命，他们必须在完全陌生的环境里建立新家园。

大战火星人

1897年，H·G·威尔斯创作了令人惊悚的《大战火星人》，其中虚构的火星人后来成了最流行的火星人形象。1938年，奥逊·威尔斯制作了广播剧版的《大战火星人》，该剧产生的轰动效应至今还被很多人铭记。到了21世纪，这类故事仍然广受欢迎，只不过现在的科幻小说加入了许多科学技术的细节描写。

《大战火星人》中火星人驾驶的
战斗机器

赫伯特·乔治·威尔斯

广播剧中的侵袭
导演奥逊·威尔斯在1938年用一种充满真实感的形式广播了《大战火星人》。威尔斯的广播听起来让人感到不怀好意的火星人似乎已经在美国新泽西州着陆，许多人为此深感恐慌，并逃离家园。

传播效应
一个老人正在守候广播剧《大战火星人》中描述的火星入侵者（上图）。这个广播剧的播出，大大增强了公众对科幻冒险作品的迷恋。

《火星故事》

因创作《人猿泰山》而名扬天下的埃德加·赖斯·巴勒斯也写了不少科幻作品，其中包括一套分为11部的关于火星的系列小说《火星故事》。《火星故事》中描述了一位名叫约翰·卡特的内战老兵被送上火星的冒险故事。左图中的这本书是该套丛书的第一部。

战斗中的飞侠哥顿

20世纪30年代，广播剧《飞侠哥顿》被搬上银屏。在电影中，哥顿击败了火星坏人"酷明"及其持矛武士（如上图）。而早在1924年，苏联就通过无声电影《阿爱里塔：火星王后》让火星走上了银幕。

电影《飞侠哥顿》中的"酷明"

火星人入侵

《火星人玩转地球》拍摄于1996年，它是一部既搞笑又暴力的火星人入侵题材的电影。在这部电影中，地球人不得不奋起抗争，击败试图奴役地球人的邪恶火星人。

艺术家想象中的火星

这是20世纪早期的人们想象中的火星形象——充满了水的运河流经城市，沿岸布满植被。这些绿色的火星人不但拥有飞行器，而且自身还有翅膀。

空间时代的前夕

20世纪中叶，科学事实取代了人们对火星的科学幻想。迅速发展的技术让科学家们拥有了功能强大的天文望远镜。科学家们发展出了"光谱学"，为分析火星上的矿物和大气成分奠定了基础。20世纪50年代，科学家们发现，火星表面温度比先前想象的要低很多，而且空气非常稀薄。有些天文学家证实，传说中的"火星运河"不过是因望远镜的功能较差而引起的"光学错觉"。对于这个行星上是否能够生长植物的问题，如今依然有人提起。不过，当科学家们准备用火箭将宇宙飞船送入太空时，弄清火星的真相就不再遥远了。

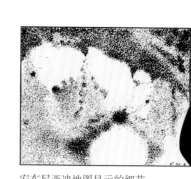

安东尼亚迪地图显示的细节

杰拉尔德·柯伊伯

柯伊伯（1905—1973）是20世纪天文学的带头人之一。1947年，他的研究表明，火星空气中含有的二氧化碳占了火星大气的95%之多。

尤金·安东尼亚迪（1870—1944）

这位土耳其出生的法国天文学家刚开始也认为火星上存在运河。后来在1909年，他通过当时欧洲最大的天文望远镜来研究火星。他绘制的地图上显示了条纹状和棋盘状的图形，但并没有运河。

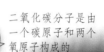

二氧化碳分子是由一个碳原子和两个氧原子构成的

地球大气的抖动使图像变得模糊了

不清晰的地貌细节

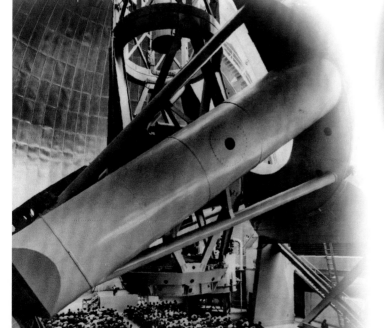

帕洛马山天文台

1948年，世界上最大的天文望远镜在加利福尼亚州帕洛马山的一座新天文台上建成。这架天文望远镜花了20年时间设计与建造。它安在旋转圆顶里的镜面口径长达508厘米。

火星变得更加接近

帕洛马山天文望远镜让火星的图像变得更加清晰。然而，图像总是被地球大气的抖动弄得模糊不清。因此，天文学家总是希望能在地球大气层之上尽可能高的地方观测天体。

冯·布劳恩
原德国军用火箭设计师冯·布劳恩（1912—1977）和其他一些德国科学家在第二次世界大战后来到美国，为美国空间计划工作。1960年，冯·布劳恩成为美国国家航空航天局马歇尔航天中心的首位主任。在他的10年任期内，美国实现了人类第一次登月。

为乘客准备的吊舱

第二次世界大战中 V-2火箭的模型

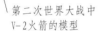

奥迪翁·多尔福斯
为了减少大气的影响，20世纪五六十年代，法国天文学家奥迪翁·多尔福斯（1924—）曾利用热气球将设备运送到1万米的高空去观测火星。他发现，火星上存在着极少量的水。1958年，新成立的美国国家航空航天局（NASA）开始发射携带照相机和科学仪器的卫星。

切斯利·邦艾斯特的火星

切斯利·邦艾斯特和冯·布劳恩是好友，在友谊的鼓舞下，他把火星用多姿多彩的画面描绘了出来。在此之前，切斯利·邦艾斯特既是一位建筑师，也是一位电影场景设计师。他通过拍摄太空冒险电影来表达他对科幻作品的热情

火星景象
为了创造这个"火星探索"的场景，邦艾斯特与冯·布劳恩研讨了最新型的火箭和其他装备。冯·布劳恩通过写作飞向火星的作品，也鼓舞了许多年轻的科学家去探索火星。

切斯利·邦艾斯特

红色行星露真容

为了和苏联竞赛成为第一个探索太阳系的国家，美国在1958年发射了第一颗人造地球卫星。1962年，美国国家航空航天局（NASA）向金星发射了"水手"1号和2号探测器，"水手"2号取得成功，传回了这颗炽热且浓云密布的行星的照片。1964年11月，又有两个"水手"号探测器飞向下一个目标——火星，"水手"4号终于1965年7月到达火星，从火星表面上空9800千米传回了22张图片。科学家们和公众惊奇地发现火星表面布满了环形山，并且没有任何生命的迹象。1969年，"水手"6号和7号发回了更多的照片，但全部所能看到的都是一个干燥、寒冷和满是尘埃的星球。

约翰逊总统
上图是林登·约翰逊总统（右）在1964年1月验收"水手"号探测器发回的照片的情景。出现在图中的还有"水手"号的设计者、美国国家航空航天局喷气推进实验室主任威廉·H·皮克林博士。

保护罩在火箭发射时包裹着航天器

阿特拉斯火箭助推器由液态氧和煤油提供动力

"水手"1号的发射
"水手"计划共有9个探测器。"水手"1号是在1962年7月发射的。不幸的是，这次发射失败了。第一个向火星发射的探测器——"水手"3号的发射也失败了。它的保护罩没有打开，进而阻挡了太阳能电池板的展开，探测器因缺乏动力而坠落。

多岩与干燥
"水手"4号是第一个传回火星特写照片的探测器。探测器中的摄像机展现了火星上坑洼不平、极其荒凉的景象。

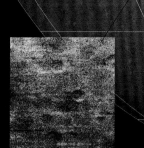

坑洼不平的环形山
"水手"4号的照片拍摄了火星表面1/100的区域。塔尔西斯地区西南部高低不平的丘陵地带布满了环形山。

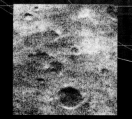

环形山荒原
南半球有着更多这样的陨击坑（环形山）。美国国家航空航天局原本希望在此找到水存在的证据。

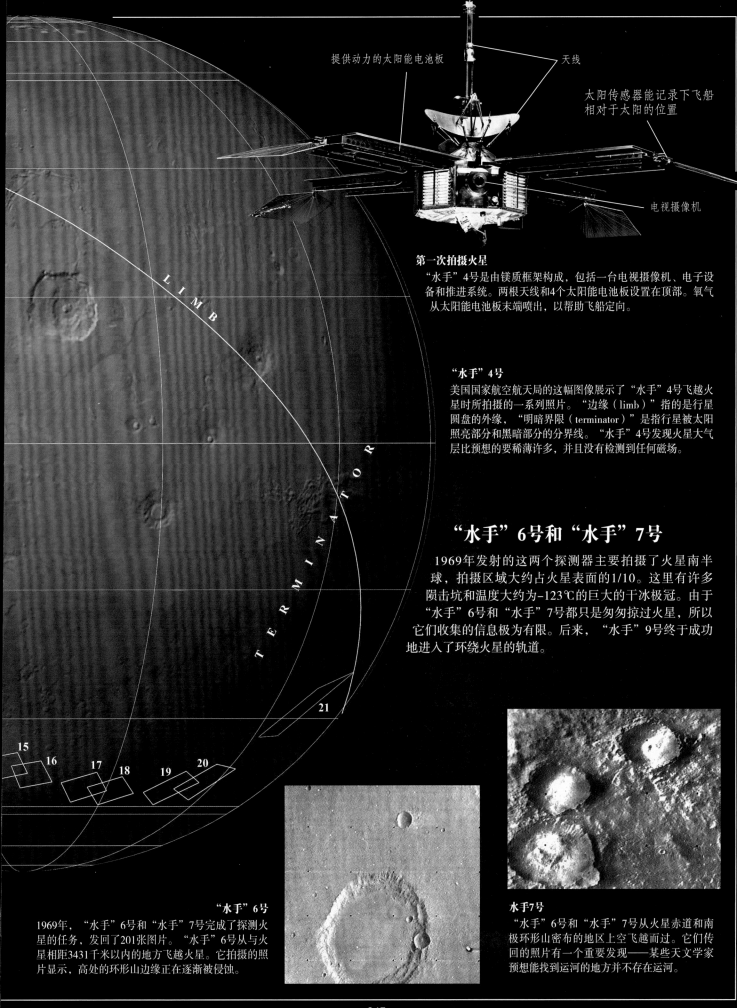

提供动力的太阳能电池板

天线

太阳传感器能记录下飞船相对于太阳的位置

电视摄像机

LIMB

TERMINATOR

21

15

16

17

18

19

20

第一次拍摄火星

"水手"4号是由镁质框架构成,包括一台电视摄像机、电子设备和推进系统。两根天线和4个太阳能电池板设置在顶部。氧气从太阳能电池板末端喷出,以帮助飞船定向。

"水手"4号

美国国家航空航天局的这幅图像展示了"水手"4号飞越火星时所拍摄的一系列照片。"边缘(limb)"指的是行星圆盘的外缘,"明暗界限(terminator)"是指行星被太阳照亮部分和黑暗部分的分界线。"水手"4号发现火星大气层比预想的要稀薄许多,并且没有检测到任何磁场。

"水手"6号和"水手"7号

　　1969年发射的这两个探测器主要拍摄了火星南半球,拍摄区域大约占火星表面的1/10。这里有许多陨击坑和温度大约为–123℃的巨大的干冰极冠。由于"水手"6号和"水手"7号都只是匆匆掠过火星,所以它们收集的信息极为有限。后来,"水手"9号终于成功地进入了环绕火星的轨道。

"水手"6号

1969年,"水手"6号和"水手"7号完成了探测火星的任务,发回了201张图片。"水手"6号从与火星相距3431千米以内的地方飞越火星。它拍摄的照片显示,高处的环形山边缘正在逐渐被侵蚀。

水手7号

"水手"6号和"水手"7号从火星赤道和南极环形山密布的地区上空飞越而过。它们传回的照片有一个重要发现——某些天文学家预想能找到运河的地方并不存在运河。

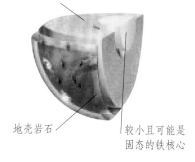

硅酸盐岩构成的幔

地壳岩石

较小且可能是固态的铁核心

火星的构成

与地球一样，火星被一层岩石壳覆盖着。火星的岩石层下可能有冰冻的水冰，接下来是岩石般坚硬的固态幔。它的核心由富含铁的矿物组成，密度比幔还要大。

火星在太阳系中

我们所处的太阳系的中心是一颗被称为"太阳"的恒星。炽热的太阳是太阳系中最大的天体，它的直径是地球的110倍，火星的200倍。太阳通过引力控制着8颗行星的运动。太阳系中还有成千上万颗比较小的天体围绕着太阳旋转，包括小行星、彗星和流星体。按顺序，离太阳最近的4颗行星（即"内行星"）分别是水星、金星、地球和火星。接下来是小行星带——由大小各异的小行星组成的巨大的环。第5颗是最大的行星——木星，接下来是第二大的土星，还有天王星、海王星。此外还有2006年被取消大行星资格的冥王星。

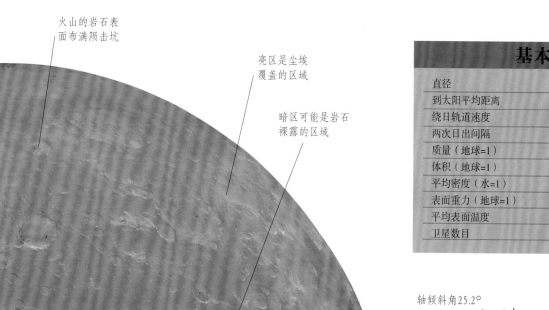

火山的岩石表面布满陨击坑

亮区是尘埃覆盖的区域

暗区可能是岩石裸露的区域

基本参数统计	
直径	6794千米
到太阳平均距离	2.279亿千米
绕日轨道速度	24.1千米/秒
两次日出间隔	24小时39分钟（一个火星日）
质量（地球=1）	0.11
体积（地球=1）	0.15
平均密度（水=1）	3.93
表面重力（地球=1）	0.38
平均表面温度	−63℃
卫星数目	2个

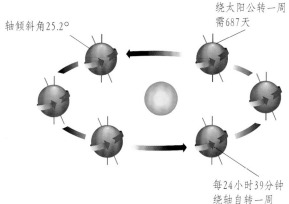

轴倾斜角25.2°

绕太阳公转一周需687天

每24小时39分钟绕轴自转一周

火星轴和自转

火星的轴大约倾斜25°。自转方向为逆时针方向。自转一周就是一个火星日，长24小时39分钟。一个火星年有669个火星日。

离太阳从远到近的"第四块石头"

离太阳最近的四颗行星和地球相似，所以被称为类地行星。火星到太阳的距离是地日距离的1.5倍。虽然火星比地球寒冷干燥得多，并且缺少维持呼吸的氧气，但火星依旧是与地球最相似的星球。

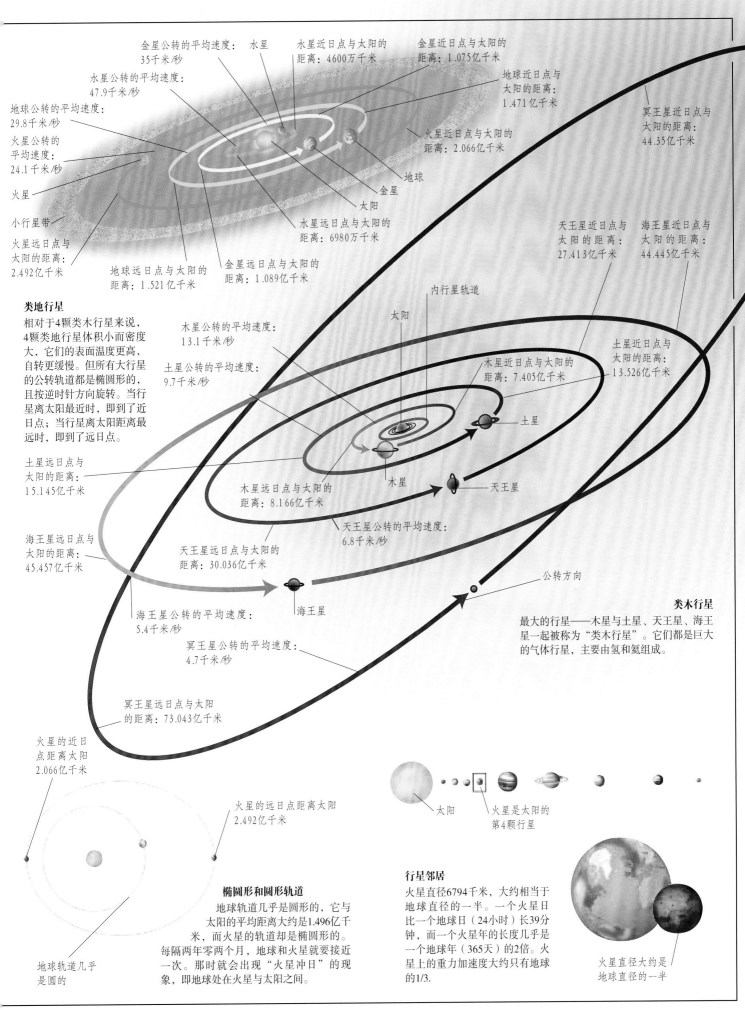

金星公转的平均速度：35千米/秒

水星

水星近日点与太阳的距离：4600万千米

金星近日点与太阳的距离：1.075亿千米

水星公转的平均速度：47.9千米/秒

地球近日点与太阳的距离：1.471亿千米

地球公转的平均速度：29.8千米/秒

冥王星近日点与太阳的距离：44.35亿千米

火星公转的平均速度：24.1千米/秒

火星近日点与太阳的距离：2.066亿千米

火星

地球

小行星带

金星

火星远日点与太阳的距离：2.492亿千米

太阳

水星远日点与太阳的距离：6980万千米

地球远日点与太阳的距离：1.521亿千米

金星远日点与太阳的距离：1.089亿千米

类地行星

相对于4颗类木行星来说，4颗类地行星体积小而密度大，它们的表面温度更高，自转更缓慢。但所有大行星的公转轨道都是椭圆形的，且按逆时针方向旋转。当行星离太阳最近时，即到了近日点；当行星离太阳距离最远时，即到了远日点。

木星公转的平均速度：13.1千米/秒

内行星轨道

太阳

木星近日点与太阳的距离：7.405亿千米

土星近日点与太阳的距离：13.526亿千米

天王星近日点与太阳的距离：27.413亿千米

海王星近日点与太阳的距离：44.445亿千米

土星公转的平均速度：9.7千米/秒

土星

土星远日点与太阳的距离：15.145亿千米

木星

木星远日点与太阳的距离：8.166亿千米

天王星

海王星远日点与太阳的距离：45.457亿千米

天王星远日点与太阳的距离：30.036亿千米

天王星公转的平均速度：6.8千米/秒

海王星公转的平均速度：5.4千米/秒

冥王星公转的平均速度：4.7千米/秒

海王星

公转方向

类木行星

最大的行星——木星与土星、天王星、海王星一起被称为"类木行星"。它们都是巨大的气体行星，主要由氢和氦组成。

冥王星远日点与太阳的距离：73.043亿千米

火星的近日点距离太阳2.066亿千米

火星的远日点距离太阳2.492亿千米

太阳

火星是太阳的第4颗行星

地球轨道几乎是圆的

椭圆形和圆形轨道

地球轨道几乎是圆形的，它与太阳的平均距离大约是1.496亿千米，而火星的轨道却是椭圆形的。每隔两年零两个月，地球和火星就要接近一次。那时就会出现"火星冲日"的现象，即地球处在火星与太阳之间。

行星邻居

火星直径6794千米，大约相当于地球直径的一半。一个火星日比一个地球日（24小时）长39分钟，而一个火星年的长度几乎是一个地球年（365天）的2倍。火星上的重力加速度大约只有地球的1/3.

火星直径大约是地球直径的一半

"水手"号

1971年初，美国和苏联的科学家都急于率先把探测器送入环绕火星的轨道。为了完成这个重要任务，这两个国家都准备了多个飞行器。第一个发射的是"水手"8号，它在1971年5月8日发射，但是坠入了大西洋。同年5月30日，"水手"9号成功升空。苏联的两个探测器成功地到达了火星。但美国探测器率先到达火星，并在1971年11月13日进入了环绕火星的轨道，比苏联探测器早两个星期。"水手"9号做了许多惊人的工作，发回了大量分光资料和7300多张照片——几乎覆盖整个火星表面。

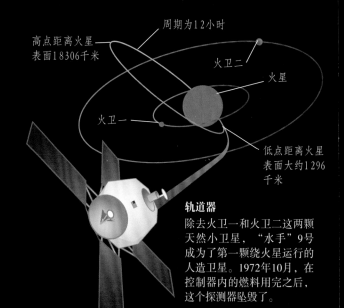

周期为12小时

高点距离火星表面18306千米

火卫二

火星

火卫一

低点距离火星表面大约1296千米

轨道器
除去火卫一和火卫二这两颗天然小卫星，"水手"9号成为了第一颗绕火星运行的人造卫星。1972年10月，在控制器内的燃料用完之后，这个探测器坠毁了。

探测火卫
　　"水手"9号第一次近距离地观测了火卫一——火星两颗卫星中较大的一颗。这张照片是"水手"9号在距离火卫一5760千米的地方拍摄的。它展示了火卫一那布满陨击坑的表面，甚至能看到一些直径只有300米的极小陨击坑。

尘埃下的火星
当"水手"9号到达火星轨道时，一场巨大的尘暴掩盖了火星。在这张照片中，只有塔尔西斯火山的两个山峰隐约可见。为保留能量，"水手"号关闭了所有的设备。苏联的轨道探测器向火星发送了着陆器，结果却失败了；轨道探测器也在沙尘暴停息之前耗尽了能量。

火山是处在尘暴之上唯一可识别的特征

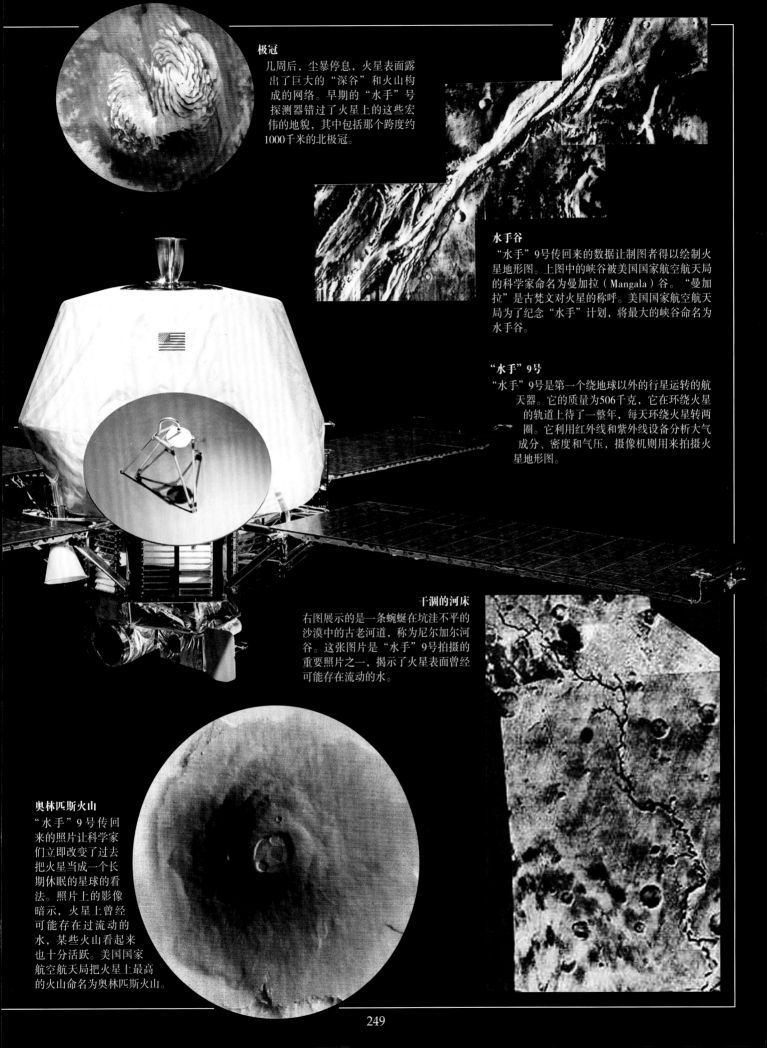

极冠

几周后，尘暴停息，火星表面露出了巨大的"深谷"和火山构成的网络。早期的"水手"号探测器错过了火星上的这些宏伟的地貌，其中包括那个跨度约1000千米的北极冠。

水手谷

"水手"9号传回来的数据让制图者得以绘制火星地形图。上图中的峡谷被美国国家航空航天局的科学家命名为曼加拉（Mangala）谷。"曼加拉"是古梵文对火星的称呼。美国国家航空航天局为了纪念"水手"计划，将最大的峡谷命名为水手谷。

"水手"9号

"水手"9号是第一个绕地球以外的行星运转的航天器。它的质量为506千克，它在环绕火星的轨道上待了一整年，每天环绕火星转两圈。它利用红外线和紫外线设备分析大气成分、密度和气压，摄像机则用来拍摄火星地形图。

干涸的河床

右图展示的是一条蜿蜒在坑洼不平的沙漠中的古老河道，称为尼尔加尔河谷。这张图片是"水手"9号拍摄的重要照片之一，揭示了火星表面曾经可能存在流动的水。

奥林匹斯火山

"水手"9号传回来的照片让科学家们立即改变了过去把火星当成一个长期休眠的星球的看法。照片上的影像暗示，火星上曾经可能存在过流动的水，某些火山看起来也十分活跃。美国国家航空航天局把火星上最高的火山命名为奥林匹斯火山。

首次成功登陆火星

1975年，位于佛罗里达州的肯尼迪航天中心将"海盗"1号和"海盗"2号送上了通往火星的旅途。1975年8月发射的"海盗"1号在1976年6月进入环绕火星的轨道。7月，它的着陆舱降落到了火星北部遍布卵石的平原上，开始执行预定的主要任务——寻找适宜生命生存的土壤。1976年9月，"海盗"2号的着陆器降落在火星中纬度偏北的一个平原上。着陆器拍摄了引起巨大轰动的火星地表照片，并测试了大气的气体成分。然而，它们没有在火星上发现任何生命。

从地球到火星

上图中这些建立在美国加利福尼亚州戈尔德斯通的跟踪站上的碟形天线，是用来与"海盗"1号和2号飞船通信的。该跟踪站和另外两个分设在西班牙和澳大利亚的跟踪站都由美国国家航空航天局的深空网组织管理着。每个站点都有3架天线，其中口径最大的为70米。

"海盗"号向火星降落

1976年7月20日，"海盗"1号上的计算机将轨道器和着陆器分离开来。着陆器沿着弯曲的飞行路径渐渐下落到火星上。当着陆器降落到距离地面1.6千米时，一个降落伞被打开。此时着陆器仍然在防护罩中。

临近降落

这幅图展示的是着陆器的降落伞打开不久后的一个关键时刻。此时，防护罩刚刚弹出，着陆腿也已经打开。大约50秒后，反向火箭将点火以减慢降落速度。1分钟后，着陆器经过几次轻微的震荡后，降落在了克里斯平原上。"海盗"1号是第一个在其他行星上成功着陆的航天器。

"海盗"1号拍摄的火星景象

下图是"海盗"1号在克里斯平原东北部地平线上拍摄到的景象。火星比地球上任何戈壁都荒芜。由于空气中悬浮着很多尘埃，火星的天空会呈现出锈渍般的粉红色。下图中这块被称为"大乔"的砾石有大约3米宽、1米高。

火星土壤的生物学测试

"海盗"号着陆器上的机械臂采集了土壤样本，并把它们同水和维持生命的化合物混在一起。灵敏的设备检测了这些混合物，以寻找生命存在的迹象，比如同微生物产生的气体分子。然而，实验结果表明：多尘的火星土壤是无法孕育生命的。由于风力的作用，火星全球的土壤都混合在一起，因此绝大多数的科学家相信，在火星上的每一个地方都会得到同样的否定结果。

"海盗"号着陆器

"海盗"1号和"海盗"2号着陆器是最早在其他星上进行长期研究的航天器。每个着陆器上都带有一条专为采集检测土壤样本准备的机械臂，还有两架可旋转的电视摄像机和研究火星气候的设备。着陆器一直工作到1982年，向地球传回了1400多幅图像。

着陆器的实验室

每个"海盗"号着陆器上都载有一个用来检测土壤样本的实验室。其中一套设备先将营养物质注入样本，然后竭力检测样本中是否出现了可能是由生命体产生的气体。另一套设备测试了类植物细胞可能产生的物质。实验室还试着用加热过的土壤和光源来促使细胞生长，但也没有成功。

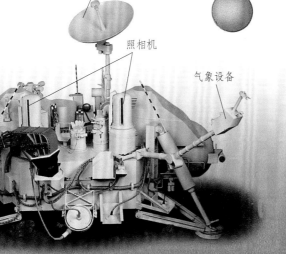

营养物质进料口

气体分析仪

氦气

被营养液浸润的火星土壤

从土壤样本中分离出来的气体

在5天时间内，灯光能促使所有植物细胞生长

强热将土壤中所有的有机化合物转化成了气体

气体分析仪

碟形天线

照相机

气象设备

机械臂和勺

机械臂和勺

在泥土中挖掘

在发射之前，这两个"海盗"号着陆器上带有锋利的勺的机械臂都在地球上测试过。为检验火星上是否存在生命，首个实验就是检测火星上的土壤样本。着陆器还载有气象研究设备，安装在另一个延伸臂上。

火星的三大时期

科学家认为火星经历了3个主要时期，每个时期都持续了数亿年。最早的时期是诺亚纪，此时的火星可能比较温暖、潮湿，火山活动旺盛。诺亚纪地貌与火星南半球的诺亚高原比较符合，那里古老的高地已经被陨星撞击得千疮百孔。接下来是赫斯伯利亚纪，这时火星经历了一段持久的寒冷期，水开始冻结。这个时期是依据南半球的赫斯伯利亚高原命名的，之所以认为它比诺亚高原年轻，是因为其上的陨击坑较少。最近的一个时期是亚马孙纪，它以北部低平的亚马孙平原命名。这里是一个满是尘埃的沙漠地区，其上的陨击坑很少，是火星上最年轻的地区之一。

诺亚纪

诺亚纪可能开始于大约45亿年前，那时火星刚刚形成，大约在35亿年前结束。在这个时期，陨星撞击越来越少，温暖的气候让河流、湖泊甚至海洋在火星表面得以存在。

水分丰富时

有些科学家认为，在诺亚纪和赫斯伯利亚纪时，火星北极地区较低的平原被从南部高地冲下来的水淹没了——一个较厚的大气层能够保存足够的水蒸气来产生雨。

35亿年前的大致景象

在下面这幅某位艺术家创作的阿拉伯台地全景图中，斯基亚帕雷利环形山处在最显眼的位置。自从陨星如雨的诺亚纪以来，这个地区几乎没有发生多大改变。

水成冰

在诺亚纪（上），液态的水既存在于星球表层，也存在于地下。到了赫斯伯利亚纪早期（中），大部分的水分已经渗入到地下或在地表冻结。到了赫斯伯利亚纪晚期（下），虽然火星上绝大部分的水都被锁入地下的冰沉降物，但由于压力缺口的存在，液态水偶尔也会喷发出来，致使地表局部开裂而引发大量的洪水。

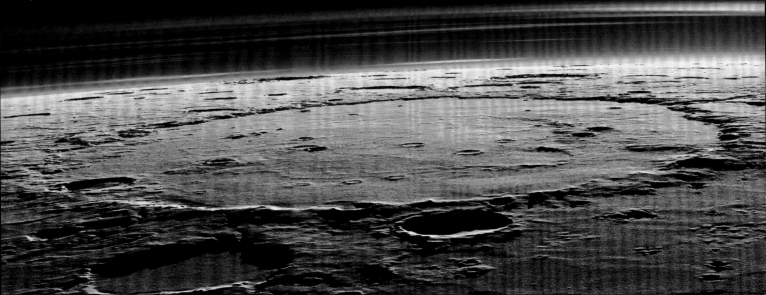

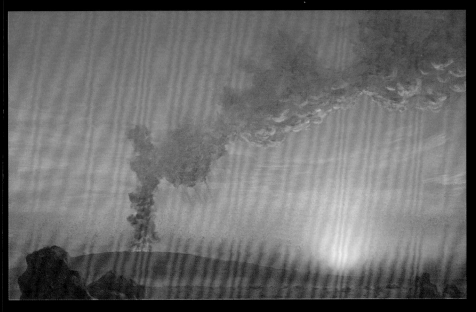

赫斯伯利亚纪

赫斯伯利亚纪从大约35亿年前持续到25亿年前。虽然此时的火星表面依旧是火山迸发、熔岩四溢，但随着火星的冷却，火山活动已经减缓。水开始冻结，在地表或地下结成冰。在这个变化期，可能存在足以切割出深而宽的河道的特大暴洪。当水退入地下并冻结时，火星变得干燥了，开始向另一个时代转变。

火山时代
这张图像表现的是赫斯伯利亚纪一个火山爆发、天空烟雾缭绕的情景。火山如此活跃，可能会将地下冰层融化，引发洪水，在火山表面冲刷出一道道沟槽。

亚马孙纪

亚马孙纪大约开始于25亿年前，并一直持续到现在。这段时期，虽然陨星撞击和火山爆发仍然持续不断，但与先前的时代相比，这些事件发生的频率已经比较低了。如今的火星干燥而又布满尘埃，有着非常稀薄的大气层。火星上的大气压强很低，以至于到达地表的水，不是立刻冻结就是蒸发了，这是火星表面环境干燥的原因之一。在亚马孙纪，火星上大部分的水是以地下冰的形式存在的。

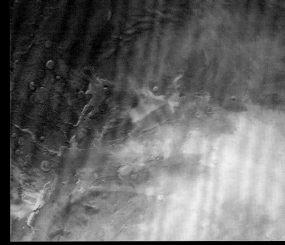

地球上的火星陨石
这颗陨石是20世纪70年代在洛杉矶附近被发现的，它来自火星。它由火山熔岩构成，重452.6克，且只有1.75亿年的历史，这证明在最近的亚马孙时代，火星上的火山一直是相当活跃的。

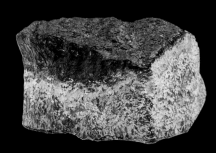

年轻的低地
塔尔西斯火山地区的西部是低而平的亚马孙平原，亚马孙纪的名字就是以它命名的。上面这张照片显示，被熔岩覆盖的平原表面上的陨击坑比年代久远的高地域要少很多。

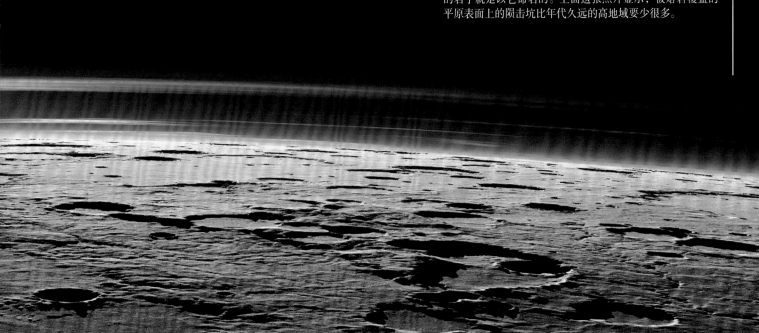

火星的大气层

火星大气层比地球大气层稀薄得多。火星大气中95%是二氧化碳,而地球大气中包含78%的氮气。21%的氧气。火星表面的平均温度低至-63℃,大气上层的水蒸气和二氧化碳蒸汽冻结形成了高空云层。当春风阵阵吹起时,尘埃就会被送入大气层中,引起巨大的尘暴,其他云层就出现在了火星上空。即使到了大部分的环绕云带再次安定下来的时候,细而微红的尘埃仍然会悬浮在大气的底层——"对流层"中。尘埃会把天空染成玫瑰橙色。在极冠地区,悬浮尘埃与结冰的气体会混合在一起,变成雪白的霜覆盖在地面上。

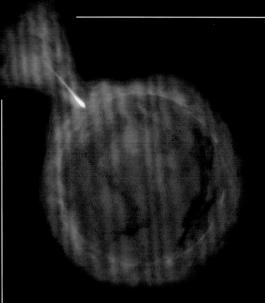

诺亚纪的空气流失

几十亿年前,流星的撞击轰走了火星上大量的大气。从那时起,火星上的空气开始不断流失。火星引力只有地球的1/3,无法阻止空气向太空逸散。冬天,部分二氧化碳冻结在极冠中,致使大气更加稀薄,但到了春天,二氧化碳又会再次回到大气中。

霾中日出

下面是一幅从太空中俯瞰火星的想象图,火星黎明时的大气层泛着红光。火星大气中悬浮着许多含有氧化铁的尘埃,它们会吸收并散射蓝光,但会让红光通过。火星大气压只有地球大气压的1/143。

火星大气

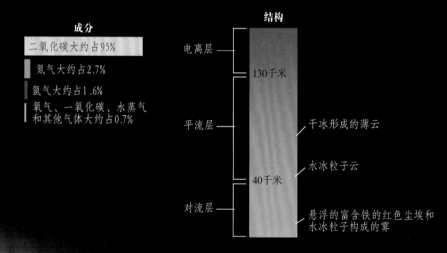

成分

二氧化碳大约占95%

氮气大约占2.7%

氩气大约占1.6%

氧气、一氧化碳、水蒸气和其他气体大约占0.7%

结构

电离层

130千米

平流层

40千米

对流层

干冰形成的薄云

水冰粒子云

悬浮的富含铁的红色尘埃和水冰粒子构成的雾

火星云

当夏季的温暖气流上升冷却时，巨大的火山顶峰上就会形成云层。水蒸气和二氧化碳蒸汽还会在极冠和海拔高的区域形成云。水冰云通常处在19～29千米高处，而干冰云一般处在48千米高处。由于火星表面干燥而又寒冷，所以这里从来不会下雨，但在冬天极区的云会在地上留下霜甚至雪。

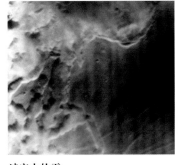

迷宫中的雾
上面这幅飞船拍摄的照片展示的是诺克提斯迷宫（一个处在水手谷西端的峡谷）初晨的薄雾。火星大气中水蒸气极少，但是在低温和低大气压共同作用下，它们还是形成了水冰云。

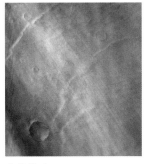

条纹状云
这些云可能在火星上的任何地方出现，但在赫勒斯平原北部的大流沙上最为常见。通过地基望远镜就能够看到这些火星云，因为它们会反射太阳光而呈现出明亮的斑纹。

背风波状云
这张照片展示的是在一座环形山上空形成的背风波状云。背风波状云常常是围绕着山脉、山脊、环形山和火山等较大的障碍物形成的，因为这些地方的空气常常会产生波形的条纹。

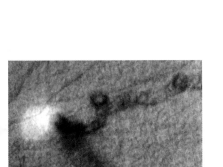

火星陆龙卷
阳光在旋转着的尘卷风中闪烁，在尘卷风的后面留下了一条卷曲的尾巴。尘卷风一般会出现在夏季的火星平原上。

尘暴和"尘卷风"

火星上的风通常会侵蚀岩石、扬起尘埃。尘埃云能够演变成覆盖几千千米的强大尘暴。尘埃云可以上升到1千米高，并在空中弥漫数周。一般情况下，"对流"产生的小旋风会在地上形成快速转动的风柱，也就是"尘卷风"，它们能够升至100米高的高空，并且能被在轨道上飞行的飞船观测到。

一场尘暴的聚会
1999年，火星北极地区发生了一场巨大的旋涡风暴，右面这组1999年拍摄的照片记录了这场令人窒息的尘云的巨大威力。这组照片是在两个小时内分期拍摄的（从左到右），它们显示出风暴在迅速地推进和急速地扩张。

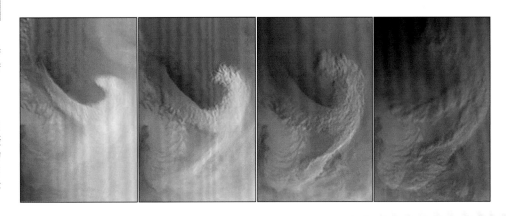

火星上有雪吗？

秋季，密云覆盖了北极地区。光很难穿透这层"极地遮光罩"，因此科学家们不能确定下面正在发生着什么。当冬天到来时，遮光罩变得更大了。冰冷的蒸汽冻结在空气中的尘埃粒子，变成了雪花般的结晶体。当极地遮光罩退去时，它就会给大地穿上由霜"织"成的雪白外衣。

让人惊奇的降雪
在这幅想象图中，轻盈的雪花从天而降，一位未来航天员伸出手去接雪花，他正在研究火星地面上的冰。

对比鲜明的雪花
地球上的雪花和火星上的雪花有着鲜明的区别。在地球大气层形成的水冰雪花是六边形的，而火星上的二氧化碳雪花看起来像宝石的塑料模型。霜在火星上是常见的，但科学家不确定那里是不是会出现雪。

地球上的雪花

火星上的雪花

火星的卫星

几个世纪以来，天文学家都相信火星有卫星，但是没有人能找到它们。爱尔兰裔英国作家乔纳森·斯威夫特在他1726年创作的《格列佛游戏》中依据想象精确地描述了火星的卫星。1877年，美国天文学家阿萨夫·霍尔终于通过美国华盛顿海军天文台那架功能强大的望远镜发现了火星的卫星。他以希腊神话中战神阿瑞斯（相当于罗马神话中的战神马尔斯）两个儿子的名字将它们命名为"福波斯"（火卫一）和"德莫斯"（火卫二）。它们可能是被火星引力捕获的小行星。霍尔还用他妻子的娘家姓氏——"斯蒂克尼"命名了火卫一上最大的环形山。

火卫二

火星的小卫星
左图是天文画家描绘的两颗火星卫星。火卫一的表面布满陨击坑，带有很深的沟槽。而火卫二看起来较为光滑，这是因为它表面上的部分陨击坑被岩石和尘埃覆盖了。

神奇的预言
英国讽刺作家和社会批评家乔纳森·斯威夫特（1667—1745）在天文学家发现火星卫星的150多年前就描述了它们。后来的发现表明，他想象中的火星卫星的轨道半径和轨道速度与实际情况非常接近。

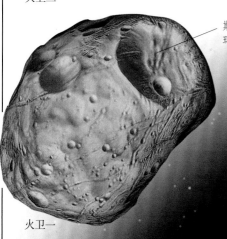

斯蒂克尼
环形山

火卫一

环绕在火星的轨道上
这幅图描画了站在火卫一上观看火星的情景。观测点在火卫一上空160千米处，火卫一则在火星上空约9400千米处环绕火星运行。

卫星的发现者

1877年8月，天文学家阿萨夫·霍尔曾经整夜整夜地观察、研究这颗红色的行星，以求寻找它的卫星。恶劣的天气条件常常阻挡了他的视野。当疲惫不堪的霍尔打算放弃时，他的妻子安吉利纳·斯蒂克尼·霍尔鼓励他继续坚持下去。天气终于放晴，霍尔发现了火卫二和火卫一，他因此而受到嘉奖。

法兰西科学院的阿拉戈奖章

荣誉

霍尔因其发现获得了好几枚奖章，其中包括法兰西荣誉军团勋章、法兰西科学院阿拉戈奖章，以及英国皇家天文学会金质奖章。1998年，霍尔的家族把他的奖章捐献给了位于美国首都华盛顿的美国海军天文台。

荣誉军团勋章

爱上几何学

阿萨夫·霍尔1829年出生于美国康涅狄格州的戈申。他对几何学和代数学的热情为他在马萨诸塞州剑桥的哈佛天文台赢得了一个职位，后来又在美国海军天文台任职。

大小和轨道

火卫一的长轴长约27千米，而火卫二的长轴只有16千米长。火卫一在火星上空6100多千米的轨道上运行，而火卫二的轨道与火星的距离则是火卫一的两倍多。火卫一运行周期大约是每个火星日3次，而火卫二运行一周需要大约1.26个火星日。科学家们认为火卫一正在慢慢地下坠，将在5000万年后撞上火星。

火星卫星

这张表格列举了这两颗火星卫星的半径，以及以火星日度量的轨道周期和轨道速度，还有卫星的尺寸（长度、宽度和高度）和表面积。

性质	火卫二	火卫一
轨道半径	23 459千米	9 378千米
轨道周期	30小时18分钟	7小时39分钟
平均轨道速率	1.4千米/秒	2.1千米/秒
体积（千米）	16 × 12.5 × 10	26.8 × 22.8 × 19
表面积	400千米²	1000千米²

卫星之影

火卫一的影子在1999年被火星轨道器的照相机抓拍到了。这个影子是由于火卫一从火星和太阳之间经过而产生的。由于每过大约8个小时，火卫一就环绕火星公转一周，所以这种情况会经常发生。这张照片的视野覆盖了宽约250千米的区域。

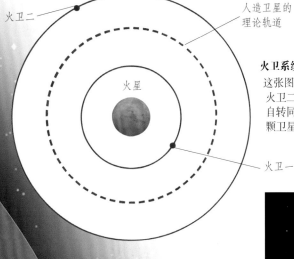

火卫系统

这张图描画了三条轨道，内外两条分别是外卫星火卫二和内卫星火卫一的轨道。中间的是与火星自转同步的轨道器的运行轨道。从火星上看，这颗卫星将始终停留在同一个地方。

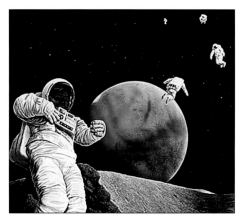

逃逸速度

未来航天员可以从火卫二上进入太空。他们轻轻一跳，就能达到火卫二上的逃逸速度——"逃离"其引力场的必要速度——5.7米/秒。而具有较强引力的火卫一上的逃逸速度为10.3米/秒。

257

火星"探路者"号

1996年12月，美国国家航空航天局在佛罗里达州的肯尼迪航天中心发射了火星"探路者"号，它于1997年7月4日用降落伞将着陆器降至火星表面。由于空气气囊的保护，它在经过几次弹跳后，终于在阿瑞斯谷平稳着陆。位于赤道稍北部的阿瑞斯谷可能是一条被洪水冲刷过的古代水道。"索杰纳"号微型火星车，从一块岩石到另一块岩石，分析它们的化学成分和物理组成。"探路者"号和它的火星车坚持工作了3个月，在动力耗尽之前，它们发回了2.6GB与土壤、岩石和大气相关的信息，其中包括1.6万张照片。该计划大大超出了期望，科学家们原本预期"探路者"号只能维持1个月。

火星的日落
傍晚时分，天空渐渐暗下来。这张照片是"探路者"号在火星上第24个火星日接近结束时拍摄的。日落的地方接近于双峰山，距离克赖斯平原上阿瑞斯谷的着陆点不到2千米。

准备软着陆
计划实施之前，研制"探路者"号的科学家们正在检查保护该飞船着陆的气囊（上图），这些气囊会在离地面几百米高的地方开始充气。每一个气囊的直径为5米，由4个独立的小气袋组成，而每个气袋里面又分别有6个更小的气球。

为"索杰纳"号准备的坡道

火星"探路者"成像照相机

碟形天线

太阳能电池板

护板

天气监控器

泄了气的气囊

展开的"探路者"号
气囊放气后，着陆器的3个侧护板全部打开，火星"探路者"号着陆器已经为研究做好了准备。一旦坡道被放下，火星车就会开下去，开始对周围的土壤和岩石展开研究。火星"探路者"号成像仪处于火星车最高的天线杆的顶部。

天线杆　　火星车坡道　　太阳能电池阵列板　　双峰

"索杰纳"号火星车

"6轮着地！"当"索杰纳"号从铺展开的坡道滚向火星时，地球上的科学家这样说。"索杰纳"号是探测火星以来的第一辆"机器人漫游车"。"索杰纳"这个名字是为了纪念19世纪为反对奴隶制和争取妇女权益而斗争的美国黑人妇女索杰纳·特鲁思而取的。美国国家航空航天局的这辆6轮自动探测车重约11千克，装备有激光、温度传感器、照相机、远距离通信设备和岩石泥土分析设备。移动速度接近0.6米/分钟。它的任务是研究火星地表的矿物和空气中的尘埃。美国国家航空航天局的科学家将"索杰纳"号采集的数据进行了整理，并给拍摄到的岩石取了"鲨鱼""楔子""乌贼""瑜伽熊"和"黑猩猩"之类的名字。

"索杰纳"号在工作
这辆火星车的悬挂系统随着地形的改变而不断校准连接处，这让它具备了极佳的稳定性。悬挂系统和六轮设计让"索杰纳"号能够跨越20厘米高的砾石——比四轮车的跨越能力大3倍。当"索杰纳"号攀越一块岩石时，它差不多能够向一侧倾斜45°而不会翻倒。

提供动力的太阳能电池板　　天线　　岩石分析仪

火星车眼中的着陆器
上图展示的是"索杰纳"号在第33个火星日拍摄的"探路者"号着陆器。着陆器天线杆上的成像照相机正在回望这辆火星车。图中，泄了气的气囊很显眼，岩石"终结者"在图的底部，它的后面是"蒲团"，"瑜伽熊"在着陆器另一侧。

遍地红色的星球
这是由"探路者"号成像照相机在第8、9、10三个火星日拍下的几幅照片合成的阿瑞斯谷360°全景图。已被尘埃染上锈色的泄了气的气囊躺在着陆器的侧护板下。"索杰纳"号的轮子在土壤上留下了一条通向远方的印痕。这辆火星车正将其X射线谱仪指向一块被科学家们称为"瑜伽熊"的玄武岩。

"索杰纳"号探测车　　岩石"瑜伽熊"　　泄了气的气囊

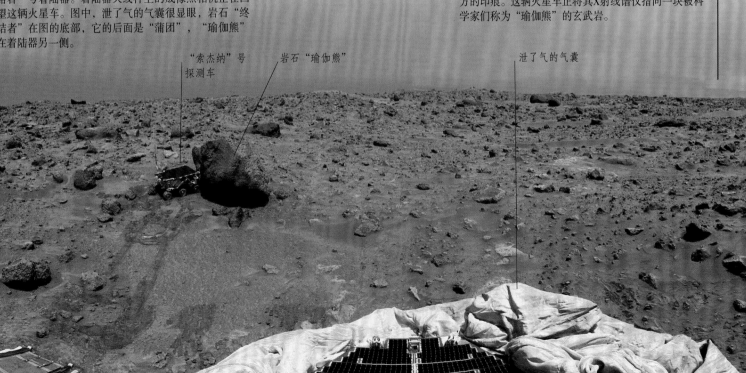

测绘火星地图

20世纪六七十年代，在"水手"号和"海盗"号的帮助下，天文学家们完成了第一张火星地形图。1997年火星"探路者"号的成功大大促进了宇宙飞船技术的发展。同年后期，"火星全球勘测者"号又提供了关于火星地形、重力和磁场的详细信息。"火星全球勘测者"号是美国国家航空航天局最为成功的地图测绘项目。行星地图测绘不仅要把山脉和峡谷的数据制成图表，还要利用一些科学仪器将矿物和冰冻物质辨识出来。美国国家航空航天局的火星"奥德赛"号轨道器在2001年到达火星，开始绘制地形图，检测矿物，并根据探测设备反馈的信息寻找水。接下来发射的是欧洲空间局的"火星快车"号轨道器，它于2003年发射升空。它在火星南极极冠进行测绘时证实，"奥德赛"号发现火星地表下存在水冰和干冰是可信的。

"火星全球勘测者"号

"火星全球勘测者"号在距离火星表面380千米的两极轨道上运行，每两个小时就绕火星一周。它装载着3个主要设备。火星轨道器照相机负责拍摄火星表面特征的高分辨率图像（分辨率可达到1米）。热发射分光仪研究岩石、土壤、冰、大气尘埃和云的成分。激光测高仪是其中最重要的设备，它不但要测量火星地貌的高度，还要绘制精确的火星地形图。

认识"火星全球勘测者"号
美国国家航空航天局喷气推进实验室的工作者正准备把"火星全球勘测者"号转送到卡纳维拉尔角航天中心的一个发射台。航天器已经与底部的助推发射器耦合在一起，在发射时，这个助推火箭将被点燃，把航天器送上飞往火星的旅途。

高增益天线

推进舱内的
主发动机

翼状太阳
能电池板

控制飞行的
拖曳副翼

科学仪器的
载荷

"火星全球勘测者"号的组件
"火星全球勘测者"号看起来像一只带有两个翼状物的飞行盒。飞船装满时重1060千克。飞船的大部分质量集中在设备舱中，它装载着飞船的科学载荷——科学仪器和电子设备。推进舱中装着飞船的火箭发动机和燃料箱。

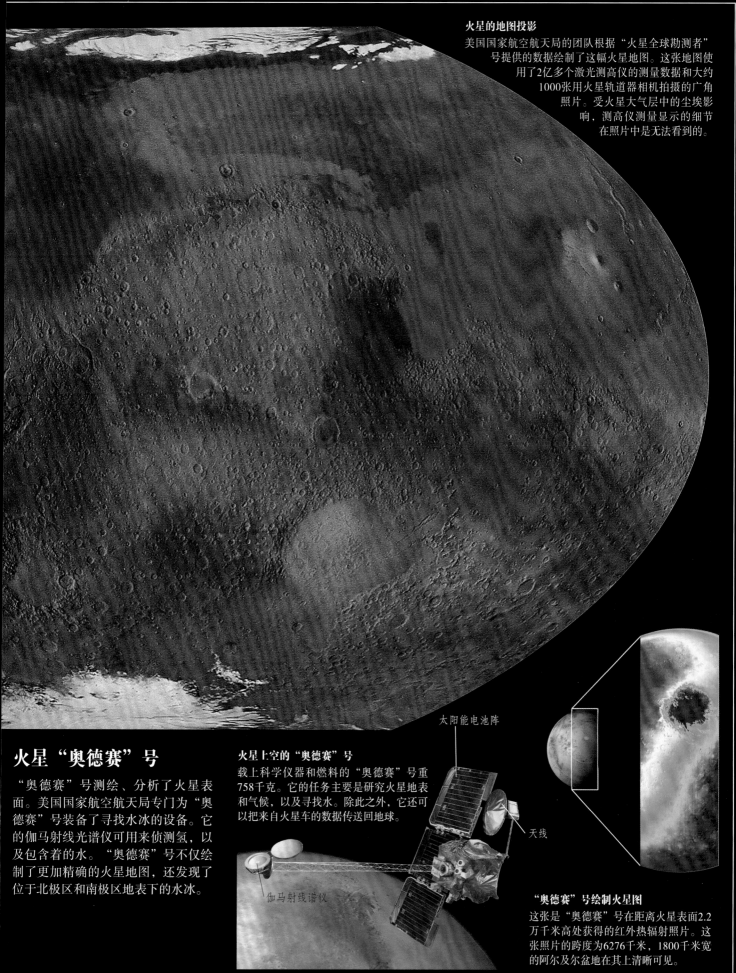

太阳能电池阵

火星"奥德赛"号

"奥德赛"号测绘、分析了火星表面。美国国家航空航天局专门为"奥德赛"号装备了寻找水冰的设备。它的伽马射线光谱仪可用来侦测氢，以及包含着的水。"奥德赛"号不仅绘制了更加精确的火星地图，还发现了位于北极区和南极区地表下的水冰。

火星上空的"奥德赛"号
载上科学仪器和燃料的"奥德赛"号重758千克。它的任务主要是研究火星地表和气候，以及寻找水。除此之外，它还可以把来自火星车的数据传送回地球。

天线

伽马射线谱仪

"奥德赛"号绘制火星图
这张是"奥德赛"号在距离火星表面2.2万千米高处获得的红外热辐射照片。这张照片的跨度为6276千米，1800千米宽的阿尔及尔盆地在其上清晰可见。

火星的最高点和最低点

"火星全球勘测者"号每个火星日环绕火星运行12周，它的任务是测量火星上每个地区的高度和深度。它采集了好几亿个从火星表面反射回的激光脉冲，并测定了每个脉冲从发送到返回所用的时间。时间较短说明地势比较高，反之意味着地势比较低。把这些结果结合起来，就可制成宏大的火星地形图。科学家们由此精确地计算出了太阳系中最高的山峰——奥林匹斯山——的高度为25千米。4000千米长的水手谷则是太阳系中最深、最大的峡谷。

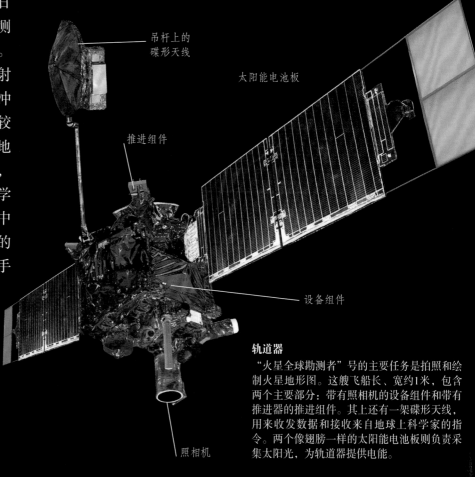

吊杆上的碟形天线

太阳能电池板

推进组件

设备组件

照相机

轨道器

"火星全球勘测者"号的主要任务是拍照和绘制火星地形图。这艘飞船长、宽约1米，包含两个主要部分：带有照相机的设备组件和带有推进器的推进组件。其上还有一架碟形天线，用来收发数据和接收来自地球上科学家的指令。两个像翅膀一样的太阳能电池板则负责采集太阳光，为轨道器提供电能。

奥林匹斯山

这是"火星全球勘测者"号在奥林匹斯山上空402千米处拍摄的照片。奥林匹斯山比地球上最高的山峰——珠穆朗玛峰还要高两倍多。它的直径长达624千米，体积是地球上最大的盾状火山——冒纳凯阿火山的10倍。

"火星全球勘测者"号眼中的火星

在这些地形图上，白色表征着最高的地区，稍微低的是红色，接下来依次是黄色、绿色和蓝色。低矮的北部平原呈现为蓝色，说明该地区比较年轻，可能是由火山熔岩形成的。陨击坑在该地区几乎看不到，而在稍微老的地区（黄色区域）却很常见。西部火山地区显示为白色和红色，矗立在用黄色、绿色和蓝色表示的低地之间。这幅地图显现了塔尔西斯高原和水手谷所在的整个半球的地貌。另外两幅较小的图展示的是北极和南极。矩形地图展现的是火星全球地形。

火星像地球一样，绕自转轴沿逆时针方向自转

北方大平原

火星全球地形图
阿尔及尔平原一般被认为是一个由陨星冲撞而成的环形山。奥林匹斯山和塔尔西斯山脉都是火山，而水手谷是一个峡谷。

奥林匹斯山

塔尔西斯山的火山群

水手谷的大峡谷

一个巨大的陨击坑，阿尔及尔平原

南方大平原

极地景象
除隆起的极低冰冠之外，蓝色的低地几乎覆盖了整个北方大平原。用黄色和绿色表示的南方大平原是一个崎岖不平的地区，它的最高点（红色）也在极点上。

海拔

21千米

15千米

10千米

0千米
-1千米

-5千米

-9千米

奥林匹斯山

亚拔盘是整个地区中最大的火山

埃律西姆山

塔尔西斯山脉

水手谷

阿尔及尔平原

希腊平原低地

火星平面地形图
从上面的火星全球平面图可以看出，南部高地上有着许多由陨石撞击而成的陨击坑；而像希腊平原这类低地，可能是远古湖泊的遗迹。埃律西姆山火山群被巨大的平原（蓝色）从塔尔西斯山脉火山群和亚拔山中分离了出来。

极地冰冠

在1666年发现火星极地冰冠之后，天文学家又观察到它们在冬天变大、夏天变小的现象。观测者们确信，这是一个结冰和融化交替进行的过程。他们猜想，火星与地球一样，极地覆盖着厚厚的冰层。19世纪，有些天文学家曾错误地认为火星运河是把极地的水引到干旱地区城市里的渠道。20世纪后期，空间探测显示，极地冰冠的外壳由干冰包裹着的极冠温度可能低至−126℃。成百上千万年来，一层又一层的冰和尘埃在极地沉积下来。科学家们也许有一天能够通过对冰层钻孔取样，来了解火星的气候演变史。

北极冠

南极冠
右边这幅火星南极冠照片是"海盗"2号在1977年拍摄的。此处的干冰冰冠是永远冻结的，一年到头都保持同样的大小。"火星全球勘测者"号的数据显示，干冰冰冠下存在着一个水冰冠。水冰冠之所以没有暴露出来，是因为此时火星正处于近日点，南极正处于黑暗之中。

南极
这张地质图的白色区域表示的是南方大平原上的干冰沉积物。蓝色区域是混合了土壤、尘埃、霜和冰的分层沉积物。粉红色和紫色区域是平坦的平原，而深棕色的弧形区域是普罗米修斯撞击盆地的边缘。

火星的北极点
上面这幅图显示了北方大平原地区有一个白色的北极冠。这里实际上存在两个冰冠，一个是永久的，一个是季节性的。永久性的冰冠主要是由水冰构成的，处于一层干冰之下。干冰层在冬天会变得很大，而到了夏天就会因融化而变小。

264

消失的冰冠

冬天，火星大气层中的二氧化碳就会冻结成干冰覆盖在北极冠上，使北极冠变得越来越大。第一张照片是1996年10月在地球上拍摄的，当时的火星正值早春时节，是一年中北极冠最大的时候。此后温度慢慢上升，冰冠开始消融。因此，在第二张晚春的照片（中图）中，冰冠就变小了许多。最后那张照片是在火星夏季时拍摄的，此时的冰冠最小，环绕着北极冠的巨大沙丘环（灰暗部分）已经暴露了出来。

1996年10月　　1997年1月　　1997年3月

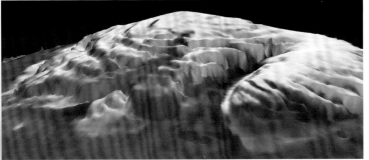

冰层结构

北极冠的表层像一个海绵体，而南极冠则有着巨大的沟槽和宽阔的台地。这种差异暗示，两极的气候很不相同。北极冠比较暖和，这是因为当火星到达近日点时，北极恰好向太阳一方倾斜。夏天，较冷的南极冠要比北极冠融化得少一些。

固态冰崖

这张三维图描绘的北极冠看起来像一个巨大的冰崖岛。这幅图片是将"海盗"号轨道器拍摄的照片和"火星全球勘测者"号的激光测高仪获得的地貌数据结合在一起绘制而成的。

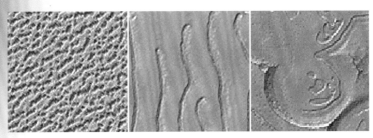

火星上的雪花图案

火星雪的结构千奇百怪。左边这幅北极地区的图片被称为"厨房海绵"，因为此地布满了深约1.7米的坑；中间这幅图片被称为"指纹"，其间扭曲的印迹是分布在南极冠上的沟槽。最后一幅图片展示的也是南极地区，它被称为"瑞士乳酪"。

层层堆叠的冰

火星上有一层3.1千米厚的冰封泥土和尘埃，即便是在北极冠地区的裸露岩层上，有些冰土层也有9～30米厚。堆积10米厚的一层冰土需要花费10万年的时间。

未来的火星开发

下面这幅画是一位太空科学家绘制的，它展示了未来的航天员利用设备钻探极地冰层的情景。这些研究者通过采集冰芯样本来研究不同的冰层。这些样本能够帮助科学家弄清楚火星各重要时段的气候变化。

火星上的峡谷

火星上有着太阳系中最长的峡谷网，它把火星表面由东到西豁开了一条4023千米长的裂缝。这就是宏伟的水手谷。水手谷的最宽处为644千米，最深处下陷7千米。这些峡谷是在塔尔西斯高原地区的火山应力作用下形成的，那里炽热的熔岩四溢，冷却并断裂开来。"火星地震"也加剧了火星地壳的开裂。这些如今正被大风和尘埃侵袭的峡谷曾经可能有水流过。水手谷西端的诺克提斯峡谷网是一个朝四面八方延伸的复杂的小断裂带。

（A）火山时代

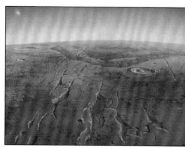

（B）永久冻土层暴露

（C）蒸发和崩塌

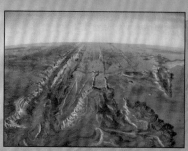

（D）峡谷和裂缝

颤抖与轰鸣

峡谷岩壁的迸裂引发了山崩。这幅图展示的是水手谷中一个山谷的岩壁突然倒塌，形成了冲天的尘埃云层的情景。峡谷底部遍地都是崩塌的碎块。

火、冰和山崩

下面这组图片展示的是，成百上千万年前，火山运动如何造就了塔尔西斯地区（A）的地貌。应力导致了地表断裂，形成了一个个峡谷。火星地震使岩石和土壤混合而成的地下冰层（B）暴露了出来。随着时间的推移，冰层融化和蒸发（C）导致峡谷岩壁变得不稳固。巨大的山崩毁坏了峡谷壁，并生成了更大的裂口（D）。"断裂——蒸发——山崩"不断循环，可能还有洪水冲刷，最终塑造了水手谷和其他峡谷。

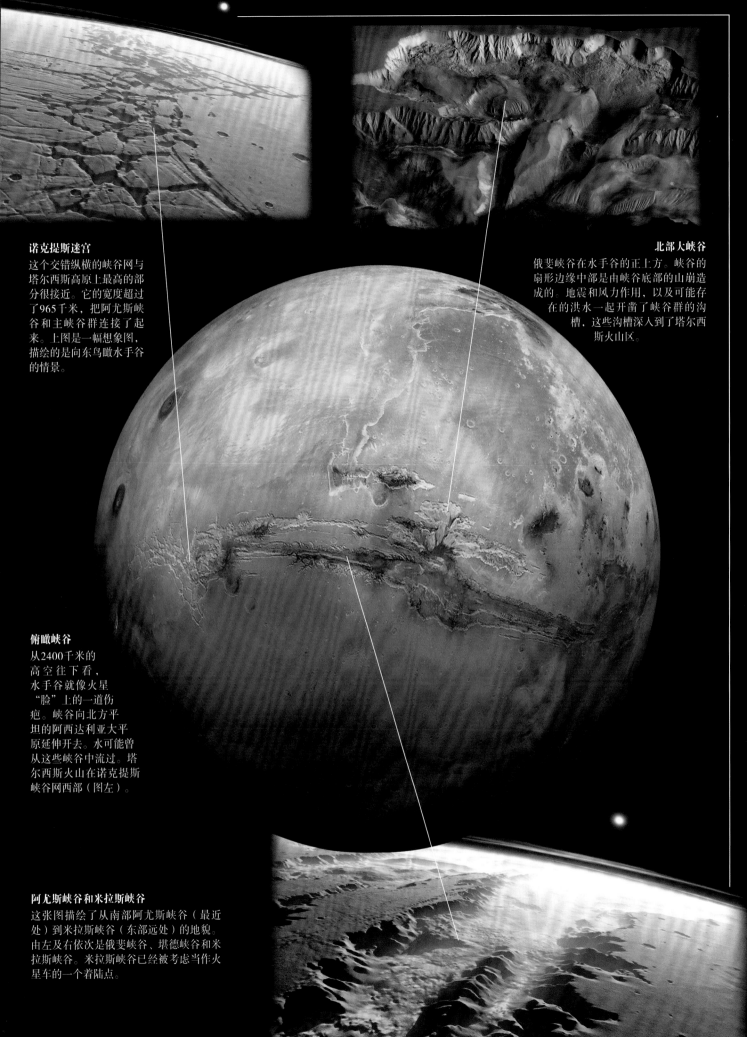

诺克提斯迷宫

这个交错纵横的峡谷网与塔尔西斯高原上最高的部分很接近。它的宽度超过了965千米，把阿尤斯峡谷和主峡谷群连接了起来。上图是一幅想象图，描绘的是向东鸟瞰水手谷的情景。

北部大峡谷

俄斐峡谷在水手谷的正上方。峡谷的扇形边缘中部是由峡谷底部的山崩造成的。地震和风力作用，以及可能存在的洪水一起开凿了峡谷群的沟槽，这些沟槽深入到了塔尔西斯火山区。

俯瞰峡谷

从2400千米的高空往下看，水手谷就像火星"脸"上的一道伤疤。峡谷向北方平坦的阿西达利亚大平原延伸开去。水可能曾从这些峡谷中流过。塔尔西斯火山在诺克提斯峡谷网西部（图左）。

阿尤斯峡谷和米拉斯峡谷

这张图描绘了从南部阿尤斯峡谷（最近处）到米拉斯峡谷（东部远处）的地貌。由左及右依次是俄斐峡谷、堪德峡谷和米拉斯峡谷。米拉斯峡谷已经被考虑当作火星车的一个着陆点。

火星上的陨击坑

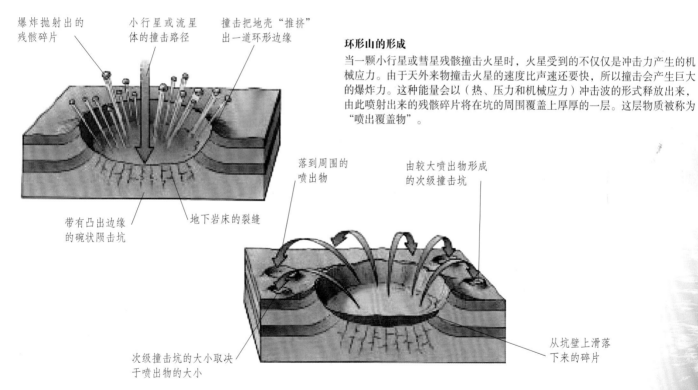

在过去的几十亿年里，彗星、小行星和流星体已经对火星表面进行了无数次撞击。地球有着厚厚的大气层，它能使大部分天外来物燃烧掉，保护地球免受撞击。然而，火星的大气层十分稀薄，于是陨星们长驱直入，在火星上形成了一个个直径从几米到几千米的"陨击坑"。陨击坑拥有一个圆形的脊，部分是由爆炸中抛出的残骸碎片堆积而成的。随着时间推移，环形山会逐渐被侵蚀。它们会被风力消蚀，会被尘埃掩埋，还有可能会被流水侵蚀。有些陨击坑，比如火星上最大的平原——希腊平原，曾经可能就是一个巨大的湖泊。即使某个陨击坑的表层被侵蚀掉了，撞击的痕迹仍会保留在地表以下。

一个环形山的产生

这幅图展示了一颗小行星以每秒10千米的速度撞击火星时的威力。剧烈的爆炸将碎片抛射到空中，落下来的岩石和泥土堆积在周边地区。这些"喷出物"有时会撞击出次级撞击坑。

爆炸抛射出的残骸碎片　　小行星或流星体的撞击路径　　撞击把地壳"推挤"出一道环形边缘

环形山的形成

当一颗小行星或彗星残骸撞击火星时，火星受到的不仅仅是冲击力产生的机械应力。由于天外来物撞击火星的速度比声速还要快，所以撞击会产生巨大的爆炸力。这种能量会以（热、压力和机械应力）冲击波的形式释放出来，由此喷射出来的残骸碎片将在坑的周围覆盖上厚厚的一层。这层物质被称为"喷出覆盖物"。

带有凸出边缘的碗状陨击坑　　地下岩床的裂缝

落到周围的喷出物　　由较大喷出物形成的次级撞击坑

次级撞击坑的大小取决于喷出物的大小　　从坑壁上滑落下来的碎片

历经沧桑的陨击坑

右图中这个撞击坑的边缘已经在气候作用下磨损成了锯齿状。撞击坑的周围包围着较小的次级撞击坑，向四周辐射开去，这些次级撞击坑是由第一次撞击爆炸喷射出的碎片下落后撞击形成的。有些环形山的底部已经"恢复原状"，像圆形高地一样。

陨击坑的底部慢慢地坍塌，形成环脊　　来自陨击坑的喷出物呈放射状落下　　"喷出覆盖物"覆盖在陨击坑的周边区域

各种各样的环形山

科学家们根据陨击坑（环形山）的形成年代、形成方式以及受气候作用侵蚀的方式，将它们分成了几类。"低壁"环形山有着较矮的圆形边缘——它们是由爆发式冲击形成的，边缘的喷出覆盖物上还有更多形状不规则的壁垒或山脊。"剥落式"陨击坑是一种部分或全部已经被尘埃和熔岩掩埋掉、但由于风力和水流的作用而重新暴露出来的陨击坑。

次级撞击坑
这个位于阿拉伯台地的环形山群占据着大约3千米宽的区域。它们是由喷出物的残块二次撞击形成的。

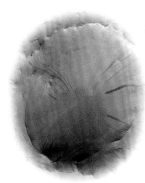

剥露式环形山
这种环形山曾经被岩石、土壤和尘埃掩盖，还带有由尘埃在环形山岩壁上滑落下来时形成的暗色条纹。这个环形山也处在阿拉伯台地。

"笑脸"
这座环形山以"笑脸"之名被天文学家所熟知。它是由"火星全球勘测者"号拍摄到的，学名为加勒坑，位于阿尔及尔平原，是火星上最大的撞击坑之一。它的色调因冬霜的影响而有些偏蓝。

低壁环形山
一颗陨星猛烈撞击亚马孙平原后形成了这个低壁环形山，撞击产生的热能融化了地表下的水冰、岩石和土壤层。泥浆和岩石溅射到环形山的边缘外，冻结成了一层包含壁垒的喷出覆盖物。

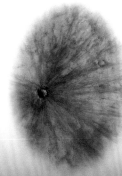

新生环形山
这个位于阿拉伯台地的陨击坑是一个新生陨击坑中心，它还没有被风力侵蚀或泥沙掩埋，喷出物呈放射状分布。黑点是喷出物中的石块。

环形山中心山脉
加勒环形山的中心随着时间推移不断上升，最终成为一座山。它是在埃律西姆平原南部、赤道附近的西米里高原上被发现的。下图展示的是日落时微弱光照下的加勒环形山。

火星上的火山

火山是地下岩浆的释放出口。岩浆会穿过地幔，并在地壳处形成一个热区。冲破地壳后，岩浆就会变成熔岩，从火山口流出来，然后逐渐冷却变硬。火星上的火山曾经喷出了大量的热气体和水蒸气，使得大气层增厚了许多。冷却下来的水蒸气云变成液态水，汇聚成海洋、湖泊和河流。火星上的大部分火山在过去4000万年至1亿年里没有活动过了，但也有一些火山可能在过去的1000万年甚至是50万年里仍旧喷发过。火星上的火山主要分布在三个地区：塔尔西斯高原、埃律西姆平原和希腊平原。

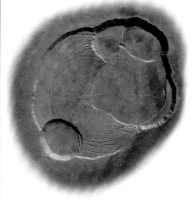

奥林匹斯山的火山口
奥林匹斯山火山口的平均跨度为80千米，内壁深2.8千米。火山口是因为火山喷发时岩浆室倒塌而形成的。上图是"火山快车"号高分辨率立体相机拍摄的。

远超地球高峰的巨峰
地球上最高的山峰——喜马拉雅山脉的珠穆朗玛峰和最大的火山——夏威夷的冒纳凯阿火山都无法同奥林匹斯山相比。这个长期休眠的火山是太阳系中最大的火山。

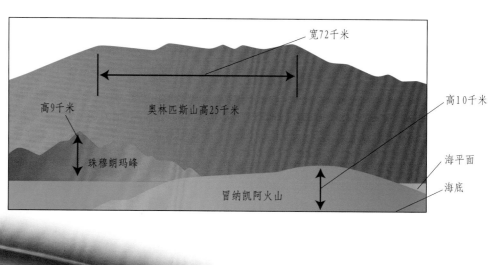

宽72千米

高9千米

奥林匹斯山高25千米

珠穆朗玛峰

高10千米

海平面

海底

冒纳凯阿火山

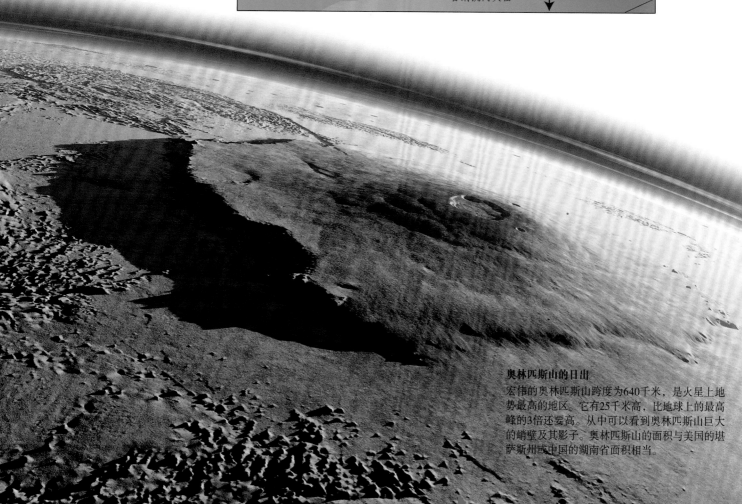

奥林匹斯山的日出
宏伟的奥林匹斯山跨度为640千米，是火星上地势最高的地区。它有25千米高，比地球上的最高峰的3倍还要高。从中可以看到奥林匹斯山巨大的峭壁及其影子。奥林匹斯山的面积与美国的堪萨斯州或中国的湖南省面积相当。

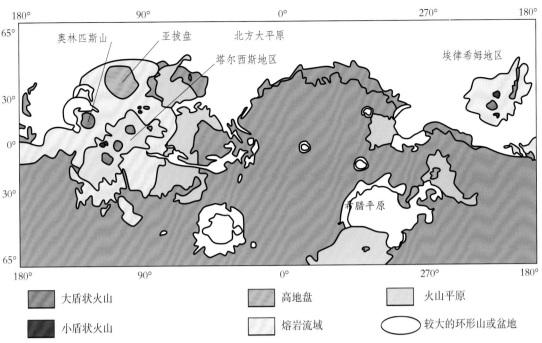

180°　　　90°　　　0°　　　270°　　　180°
65°
30°
0°
30°
65°
180°　　　90°　　　0°　　　270°　　　180°

奥林匹斯山　　亚拔盘　　北方大平原

塔尔西斯地区

埃律希姆地区

希腊平原

火山地带

火星上的火山带主要分布在塔尔西斯高原和埃律希姆平原（黄色）上。希腊平原附近还有一个较小的火山区。这种火山因为十分平坦，呈盘状，所以叫作"盘"。这类火山的历史要比塔尔西斯高原、埃律希姆平原上的火山古老得多。亚拔盘的跨度很大，约为1500千米，但它只有7千米高。整个塔尔西斯高原的跨度为4000千米。

▨ 大盾状火山	▨ 高地盘	▨ 火山平原
▨ 小盾状火山	▢ 熔岩流域	⬭ 较大的环形山或盆地

水火喷涌

这是一幅描绘早期火星的想象图。正在喷发的火山脚下是一个湖，当熔岩流向水湾入口处时，巨大的烟尘正从火山锥中冒出来。较早喷发出来的熔岩流已经形成了岩石。

地壳上的较冷岩层

连续的熔岩喷发产生的穹顶

岩浆上涌到地幔岩层中

地幔岩层

岩浆的上面

塔尔西斯地区的地形是由"地幔对流"形成的。地幔对流是指地下熔岩或岩浆从地幔下层较热区域往上流动的循环过程。上涌的岩浆会在地壳上制造出一个喷发熔岩的热点。在左边这幅图中，岩浆是红色的，稍冷的地幔岩石呈蓝色、绿色和黄色。

各种各样的火山

某些火山会以爆炸的形式喷发，它们会将灰烬、气体以及火山口边缘的陡坡上的岩石抛射得到处都是。下图中的这些陡坡可能是受各种天气的侵蚀，以及被后来流过的熔岩切削而成的。有些火山的喷发则比较平缓，熔岩会缓缓地喷出来，并冷却成平缓的斜坡，形如一只盾牌。包括奥林匹斯火山在内的大部分火山都是这种盾状火山。

色诺尼斯小火山

这个陡峭的火山锥可能由多孔火山灰堆积而成，这种火山灰很容易被侵蚀。后来，上涌的熔岩在锥形火山边上切出了几道峡谷，陨星的撞击又在其上形成了多个撞击坑。色诺尼斯火山位于塔尔西斯地区北部、亚拔盘和塔尔西斯山脉上三座巨大的盾状火山之间。

希腊土墩

希腊平原附近的土墩可能是由于过热泥土爆发式地上涌至地表形成的。

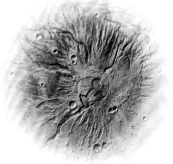

泰伦纳盘状火山

这座盘状火山被侵蚀的低缓斜坡可能是由沉积的灰烬构成的，而非熔岩流。

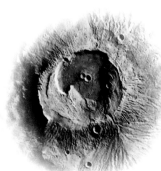

阿波利那里斯山

最初喷发的灰烬堆积成了这座火山陡峭的边缘。后来，熔岩又在南侧塑造出了一个扇面。

火星上的沙丘

风将细尘吹扬到火星大气中，较重的颗粒下沉到了山谷和陨击坑的表面。有些粒子堆积成了沙丘，风又将它们侵蚀成了如今的形状。在右边的卫星照片中可以看到，沙尘被卷成了令人惊奇、变幻莫测的形状。大部分火星沙丘都很暗淡，它们是由细碎的火星岩构成的。当春天沙丘上的二氧化碳霜开始融化时，它们的形状尤其迷人。从上空往下看，可以看到逐渐消融的冰创造出的各种不可思议的图案，它覆盖了方圆数百千米的火星表面。由于火星引力只有地球引力的1/3，在火星上，沙丘能够堆积到地球上的两倍高。火星上最大的沙丘在北极冠的周边形成了一个24米高的巨型环带。

沙沟

这张由"火星全球勘测者"号拍摄的照片展示了一系列神秘的山谷，它们位于南部高地罗素环形山谷，实际上是由一些条纹状的沙丘构成的。它们大多出现在向南的斜坡上。

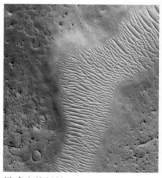

风或水的侵蚀

如上图所示，南方的奥卡库谷（一个古老的峡谷）的谷底堆积着风蚀而成的沙丘。阿拉伯高原中的峡谷可能是被早已消失的洪流冲刷形成的。

冲刷和紊乱

"火星全球勘测者"号的轨道器相机拍摄到了这些坐落在赫歇尔环形山中央的风蚀沙丘。这些沙丘看起来像是被牢牢地粘在地面上的缎带。

沙上的霜

在这张春季拍摄的照片中，覆盖在沙丘上的二氧化碳已经开始"升华"。消退的霜常常会在沙丘上留下一些斑纹，宛如抽象派的艺术作品。

极地沙丘

火星的北极地区是一片接着一片由风力席卷而成的平坦沙海，那里的沙丘呈现出了复杂而奇异的几何形状。随着季节的变换、风向的改变。沙丘的形状也会不断变化，景象极其壮观。相对于北极地区来说，南极地区的沙丘就小多了，它们通常只出现在陨击坑和沟谷中。

一个北部的深谷
上面这张照片显示，夏季火星上最显著的地貌是位于博雷亚莱深谷（一条位于北极地区的宽阔沟槽）中的弯月形沙丘。此时，这里的霜已经消散，将颜色暗淡的沙暴露了外面。每个沙丘的弯曲面都对着风吹来的方向，它们被称为落沙坡。沙粒和尘埃在这里聚积，直到风向改变后，形成另一个落沙坡。

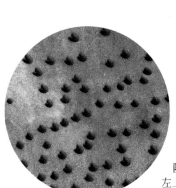

"幸运曲奇"沙丘
这种沙丘的形状和中国的幸运曲奇饼很相似，故此得名。这些北极沙丘有着陡峭的落沙坡，在图中朝向左上方。该地区是"火星全球勘测者"号拍摄到的。

令人目眩的沙丘
这幅幻想图中的航天员正在艰难地穿越沙丘。这个场景是受到死亡谷中沙丘的真实形状的启发而创作的，死亡谷位于加利福尼亚州，那里的沙丘和火星上某些沙丘非常相似。

火星沙漠全貌
这张照片展示了一片壮观的火星沙漠景色，天空被纤细的悬浮尘埃染成了红色。只有一两个尘卷风才使得这一片由岩石、沙丘和风沙组合而成的荒漠中有了一丝活动的迹象。

火星上的河流

众所周知，液态水是生命所必需的，但是火星比地球上的任何沙漠都要干燥得多。火星是如此寒冷，大气是如此稀薄，以至于水只能以冰或水蒸气的形式存在。然而，科学家们相信，这颗行星曾经有过一段气候温和的时期，那时的火星上也是一派河水奔流入海的景象。某些火星地形可能就形成于35亿年前的有水时代。这些地形包括古老的排水网络，它们似乎是被流水侵蚀而成的。还有，在火星的河口地带经常会发现土壤和碎石组成的沉淀物，还有一些平坦地区可能就是已经消失了的湖泊和海洋的底部。火星地表往往与地球上的荒漠相似，比如亚洲的沙漠地区，那里也曾有过奔腾的河流。

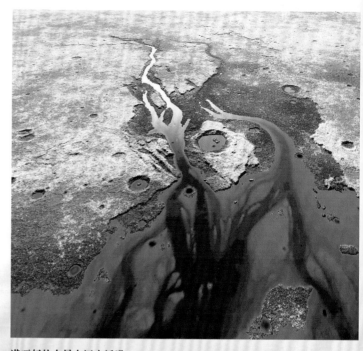

诺亚纪的火星上河水泛滥

上面这幅画展示的是早期火星上的克里斯平原上洪水溢出河道的情形。饱含泥沙的洪水不断泛滥，冰雪融水经常冲到卡塞谷（远处）中。沉积物一层又一层地沉淀下来，当水蒸发或流走后，这些沉淀物就暴露出来了。

洪水的大道

下图中这些曲折的地形可能由汹涌的火星洪水冲刷而成。这幅图的山谷中有一个干涸的河道，它曾经被洪水冲刷过，而洪水则来自一个由于火山喷发形成的融冰水池。峡谷底部的周边地区是被风沙侵蚀的岩层构成的。

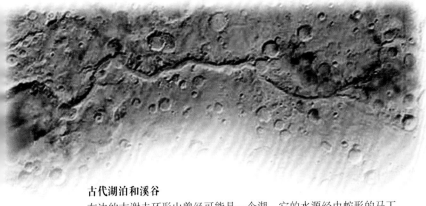

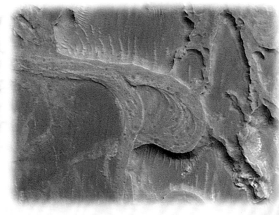

古代湖泊和溪谷
左边的古谢夫环形山曾经可能是一个湖，它的水源经由蛇形的马丁峡谷注入。该环形山的直径约160千米，它是"勇气"号火星车的着陆点。环形山中的撞击痕迹如今已经被沉积物填满、抹平，这些沉积物可能是流经900千米长的马丁峡谷的洪水带来的。

蜿蜒流动的沉积物
与地球上沉积岩层对照可以看出，这块处在水手谷东南部的岩型，起初是在液体环境里沉淀的泥沙形成的。沉积的泥沙经过几百万年后会变得坚硬起来，成为沉积岩。这种特殊的岩型被称为"河曲"，它们也是火星上曾经有过流水的可靠证据。

古时消失的河

科学家们通过把地球上干涸的河道与火星上的地形对比，来寻找火星上存在水的证据。亚洲西南部狭长且空旷的河床呈现出树枝状，这与火星上发现的水道非常相似。其他地形也暗示火星过去的确有水存在，比如科学家们发现了巨大洪水冲刷过后留下的沉积物。

南也门树枝状水系

地球和火星上的干涸河床
科学家们认为，上面这幅照片显示的是火星上一条古老河流的水系。右图中的枝杈状结构是南也门一条以前的河流留下的，现在那里已经成为地球上最干燥的地方之一。火星上树枝状的水道可能是由冰层覆盖的暗河冲刷而成的。

火星上的水

科学家们相信，火星上曾经有过流水、河流和湖泊，甚至发生过洪水。几十亿年前，随着这颗行星变冷，水分蒸发、冻结或者在地表下储存了起来。轨道器（如"奥德赛"号和"火星快车"号）上的设备已经检测到火星土壤中存在氢，这表示火星地表附近存在水冰。富含氢的土壤在火山地区、水手谷和两极地区很常见。北极的某些土壤里可能含有50%的水分，这就意味着1千克重的土壤加热后可以提取出半千克的水。离地表更远的地下，温度会相对高一些，那里可能会有液态水存在。当然，地下的矿物盐也可能会溶解到地下水中，使水不被冻结。

诺亚纪的火星——一个充满水的星球
这张图展示了火星35亿年前的样子，那时的火星局部被水覆盖着。左下方是被淹没的希腊平原。北部的乌托邦平原和左边的伊西迪斯平原都是这个巨大的海洋的一部分。在海岸边耸立着的是埃律希姆火山群，由上往下是：赫克提斯山、埃律希姆山和欧伯山。

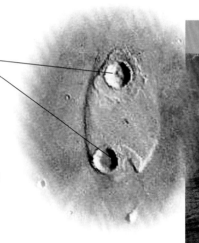

泪珠状平顶山
火星表面经常会呈现出许多奇怪而有趣的形状。这张由欧洲空间局的"火星快车"号航天器拍摄的照片展示了一个泪珠状的平顶山。它位于克里斯平原上，像一个曾有流水经过的岛屿。那两个撞击坑是后来被陨星撞击形成的。

撞击坑

崖沟的形成
在环形山和峡谷壁附近，地下水可能伴随着冰、岩石和土壤构成某种"半透"层。如果堵塞着水的冰块融化了，或变成了蒸汽，那么水流就会冲下山坡，形成沟壑。

洪水流经峡谷
在这幅图中，洪水从悬崖上直泻而下，充满峡谷。这种洪水一般只发生在温暖的时期，那时堵住水的冰层会暂时性地消失，地下水就会随之汹涌而出。

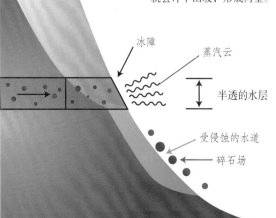

冰障
蒸汽云
半透的水层
受侵蚀的水道
碎石场

高原沟壑
许多沟壑是在火星山脊的高处被发现的。其中有些沟壑看起来是新近形成的，它们在古老的风蚀岩石上留下了清晰的划痕。在火星上的温暖时期，雪层下常常流淌着融水，地下河中也奔涌着水流，这些新生的沟壑可能就是被这些水流冲刷而成的。

火星上的氢分布
"奥德赛"号的"火星快车"号轨道器传回来的数据表明，火星的土层下存在着氢。在这幅地图中，氢是用深蓝色表示的。氢的存在说明特质中含有水。水很可能是以冰或矿物结晶水的形式存在的。富含氢的物质高度集中于两极地区，以及塔尔西斯地区的西北部和水手谷中。

寻觅水冰
"奥德赛"号环绕火星运行，它能利用轨道器上的激光测高仪等设备搜寻地下水冰。从这幅剖面图可以看出，水冰大多存在于北极和南极地区的地下。

来自火星的陨石

数亿年前，小行星或彗星撞击火星，并使其碎裂的岩石四散纷飞。由于火星引力较弱，一些岩石逸入太空，四处漂游。成百上千万年后，其中一部分岩石被地球引力俘获到了。它们快速地穿过厚厚的地球大气层，大多数岩石都因受大气摩擦而燃烧殆尽了，只有少数岩石幸运地到达了地球表面，形成了陨石。从火星飞来的陨石主要分布在南极和非洲。现在至少有一块火星陨石可以作为很久以前火星上存在着液态水的证据。科学家们甚至猜想，这块陨石内可能含有已成为化石的微小生命。

从火星到加利福尼亚

20世纪70年代，科学家们曾在洛杉矶附近发现了两块陨石，上图中这块就是其中之一。它只有大约250克，在1999年被确认为来自火星。至此，地球上已有14块陨石被确认来自火星，其中包括1815年最先在法国发现的那一块。

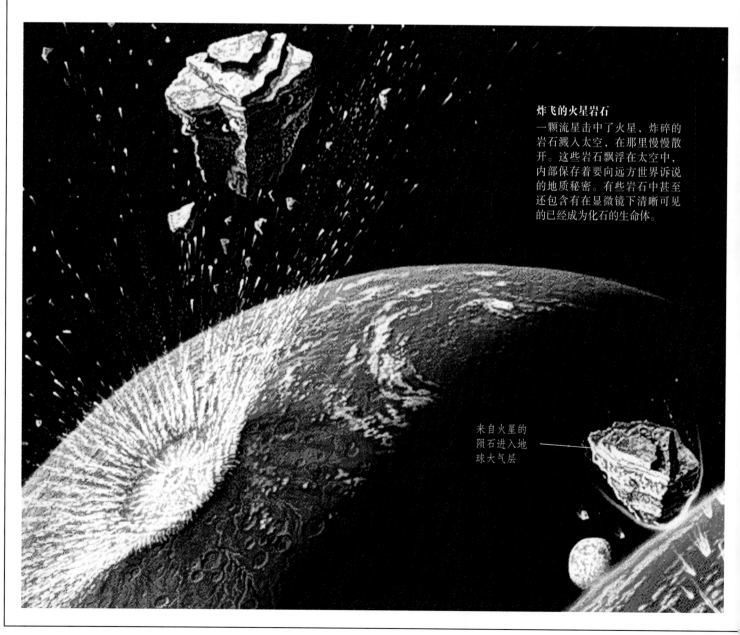

炸飞的火星岩石

一颗流星击中了火星，炸碎的岩石溅入太空，在那里慢慢散开。这些岩石飘浮在太空中，内部保存着要向远方世界诉说的地质秘密。有些岩石中甚至还包含有在显微镜下清晰可见的已经成为化石的生命体。

来自火星的陨石进入地球大气层

非洲巨石

几乎所有大洲都已经发现有火星陨石，尤其是在非洲。大部分陨石重量小于450克。这块从利比亚的撒哈拉沙漠里发现的陨石（右）重25千克，它是已知最大的火星陨石（重约95千克）的一部分。这个名为"Dar al Gani"的陨石在撞击地面时裂成了几百块大大小小的碎片。左边这张照片是发现该陨石的地方——撒哈拉沙漠。

在南极寻找火星陨石

冰雪覆盖着的南极大陆是地球上寻找陨石的最好地方之一。为了检测哪些陨石来源于火星，地质学家需要在陨石上寻找那些显微镜下才能看到的气泡，看它的成分是不是和火星大气的成分相同。

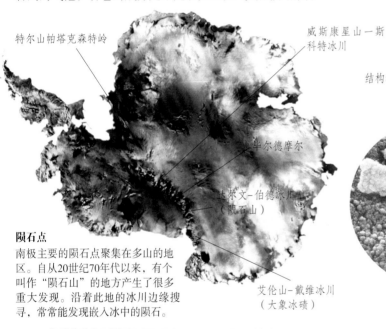

特尔山帕塔克森特岭

威斯康星山－斯科特冰川

毕尔德摩尔

达尔文－伯德冰川（陨石山）

艾伦山－戴维冰川（大象冰碛）

结构和微生物相似

最古老的陨石

这块陨石的登记编号为ALH84001。于1984—1985年的南极夏季在艾伦山被发现。1994年，研究者发现它已经有45亿年的历史，是目前已知的最古老的火星陨石。

生命存在的证据？

这张ALH84001碳酸盐结构的电子显微镜照片显示出了一些蠕虫般的结构。有些科学家认为这是一些微生物的化石。而另一些科学家认为它们是无机矿物形成的。对这个结构的争论已经达到了白热化的地步。

陨石点

南极主要的陨石点聚集在多山的地区。自从20世纪70年代以来，有个叫作"陨石山"的地方产生了很多重大发现。沿着此地的冰川边缘搜寻，常常能发现嵌入冰中的陨石。

ALH84001中的碳酸盐

这个ALH84001的显微横截面图显示了它的碳酸盐结构，里面包含了富有争议的蠕虫状结构。碳酸盐结构是在水中形成的，这表明ALH84001极有可能曾长时间地暴露于水中。

冰层表面的陨石

探索南极

每年夏季，国际陨石搜寻者们都会组建前往南极的探险队。这个2001野外考察团来自南极陨石搜寻组织（ANSMET），他们正在考察一块新发现的太空陨石。南极陨石搜寻队是由美国国家科学院、美国国家航空航天局和史密森学会资助的。

火星上有生命吗？

当早期天文学家认为火星和地球有很多相似之处的时候，火星上是否存在生命的问题就应运而生了。后来的观测者猜想他们在望远镜里看到了运河和植被。有些人认为火星人可能比人类更先进。后来，轨道器和自动探测车发现，火星表面是一个毫无生机的冰冻沙漠。于是科学家们开始寻找火星上过去存在生命的痕迹，尤其是那些曾有水流过的地方。他们利用科学仪器发现了冰，并且研究了火星岩石和地球上的火星陨石。既然微生物在地球上自然条件极端恶劣的地区都能够生存，那么微生物应该也能生存在火星上。

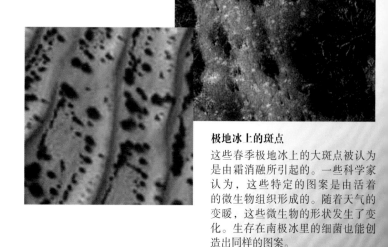

极地冰上的斑点

这些春季极地冰上的大斑点被认为是由霜消融所引起的。一些科学家认为，这些特定的图案是由活着的微生物组织形成的。随着天气的变暖，这些微生物的形状发生了变化。生存在南极冰里的细菌也能创造出同样的图案。

地球上的雪藻

这种藻有些生活在温泉的沸水中。而像这种极地雪衣藻，却能够生存在比火星表面要冷的环境中。研究者们认为，火星上有可能存在这种原始机体。

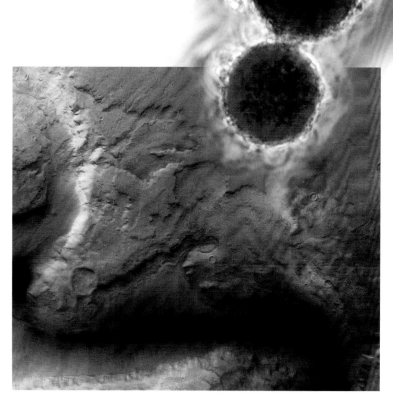

卢尔峡沟

左图是"火星快车"号轨道器于2004年拍摄的卢尔峡谷的弯曲河道，该峡谷最终通往希腊盆地。如果这个峡谷内曾有水流过，那么此地就可能有过生命。峡谷底部的土壤、冲击岩石或地表下的冰沉积物中可能存在微生物的化石。

火星上的冰塔

有些研究者坚持认为，那些看起来像地球上的"热点"的地方是最有可能找到火星生命的地方。这些地方有着比周围环境更高的地表温度。土壤可能会因为吸收了火山口释放的热量而变暖。在地球南极地区，这类火山口上会形成冰塔。微生物可能会在这种冰塔中找到躲避严酷的极地环境的处所。

冰塔

南极洲罗斯岛埃里伯斯山的蒸汽火山口上形成了这种中空的冰塔。塔是由火山口喷出的蒸汽凝结形成的，有10米高。火山热把冰塔内部的温度维持在冰点附近，微生物组织因此能够在里面生长。

希腊平原
（盆地）

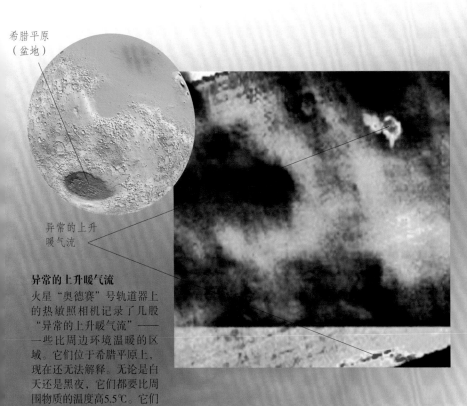

异常的上升
暖气流

异常的上升暖气流

火星"奥德赛"号轨道器上的热敏照相机记录了几股"异常的上升暖气流"——一些比周边环境温暖的区域。它们位于希腊平原上，现在还无法解释。无论是白天还是黑夜，它们都要比周围物质的温度高5.5℃。它们可能与南极的火山口相似。

冰塔——生命?

由于火星的引力很微弱，所以火星上的塔能够耸立到30米高（就像这幅图画的这样）。由于冰壁能够阻挡有害辐射，火山气体能提供必要的热量和化学能，所以原始生命能在这里面生存上千万年。

火星车和火星岩

美国国家航空航天局在2003年中期发射了两艘火星探测飞船，每艘飞船上都携带相同的火星车。"勇气"号和"机遇"号的主要任务是寻找火星上过去有水活动的痕迹。"勇气"号在2004年1月4日到达了古谢夫环形山。"机遇"号着陆在火星的另一个半球上，于1月25日到达子午线平原。其装备中的机械臂钻探了岩石，并拍摄了火星上的第一张显微照片。它们在寻找火星上存在水的证据的工作中获得了巨大的成功，发现了一些通常形成于地表水中的矿物。"机遇"号发现了在液体中浸泡过的沉积岩，而这种液体很可能正是水。科学家们开始相信，火星上曾经存在过生命。

机器人地质学家

"勇气"号和"机遇"号是一种以每分钟300厘米速度行进的六轮驱动火星车。它们长1.6米，重174千克，是理想的移动地质实验室。探测车携带有全景立体照相机、分光仪和一个磁尘采集器。远程通信设备和电脑装备让它们能够离开它们的着陆器独立运作。

"鹰"坑的全景图

在这幅"鹰"坑360°全景图中可以看到"机遇"号火星车的火星岩石实验场所。"鹰"坑是"机遇"号在子午线平原的着陆地点。此处许多岩石暴露在环形山的底部和内壁上，科学家们对它们进行了研究，并给它们取了"酋长岩"、"蓝莓球"之类的名字。

着陆点

"机遇"号降落在子午线平原（火星上最光滑而又平坦的地区之一）上。这个高原曾经可能是一片浅浅的咸海，就像这幅图中所描绘的那样。

天线

杆上的照相机和分光仪

太阳能电池板

设备部署装置

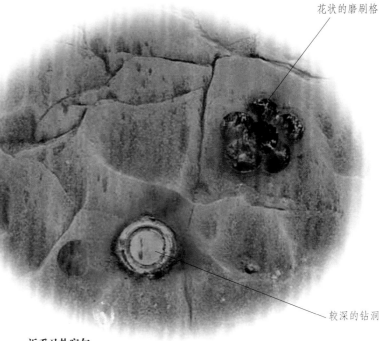

花状的磨刷格

较深的钻洞

马扎察尔

在第76个火星日，"勇气"号靠近了一块名为"马扎察尔"的浅色大砾石。它有2米宽，占据了这张照片的中央区域。在仔细研究了"勇气"号采集的数据之后，地球上的科学家们发现了这块岩石以前含水的痕迹。

近看马扎察尔

"勇气"号的岩石钻磨器剥掉了马扎察尔表面6个点上的表层尘埃，磨出了一个花状开口，为分光仪的考察提供了空间。深度钻探使内部的岩石暴露了出来，为拍摄显微照片提供了方便。显微照片上的小裂缝包含了很久以前曾经存在水的证据。

蓝莓状的岩石构造

"蓝莓球"

第42个火星日，"机遇"号沿着一块岩石移动，从"酋长"岩到达了一个叫作"蓝莓球"的岩石附近。这些大小和形状与小蓝莓都很相似的"蓝莓球"，似乎是在咸水中沉积而成的。这里还发现了通常在含水条件下形成的赤铁矿。利用红外、绿色和紫色滤色镜将照片合成伪彩色图片，使得这些石子看起来就像蓝莓。

水下阻击坑

第41个火星日，"机遇"号用显微成像器显示了鹰坑内这块岩石的细节。该处地表有一种"交错层理"结构，它与地球上流水的沉积物结构很相似。在这个环形山中，该火星车还发现了黄钾铁矾——一种需要水才能形成的矿物。

未成功的任务

1960年，苏联发射了"火星"1号，这是人类发射的第一个火星探测器。这个探测器和苏联接下来发射的8艘飞船一样，都失败了。尽管第十次发射成功了，进入了轨道，然而它的着陆器却坠毁了。苏联的计划于1988年结束，此前共发射了18辆火星探测车，其中3个成功，15个失败。美国在2004年之前发射了16个火星探测器，其中11个获得成功。第一批发射的火星探测器大约有2/3未能成功地完成使命，其中还包括俄罗斯、日本和欧洲空间局的各一个。许多次失败的原因至今未明，比如欧洲空间局的"火星快车"号事件。虽然"火星快车"号在2004年抵达了轨道，但却与它的着陆器"猎兔犬"2号失去了联系。

"火卫一"1号

为探测火卫一，苏联在1988年发射了"火卫一"1号和2号。一个电脑错误让太阳能电池阵偏离了太阳，致使"火卫一"1号失去了动力来源。"火卫一"2号原计划要达到火卫一上空的50米内，并向下发送两个着陆器。但当它进行任务最后一步时，一个电脑故障使其失去了联系。

"猎兔犬"2号的计划

如果"火星快车"号的着陆器"猎兔犬"2号计划成功，那么情景就像这幅想象图描绘的一样，着陆器安全地降落在原计划的着陆地点——伊西迪斯平原上。2003年12月25日，"火星快车"号进入轨道，"猎兔犬"2号开始降落，但却永远失去了联系。

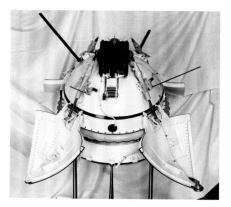

"火星"2号着陆器

为了研究火星地表、云层和磁场，苏联于1971年发射了"火星"2号着陆器。当11月27日着陆器被释放时，它的降落系统没有正常工作，于是坠毁了。"火星"2号成为第一个抵达火星表面的人造物体。

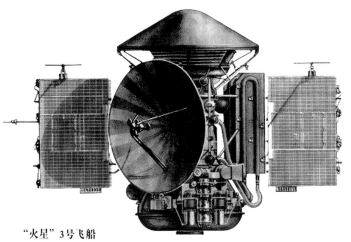

"火星"3号飞船

虽然苏联的"火星"2号和3号的着陆器在1971年底都失败了，但这两艘飞船都进入了轨道。几个月内，它们向苏联航天中心发回了有价值的数据。上图展示的是"火星"3号轨道器和它的降落舱，它有4.1米高，满载燃料时重量约为4650千克，其顶部是降落舱，底部是推进系统。两翼是太阳能电池板。

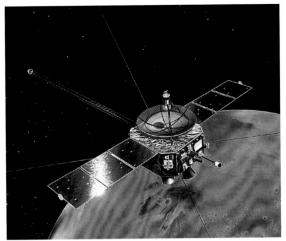

"希望"号

1998年，日本发射的"希望"号轨道器是设计用来研究火星上层大气的，它高0.58米，安装了一个碟形天线和一对太阳能翼板。由于需要进行一些不在计划之内的机动运作，耗费了太多的燃料，该飞船没能进入火星轨道，而是环绕着太阳运行。

火星"观测者"号

为了研究火星的地质和气候，美国国家航空航天局在1992年9月发射了"观测者"号。"观测者"号的任务包括对地表矿物和磁场的分析。1993年8月，在开始进入轨道的3天之前，"观测者"号失去了联系。该飞船可能仍然在火星轨道上，或者正在环绕着太阳运行。

火星气候轨道器

美国国家航空航天局于1998年发射了左图中这个火星气候轨道器，以便与火星极地着陆器（下图）联合研究火星天气和大气层。任务控制器在计算飞船的航程时，意外地将公制单位和英制单位搞混了，导致轨道器进入了错误的轨道，最终在火星大气层中烧毁了。

火星极地着陆器

1999年1月3日，美国国家航空航天局发射的火星极地着陆器上携带了两个用来钻探地面的撞锥（上图底部）。此次行动的任务是寻找火星上存在水冰的证据和研究火星大气层。2000年12月3日，着陆器在即将降落时失去了消息。

"火星快车"号

2003年7月，欧洲空间局开始了它的第一个火星任务。"火星快车"号是从哈萨克斯坦拜科努尔发射场用俄罗斯的"联盟-FG"火箭发射升空的。该飞船包括一个轨道器和一个着陆器。"猎兔犬"2号着陆器担负拍摄高分辨率照片、矿物学测绘和研究大气层的任务。其目的除了研究地质学和地球化学之外，还要寻找火星上过去存在生命的证据。不幸的是，"猎兔犬"2号在12月19日释放之后不久，就停止发送信号。该着陆器永远失踪了，但轨道器的先进设备还是发回了许多具有非凡价值的数据。"火星快车"号轨道器发现了火星上存在水冰和过去存在水活动的证据。

"火星快车"号和推进器

"联盟"号发射火箭脱落后，"火星快车"号"停泊"在环绕地球的轨道上。接着，位于飞船底部的上面级Fregat助推火箭点火，把"火星快车"号送入前往火星的旅途。

准备发射的"联盟"号

拜科努尔发射台上的"联盟"号发射火箭准备升空（下图）。在6个月的旅途中，"火星快车"号的飞行速度一直保持在10800千米/小时。

在轨道上

"火星快车"号（右图）上装配有长达40米的吊杆天线，这些天线是为火星地下及电离层探测高级雷达设备准备的，它们能探测深达5千米的火星地壳。

穿过大气层降落

这幅图描绘了"猎兔犬"2号着陆器在向伊西迪斯平原降落时，其隔热罩燃烧发光的景象。在实际飞行中，未接收到来自"猎兔犬"2号的任何信号。

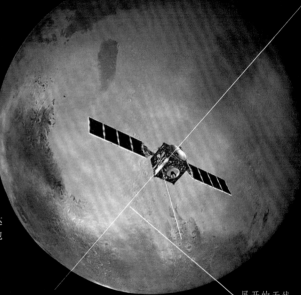

展开的天线

寻找水

火星地下及电离层探测高级雷达设备的电磁波能够穿透火星地壳，并能对多种物质进行分析。反射回波会揭示有关火星地壳物质组成的信息。主要目的是寻找火星地表深处的液态水。

火星地下及电离层高级探测雷达的天线

火星地壳

可能存在的贮水池

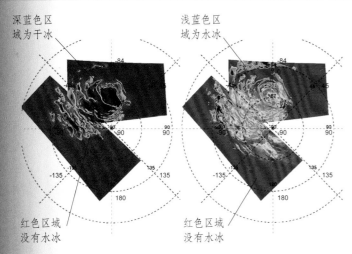

深蓝色区域为干冰

浅蓝色区域为水冰

-84

90

-135　135

180

红色区域没有水冰

红色区域没有水冰

"欧米伽"找到了水冰

2004年3月，"火星快车"号的"欧米伽"光谱仪在南极地区发现了干冰（左图左侧）和水冰（左图右侧）的踪迹。图示中的蓝色区域表示冰储量丰富，而红色区域则表示没有冰。"火星快车"号上的全部设备都是为寻找（液态、气态、固态的）水而设计的。

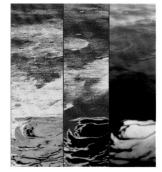

"欧米伽"的成像图

这3张南极极冠地区的成像图显示，左图是水冰，中图是干冰，右图是该地区的真色彩图像。

三维的火星

"火星快车"号最引人注目的成果，是用高分辨率立体彩色相机拍摄了大量的火星照片。该相机拍摄的全彩三维照片，能分辨出火星表面2米的物体。也许有一天，失踪的"猎兔犬"2号着陆器也能被这个高分辨立体彩色相机识别出来。

数字处理单元

超高分辨率光学系统

高分辨率立体彩色相机

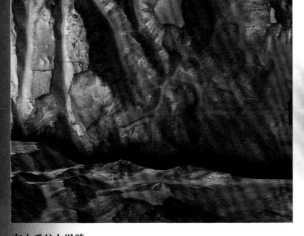

在水手谷上漫游

"火星快车"号轨道器传回来的第一张立体彩色的火星照片，它是由高分辨率立体彩色相机在2004年1月拍摄的。这张照片显示，绵延1700千米的水手谷在275千米的高空也能看到。

欧伯山

高分辨率立体彩色相机揭示，风扬起的沙尘灌入了休眠的埃律希姆火山的一个火山口——欧伯山。"火星快车"号的其他设备在火星上检测到了甲烷气体的存在。这可能表明该火山在近期内还有活动。

水蚀地貌

这些照片展现了水手谷东部的干涸河床，沉积物和受侵蚀地貌，它们被认为是早期火星存在大量液态水的重要证据。

火星之谜

科学家们正在不断地探测着火星上许多未知的东西——是否有液态水存在？是否仍有火山活动？这个星球上过去或者现在是否存在着生命？据我们所知，这个星球上没有智慧生命，没有运河，没有海洋，也没有植被。然而，卫星发回的某些照片仍显示火星上存在一些让人迷惑的东西：金字塔群、海豚雕塑，以及一个戴着王冠的古埃及女王头像。随着照相机分辨率的不断提高，这些物体已经显露出它们的真实面目——它们是天然的地质学构造。由于光和影的作用，这些物体看起来才像人脸、动物的形状或人造建筑物。

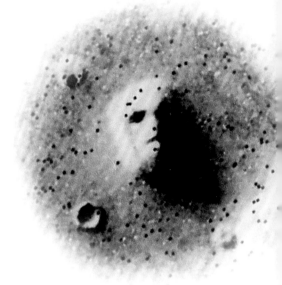

火星上的"人脸"
上面这张照片是"海盗"1号在1976年拍摄的，拍摄于西部阿拉伯台地附近，有人认为这个"人脸"可能是智慧生物创造的，它成了许多访谈节目、书籍、小报和电影的主题。

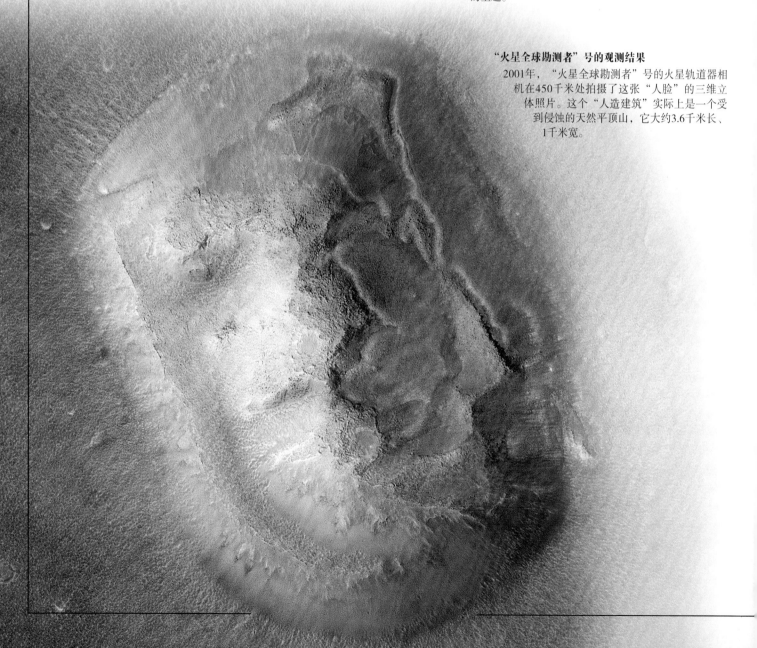

"火星全球勘测者"号的观测结果
2001年，"火星全球勘测者"号的火星轨道器相机在450千米处拍摄了这张"人脸"的三维立体照片。这个"人造建筑"实际上是一个受到侵蚀的天然平顶山，它大约3.6千米长、1千米宽。

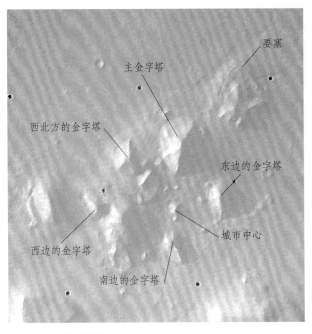

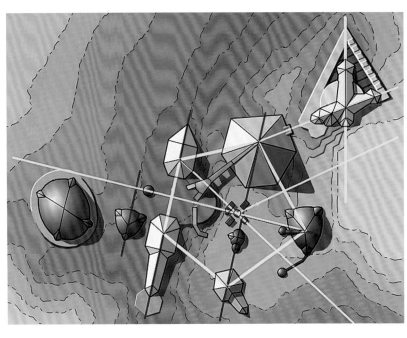

失落的金字塔城市

1976年，"海盗"号轨道器拍摄的少数火星地形照片使有些人认为，坐落在基多尼地区（阿西达利亚平原附近）的平顶山和圆丘群是某个古老城市被毁坏了的神庙、要塞和金字塔。

臆想中的基多尼亚"城"

上图的创作者将5种地形的顶部连在了一起，构成了一个五边形。有些人说，这种五边形结构是智能设计的结果，可能是一个被遗弃很久的城市。其中那个较大的"金字塔"的体积是古埃及最大的金字塔的1000倍。

海豚标志

除了和地球上的人造建筑物相似，这个来自基多尼亚的海豚状结构也很惹人争议，为了使海豚的轮廓更加清晰，照片经过了着色处理。在科学家们看来，它们只是普通的天然结构。

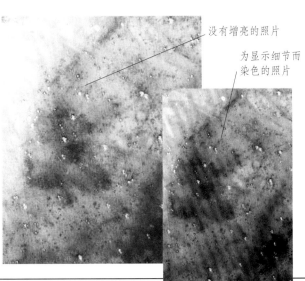

火星上的奈费尔提蒂

在叙利亚平原附近的凤凰湖地区，可以看到著名埃及女王奈费尔提蒂的侧影。头像宽750米，帽子有1.6千米长。奈费尔提蒂是公元前13世纪的埃及统治者。

戴王冠的头像

这张"加冕人脸"的照片是"火星全球勘测者"号拍摄的。这个地貌位于大流沙附近，宽约18千米。

未来的探索

在未来的岁月内，美国国家航空航天局的火星轨道器将要释放一架小飞机，让它在火星南部高地上做一次低平飞行。欧洲空间局和美国国家航空航天局正在合作进行一项火星登陆计划。2008年，美国国家航空航天局的"凤凰"号着陆器降落在北极地区。2012年8月，美国的"好奇号"火星车在火星成功降落，并钻探获取了火星岩石样本。2014年9月22日，美国发射的火星大气与挥发演化探测器成功抵达火星轨道。国际上的多个空间局还正在讨论在火星上空安置一颗通信卫星，供各方的火星探测任务共享。人们还在为向火星发射载人航天器和建造永久性基地做准备。

尾翼上的摄影照相机

侧翼上的传感器

头部的光谱仪

火星飞机

这架命名为"鹰"的无人驾驶飞机是火星航空区域环境调查项目（ARES）的一部分。飞机从轨道器上释放后，将由一个火箭发动机提供动力，在距离火星表面约1.5千米的高度上飞行。它将在火星南部高地上空飞行680千米，通过科学仪器收集相关的数据。它的翼展约为6米。

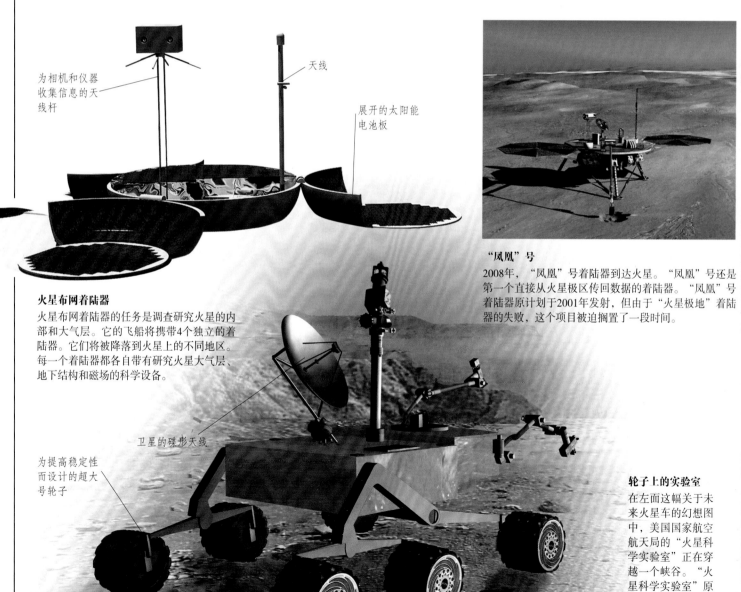

为相机和仪器收集信息的天线杆

天线

展开的太阳能电池板

"凤凰"号

2008年，"凤凰"号着陆器到达火星。"凤凰"号还是第一个直接从火星极区传回数据的着陆器。"凤凰"号着陆器原计划于2001年发射，但由于"火星极地"着陆器的失败，这个项目被迫搁置了一段时间。

火星布网着陆器

火星布网着陆器的任务是调查研究火星的内部和大气层。它的飞船将携带4个独立的着陆器。它们将被降落到火星上的不同地区。每一个着陆器都各自带有研究火星大气层、地下结构和磁场的科学设备。

卫星的碟形天线

为提高稳定性而设计的超大号轮子

轮子上的实验室

在左面这幅关于未来火星车的幻想图中，美国国家航空航天局的"火星科学实验室"正在穿越一个峡谷。"火星科学实验室"原计划于2010年到达火星。

火星载人登陆计划

火星每两年就与地球接近一次，但此时两个星球之间仍然有180天的行程。2009年是向火星发射载人飞行任务的好时机。美国国家航空航天局考虑发射3个着陆器，每个着陆器上都载有传动装置、补给品和一辆航天员返回车。两年后再发射两个补给着陆器。在此两年后，人类将实现向火星发射载人飞船。届时，载人飞船就能每两年发射一次。

火星基地

将航天员送上火星以前，过渡舱室任务组乘员逗留的主要处所。太阳能电池板将为其提供动力，宇航员可以乘坐大型火星车在火星上行进。在火星上逗留的时间有长有短，短期为30~90天，而长期则可达到600天。

运输舱模型

大型火星车

太阳能电池板

航天员地质学家

相对于火星车来说，航天员有很多优势，他们能够到达的某些地方，甚至最尖端的自动探测车都不能到达。未来航天员在研究火星地质时，可能会顺着绳子从悬崖面滑下去寻找标本，以便近距离地研究岩层构造。

未来的宇宙飞船

下图展示的是为美国国家航空航天局设计的激光动力站。激光动力站有朝一日可能会驱动宇宙飞船穿越太阳系。飞船的碟形天线与在远方提供能量的激光束相联系。由于硬件和技术的迅速发展，新的空间运输器的形状很可能已经与此图示不尽相同。

移民火星

一旦各国的空间局能够让宇宙飞船在火星上着陆，并把它们安全地发送回地球，下一阶段将要执行的任务就是载人登陆火星。航天员先驱者们将建立一些较小的前哨基地，靠来自地球的给养生活。接着就是移民，但是要在火星上建立永久性的社区，就需要建立"生物圈"——植物能够生长并能创造新鲜空气的地方。研究者们正在研制大型密封装置作为火星上未来的生物圈。有些科学家则更加前卫，他们设想通过一个称为"地球化"的工程完全改变火星上的气候，使火星环境向地球环境靠近，以便未来的人类后代能够在火星上居住和呼吸。到那时，他们就成了火星人。

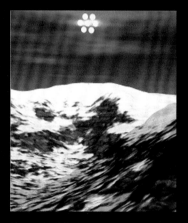

在去火星的路上
这张名叫"冒险旅行"的海报是发烧友制作的。他们梦想能乘坐"火星快车"号旅行飞船到火星上去。在火星上，他们可以探索火山，勘探小行星，甚至组建探险队去太阳系外的星球上探险。

镜面照射融化冰
在火星地球化计划中，有一个设想就是在火星轨道中安置许多巨大的镜子。它们能够把阳光反射到火星表面，融化水冰和干冰。这个过程将会使气体释放出来，增厚、改善大气层。

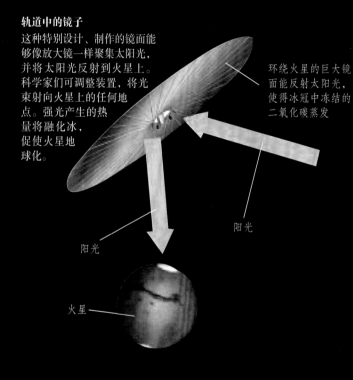

轨道中的镜子
这种特别设计、制作的镜面能够像放大镜一样聚集太阳光，并将太阳光反射到火星上。科学家们可调整装置，将光束射向火星上的任何地点。强光产生的热量将融化冰，促使火星地球化。

环绕火星的巨大镜面能反射太阳光，使得冰冠中冻结的二氧化碳蒸发

阳光

阳光

火星

设计气候变化
这些图展现了火星地球化的三个场景，开始是一片沙漠，第二个场景是一个寒冷的拥有蓝色天空的多水环境，这表明火星上已经存在较稠密的空气。第三个场景中已经拥有绿色的草地、树木和池塘，大气层已经厚得足以在天空中形成云朵。

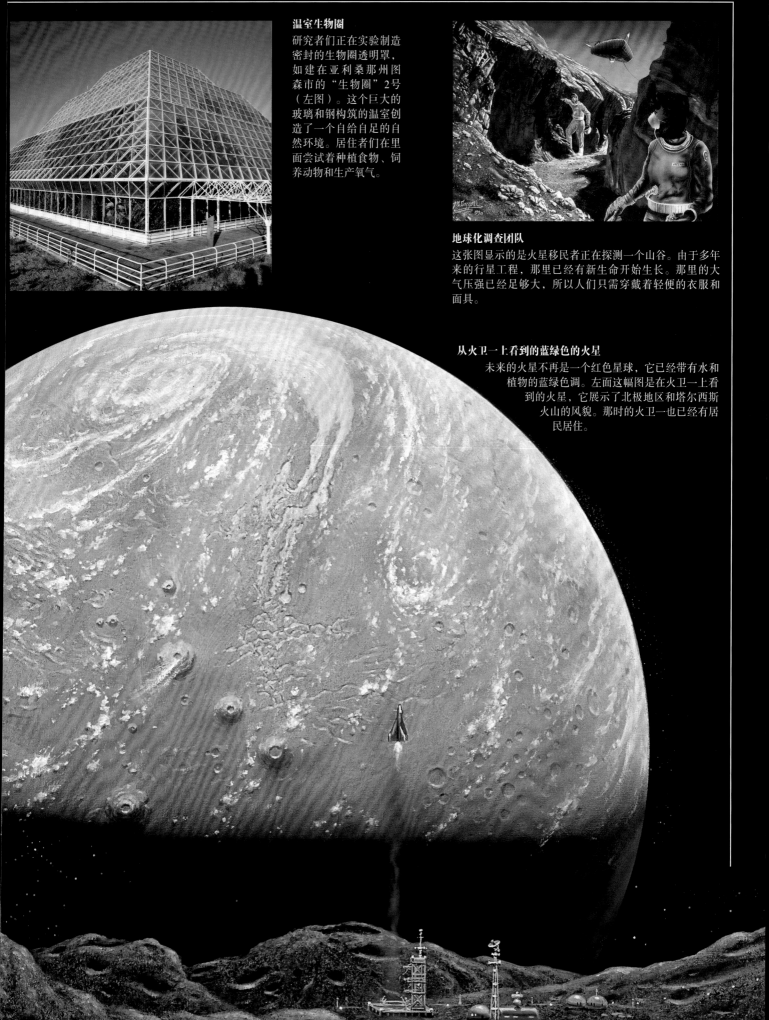

温室生物圈

研究者们正在实验制造密封的生物圈透明罩，如建在亚利桑那州图森市的"生物圈"2号（左图）。这个巨大的玻璃和钢构筑的温室创造了一个自给自足的自然环境。居住者们在里面尝试着种植食物、饲养动物和生产氧气。

地球化调查团队

这张图显示的是火星移民者正在探测一个山谷。由于多年来的行星工程，那里已经有新生命开始生长。那里的大气压强已经足够大，所以人们只需穿戴着轻便的衣服和面具。

从火卫一上看到的蓝绿色的火星

未来的火星不再是一个红色星球，它已经带有水和植物的蓝绿色调。左面这幅图是在火卫一上看到的火星，它展示了北极地区和塔尔西斯火山的风貌。那时的火卫一也已经有居民居住。

词汇表

神话

锛（扁斧） 状如斧头的切割工具。

来世 死后的生活。

护身符 有魔力的饰品，人们佩戴它以带来好运以及辟邪消灾。

祖先 人代代相传的本源。

考古学家 研究远古时代人类历史的学者。

毗湿奴的化身 以实体形式出现的印度教神的相貌。

大爆炸理论 约130亿年前创造宇宙的巨大爆炸。

菩萨 本该在极乐世界的佛教圣人，但为普度众生仍留在人间。

回旋镖 澳大利亚原住民所使用的弧形投掷武器。

护胸甲 保护胸部的一块铠甲。

大灾变 描述巨大灾难或是引发巨大灾难的事物。

半人马 神话中的生物，上半身是人，下半身是马。

喀迈拉 神话中喷火的怪物，同时长着狮子头、山羊头和蛇头。

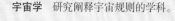

克里希纳是毗湿奴的化身

宇宙学 研究阐释宇宙规则的学科。

有序宇宙 按照特定的模式或规则来排列的整个世界或宇宙。

宗教崇拜 一群信众，他们全身心崇拜某一精神领袖或神圣人物。

库克罗普斯 希腊神话中生有一只眼睛的巨人。

神祇 指神或女神。

魔鬼 指恶魔或恶灵。

肢解 分裂肢体和躯干。

神圣的 用来描述神。

龙 神话中喷火的怪物，具有一个巨大的长满鳞片的身躯，还生有一对翅膀、爪子和一条尾巴。在中国神话中，龙是一种无翅膀的仁慈生物，能升天入海并居住其间。

梦创时代 澳大利亚土著祖先所处的永恒存在，他们在这里塑造了人类和世界。土著人的神话在梦创时代形成，人们可以通过仪式、歌曲和舞蹈重新进入梦创时代。

德鲁伊 凯尔特人的祭司。

狂喜 一种充满喜悦之情的精神恍惚状态。

长生不老仙露 一种拥有神奇力量的液体，能够使人长生不老。

生育力 生儿育女或者种植作物的能力。

戈耳贡 希腊神话中丑陋的蛇发三姐妹之一，这三姐妹是斯忒诺、欧律阿勒和美杜莎。

狮鹫 神话中出现的半鹰半狮的生物。

猎取人头的蛮人 以猎取战俘的头作为战利品的部落战士。

永生不朽者 能够永生不死的人。

化身 以实体形式出现的神的模样。

纳新 被接受或获准进入一个组织或者社团，通常事先会经历特定的重要仪式。

来自古埃及神庙的莲花状的上色瓷砖

劫波 印度宇宙学中特指的一个时期，在此期间，宇宙要经历一个从创始（梵天清醒时）到毁灭（梵天休眠时）的周期。

卡塔卡利 印度南部喀拉拉邦的一种古典舞蹈戏剧，通常由男子来表演，舞者会模仿演唱印度教史诗中的故事，如《罗摩衍那》和《摩诃婆罗多》。

皮艇 因纽特人使用的用海豹皮做成的独木舟。

熔岩 火山喷发或者从地壳开口处喷出的热熔岩石。

墨西哥湾

特诺奇蒂特兰城
（阿兹特克首都）

尤卡坦半岛

中美洲

太平洋

中美洲地区

长寿 存活很长一段时间。

莲花 这里特指生长在埃及或印度的睡莲。

杵 仪式上的权杖或是战争用的棍棒。

融合的 结合或混合在一起。

中美洲 古代美洲中部地区，包括墨西哥中部和南部、尤卡坦半岛、危地马拉、伯利兹、萨尔瓦多、洪都拉斯西部、尼加拉瓜的一部分以及哥斯达黎加。16世纪之前是阿兹特克与玛雅文明的故乡。

银河 我们所在的星系是在重力作用下聚集在一起的恒星系统的集合，其中包含人类所在的太阳系。

喀迈拉模型

凡人 注定死亡，生存时间有限、终将死去的人。

木乃伊化 将尸体变成木乃伊——即将此尸体保存起来，使之不腐烂。

神话 关于神灵或英雄的故事，往往会阐明世界是如何诞生的，或者是人们为何会生活在其间。日常用语中，"神话"一词有时被用来指代虚假的事物。

新石器时代 始于最后的冰河时期前后。当时的人们开始使用更为复杂的石制工具，建造石头建筑物，并开始制作陶器。

涅槃 佛教和印度教中所描述的极乐与觉悟的精神状态，一种意识到人类生存真实本质的状态。

北欧 斯堪的纳维亚地区，即瑞典、挪威和丹麦。维京人指的是文化繁荣期在公元8世纪至11世纪的北欧人。

林泽仙女 希腊神话中年轻漂亮的女子，其父母中通常有一位是神灵。涅瑞伊得和俄西厄尼德是海洋仙女，那伊阿得是泉水仙女，俄瑞阿得是山岚仙女，德律阿得斯是树林仙女。

神示所/神使 神灵之言得以阐释之地，或是与神灵沟通之人。

异教徒 信仰基督教、犹太教或伊斯兰教之外宗教的人。

珀伽索斯 传说中的飞马。

法老 古埃及统治者的称号，意为"豪宅"。原本用于指国王的宫殿，而不是国王本身。

颜料 为某物着色的化学物质。北美原住民纳瓦霍人在其神圣的沙画中使用从植物和矿物中提取的颜料。

原始的 存在于创世最开端，或起始于创世最开端。

发达 拥有好运、财富和成功。

金字塔 巨大的石头建筑物，具有方形底座和倾斜的侧面。这些建筑可能是皇室陵墓（埃及）或祭祀神庙（中美洲）。

轮回转世 相信死者在另一身体中复生的信仰。

非洲萨满佩戴的仪式面具

复活 死而复生，起死回生。

仪式 宗教仪式或灵魂仪式。

宗教仪式 人们向神灵表示崇拜或寻求帮助时所涉及的一系列正规的行为和言语。

神圣的 圣洁的、值得尊敬的。

供品/牺牲 通常由供奉者出钱买得、用来取悦或安抚神灵的祭祀物品。供品可以是被屠杀的动物，甚至是人类。

萨满 指祭司或巫师，其职责是维护部落人民的健康与精神安宁。为履行职责，他会参与和主持特殊宗教仪式，这会影响或善或恶的灵魂。

神龛 专门用于祭拜神灵、灵魂或者圣物的圣所。

预言 算命或预测未来。

巫师 指能够施法并拥有魔力的人。

灵魂 没有身体的人或者存在。

超自然的 神奇的、精神的、超越自然法则的。

阿兹特克人的献祭之刀

鸟居 神道教寺庙的入口。它常被涂成红色，由两个垂直的木桩组成，上面有两道横梁，其中最上面的梁延伸至托架之外。

图腾 北美原住民为神灵祖先所起的名字。一个图腾可以是生物（例如鹰）或者是无生命的事物（如一条河）。

部落 指一个群体的人，他们往往相互联系，拥有共同的语言和文化。

施诡计者 指要弄诡计或设计骗局的人或神灵。

海啸 指巨大的海浪，通常由火山或地震引发。

冥界 神话中的地下世界，据说人死后会居住于此。

独角兽 传说中的马匹，其前额长有一只螺旋状的角。

瓦尔哈拉圣殿 北欧神话中奥丁的豪华宫殿，阵亡英雄在其中设宴比武。

瓦尔基里 北欧神话中的女武神之一，引导英雄进入瓦尔哈拉圣殿。

幻象 凡人看见神灵的一种神秘的宗教体验。

阳 在中国哲学中，两大对立而又互补的元素之一（另一个是阴）。象征积极、主动、光明、温暖，彰显了阳刚之气。

阴 在中国哲学中，两大对立而又互补的元素之一（另一个是阳）。象征消极、被动、黑暗、冰冷，充满了阴柔之美。

装饰精美的维京石刻，坐落在瑞典的哥特兰岛，展现了驭马而行、踏入瓦尔哈拉圣殿的北欧战士。

沉船

海空救援 用直升机进行海上救援。

双耳细颈椭圆土罐 古希腊人和罗马人使用的一种大型罐子。这种细颈双耳罐，在当时常用来运油或运酒。

水肺 一种潜水员使用的呼吸设备。包括捆在潜水员背上的压缩空气瓶，该瓶通过一根管与嘴相连，为潜水员自动输送空气。

考古学家 指通过出土古代历史遗迹和分析建筑及遗址来研究人类历史的人。海洋考古学家则是指考查沉船残骸的人。

人工制品 人工制造的物品。考古学家通过研究沉船上发现的历史文物，进一步了解曾经拥有这些文物的人的生活和技能。

星盘 通过测量太阳位置来检查船只航线的导航仪器。

竿式投影仪 一种导航工具。和星盘一样，竿式投影仪也是通过测量太阳的位置来确定船只所在的纬度。

压舱物 所有放在船中用来增加稳定性的沉重材料。

藤壶 带有坚硬外壳的小型海洋生物。藤壶经常附着在岩石、船只或沉船中的物体上。

舱底 船体最底下的部分。污水，或称"舱底水"，经常汇集在舱底。

船头 船的前端。

桥楼 船上放置舵轮和导航仪器的部分，是船长和其他高级船员直接操纵船只的地方。

双耳细颈椭圆土罐

浮标 用链条或绳索锚定在海底的一种浮动的标记。浮标能指示危险的地方，如岩石或珊瑚礁的位置。

倾覆 即翻船。

货物 船上运载的货物。

天文钟 一种用于测量时间的仪器，类似时钟，常用于协助海上的航行。就算被晃来晃去或受到不断变化的温度或湿度的影响，天文钟依然会报告正确的时间。

凝结物 一种坚硬如石的锈块。例如，铁质物体在海水中淹没了很长时间后会生锈，铁锈会将附近的一切凝结成硬块，也就是凝结物。

潜水钟 一种带有供气设置的底部开口的钟形或盒状容器，潜水员可以乘潜水钟潜入深海。

船头雕像 一种附在船头的雕像，如一个半身像或一个全身像。人们认为船头雕像能带来好运。

火攻船 一种故意自燃以期能够烧毁敌船或使敌船怕引火上身而撤退的船只。

舰队 一群在统一指挥下一齐行动的战舰。

雾号 一种雾天时于海岸或船上吹响的洪亮号角，用来警示其他船只前方有危险。

大型三桅帆船 一种西班牙战船。

全球定位卫星 一种现代化的导航设备，能够利用一系列绕地卫星发射的信号确定船只位置。缩写是GPS。

炮架 一种带轮子的大型木滑车，用于支撑大炮或其他大型枪械。

炮眼 位于船只一侧的开口，大炮和其他重炮就是通过这些开口发射的。许多情况下，它们可能会在天气恶劣时被封闭。

舵手 驾驶船只、掌管舵轮的人。

船体 船的主体。

船头雕饰

飓风 一种巨大的旋转热带风暴。飓风也被称为气旋或台风。

平底帆船 一种带有升降舵的中国式帆船。

平底帆船

龙骨 船只最底部的纵向船骨，人们便是在这上面建造船体的。这个词在英语中还有"翻船"的意思。

纬度 一种用来表示船只位置的系统。它能显示船只在赤道以北多远或赤道以南多远。它通常以"度"和"分"来表示，比如，北纬10度20分。

救生艇 一种由较大的船只载运的小艇，在紧急情况下使用。例如，如果船只正在下沉，那么乘客和船员就可以乘坐救生艇逃生。救生艇也可以是从陆地出发前往救援海上遇险者的船只。

灯塔船 一种停泊或锚定在一个位置的船只，上面载有航标灯，用来警示其他船只某一潜在危险，如暗礁。

一名正在使用潜水装备的潜水员

经度 一种用来表示船只位置的系统。经度能够显示船只在一条特定线以东多远或以西多远，这条线叫"本初子午线"。它通常以"度"和"分"表示，例如，西经20度15分。

处女航 船只的首次航行。

战船 又叫军舰或战舰。它主要是用来描述曾用于战争的大型老式帆船。

海的、海上的 用于描述海洋中的事物，或在某些方面与海洋有关的事物。

MAYDAY 一种帮助遇险船只呼救的国际无线电求救信号。

商船 一种用于运输货物的船只，不是战船。

伙食团 船上某一群人吃饭的地方。例如，"官员伙食团"就是船长和高级官员吃饭的地方。

气象学家 研究和预测天气的科学家。

莫尔斯电码 一种用或长或短的光或声音的脉冲组合代表英文字母的代码。莫尔斯电码是塞缪尔·莫尔斯在1838年发明的，通常用于海上。

海军舰艇 一种军舰，是国家海军的组成部分。

驾驶 指挥船的航向。

左舷 船的左侧。

POSH 这个词现在的意思是聪明或优雅，但它曾经是"Port Over, Starboard Home"（左舷出，右舷回）的首字母缩略词。这曾指在英国到亚洲的来回途中，人们都想要的阴凉一侧的舱位。

遥控潜水器 一种从船上进行遥控的无人潜水器。遥控潜水器用于拍摄深水处的沉船，有时用来带回海底的物体。ROV就代表遥控潜水器。

打捞 指取回沉船上的货物或其他物体。

水肺 水下呼吸器的别名。"scuba"是首字母缩略词。

旗语 一种在不同位置用两色旗子显示英文字母的信号系统。

六分仪 一种导航仪器，航海家用它来确定太阳相对地平线的位置，据此得出船的纬度。

造船工人 建造船只的人。

侧扫声呐 一种用来勘测大面积的海底区域的声呐。它能够利用声波产生海底任何一种地貌或物体的"影"像。

通气管 一种由仅在水面下游泳的潜水员所使用的短呼吸管。该管的一端竖在水面上方，而另一端则在潜水员的口中。

声呐 一个通过发出声音脉冲定位海底物体的系统。这些声音的回声可以在电脑上转换成一幅图片。"sonar"是缩写。

SOS 一种遇险船只为呼救而发送出的莫尔斯电码信号。字母"SOS"不代表什么——选这三个字母是因为它们很容易发送，并且在普通信号中较少同时出现。

右舷 船的右侧。

船尾 船的后端。

艉柱舵 一个与船的龙骨在一条线上的舵。

潜艇 一种能够载人下水并能在水下停留很长时间的水下作业船。

六分仪

潜水器 一种只能在水下进行短期停留的水下作业船。

水位线 水面接触船体时的那条线。

潜水服 一种潜水员穿的紧身橡胶服，在冷水中可保暖护肤。潜水服面料里面有一层水薄膜层。这种薄膜层能够随着潜水员的体温变暖，然后就可以帮助潜水员隔离周围的冰冷海水。

潜艇

木乃伊

来世 死后的生活。

护身符 护身符是一种饰物，古埃及人认为护身符有魔力，能够保护死者尸体免受邪恶事物的伤害，或者带来好运。护身符的形状通常像某种植物、动物或身体的某个部位。

埃皮斯神牛 一种圣牛，古埃及人认为它是卜塔神的化身。埃皮斯神牛死后，尸体被制作成木乃伊，埋葬在一个名为"塞拉皮雍"的特殊坟墓中。

考古学家 指那些通过发掘古代遗址和分析其建筑和遗迹来研究人类历史的人。

砷 三氧化砷的缩写，一种白色粉末状的剧毒物质。

阿提夫王冠 饰有两片巨大羽毛的王冠，这是埃及神奥西里斯的一个标志。

尸体解剖 一种检验尸体的专门技术，通常是为了找出造成死者死亡的原因。

巴鸟 古埃及死者灵魂的一种表现形式，经常用人头鸟身来表示。

细菌 细小的微生物，能够引发疾病并令尸体腐烂。

沼泽 一片湿软的土地。在一些特殊的沼泽地里，尸体能在自然的条件下演变成木乃伊。因为沼泽里含氧量极少，使尸体腐烂的细菌无法存活。

埃皮斯神牛雕像

藏宝地 藏有金银财宝的地方。在埃及学中，该词指帝王谷中王室木乃伊的坟墓被盗墓者抢劫后，一些木乃伊的藏身之地。

卡诺皮斯罐 一种坛子，盖子是神的头部。在古埃及，卡诺皮斯罐通常用来储存木乃伊经过防腐处理的内脏器官。

混凝纸浆 类似于制型纸浆，用灰泥或树脂将亚麻布或纸莎草的碎片混合而成。古埃及人有时用混凝纸浆制作木乃伊的箱子和木乃伊面具。

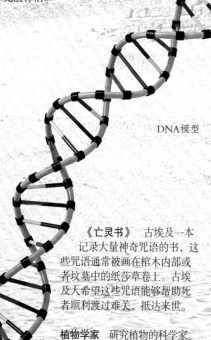

DNA模型

《亡灵书》 古埃及一本记录大量神奇咒语的书，这些咒语通常被画在棺木内部或者坟墓中的纸莎草卷上。古埃及人希望这些咒语能够帮助死者顺利渡过难关，抵达来世。

植物学家 研究植物的科学家。

旋涡花饰 古埃及文字中，拼写法老名字的圣书体文字围成一个椭圆，即旋涡花饰。

地下墓穴 位于地下的墓地，往往是一系列的隧道，包括用作坟墓的凹槽。

CT扫描 类似于X光扫描，但扫描的结果是3D立体图。其全称是"计算机化轴向层面摄影法"。

节德柱 形似柱子的护身符。代表着埃及奥西里斯神，表示"生存""稳定"和"来世"。

DNA "脱氧核糖核酸"的简称，存在于活的有机生物体内，承载着它们的遗传信息。

王朝 有血缘关系的国王形成的家族。历史学家将埃及法老分为30个王朝。

防腐 一种化学流程，用于保存尸体，防止它腐烂。

暴露 指处于极端天气条件（如飓风和极寒）下（有可能导致死亡）。

彩陶 一种陶器，饰有花纹和彩釉，通常被称为"埃及彩陶"。

法医学 运用生物化学和其他科学技术来辅助犯罪调查的科学。法医专家有时用这种方法检查木乃伊死者生前是如何死亡的。

冷干 在极冷条件下干燥。

伊西斯束带 一种护身符，形状像是布条打的结。这象征着埃及女神伊西斯和她的庇护。

冰川 冰河，缓慢地前后移动。

冲沟 流水侵蚀形成的沟壑、深谷或渠道。

圣书体文字 古埃及人使用的字体形式，用图画表示单词、音节和声音。

卡 古埃及人的灵魂的一种形式。

眼影粉 古埃及人所用的眼部化妆品。眼影粉是一种黑色粉末，人们用它画出眼部轮廓，类似于现在的眼线笔。

晚期 古埃及的历史阶段，大约从公元前747年到公元前332年。

中王国时期 古埃及的历史阶段，大约从公元前2055年到公元前1650年。

木乃伊盛放箱 木乃伊形状。也常用来指埃及人埋葬时所用的木乃伊形状的棺木。

木乃伊棺 由木头和混凝纸浆做成的棺木，内装木乃伊。

木乃伊面具 放在木乃伊脸上，表示死者面容的面具。

节德柱

冰川

圣甲虫

圣甲虫 古埃及护身符，形似甲壳虫。

人俑 仆人或工人的小型雕像。古埃及人认为自己在来世需要做一些辛苦的工作。富有的人们会用人俑陪葬，认为这些人俑会在来世中苏醒并代替他们工作。

神龛 一种盛放着神圣遗物的匣子或盒子。在埃及古物学看来，该词用来描述很多个放置法老棺木的石棺的其中一个。

裹尸布 一大片织物，用于包裹尸体。

鞣制 通常指将兽皮浸泡在含有单宁酸的液体里，使其转变为皮革的过程。一些木乃伊也是采用单宁酸来保存的。

帝王谷 即与卢克索小镇（底比斯）相对、横跨尼罗河的偏僻山谷，许多埃及法老被埋葬在隐蔽的坟墓中。

重要器官 即心脏和大脑等器官，对维持人类生存起着至关重要的作用。

荷鲁斯之眼 指一种眼睛符号，古埃及人认为它能保护木乃伊的身体健康，并赋予其活力。它代表着埃及神荷鲁斯的眼睛，荷鲁斯与邪恶势力搏斗时失去双眼，但后来他的双眼神奇地恢复了健康。

泡碱 天然的盐，一般存在于干涸的湖床上。埃及人用泡碱干燥尸体，然后制成木乃伊。

内梅什巾冠 头发上颜色鲜亮、饰有条纹的布条，只有埃及法老才能佩戴。

新王国 古埃及的历史阶段，大约从公元前1550年到公元前1069年。

游牧民族 指那些没有固定住处的人们，他们四处流浪寻找茂盛的牧场饲养家畜。

古王国 古埃及的历史阶段，大约从公元前2686年到公元前2181年。

纸莎草纸 古埃及人写字的材料，由纸莎草皮编织而成，反复敲打后形成像纸一样的长条。

泥炭 棕色的沉积物，与土壤相似，由死去的植物分解而成。泥炭可以当作燃料。

胸饰 戴在胸前的装饰或项链。埃及木乃伊身上的胸饰通常被绷带固定在里面。

法老 古埃及的统治者。埃及人认为法老是荷鲁斯的化身，所以非常敬重法老。

箭筒 弓箭手用来存放备用箭头的袋子。

放射性碳推算日期技术 一种技术，可以通过器官所含碳–14数量来推算它的时间。这种技术可以用来推算尸体或古代植物的时间。

放射线摄影师 拍摄X射线照片或操作扫描仪的人。

圣人 往往装饰有羽毛。该词源自阿拉伯语"有羽毛的"一词。

沙葬 古埃及人早期采用的埋葬形式，在沙葬中死者尸体被埋葬在沙漠中。干燥的沙子会防止腐烂，并将尸体天然烤干，形成木乃伊。

石棺 是由石头制作而成的棺材。在古埃及时期，石棺通常是一个石箱子，里面是盛放着木乃伊的灵柩。该词在希腊语中是"食肉者"的意思。

荷鲁斯之眼

静电放射照片 X射线图像的一种，因为突显边缘，人们能更容易看清楚物体的轮廓。

记录在纸莎草纸上的埃及文献

间谍

特工 为情报部门工作的人。

到位间谍 一个情报机构想雇用的间谍已经为这个机构想调查的目标组织工作了。

安全机构 为国家安全的某些方面负责的部门或者组织。

刺客 一般是指以金钱、其他报酬或者是政治目的而谋杀政要人物的人。

窃听器 隐藏的麦克风，通常和传送器连接起来，可以秘密窃听他人谈话。

闭路电视 用一部摄像机，将拍摄的信号通过电视电缆送到特殊型号的监视器上使用。这种信号不在普通电视上播放。闭路电视现在被广泛用于安全监控系统中。

契卡 俄文缩写，原意"为打击消灭反革命，间谍活动，投机活动和怠工行为而特设的特殊任务"。契卡是俄国于1917年建立的秘密组织，最终与克格勃合并。

中央情报局 （CIA）美国情报机构，在世界范围内收集情报，也在国外进行反间谍活动。

契卡身份证

密码文件 用密码写的文件，如没有解密的密钥无法解读。

暗号 传送消息的新方法，用一种有系统的暗号，例如字母、数字或符号来代替原始的文字消息。

冷战 指20世纪40年代中期至90年代早期，美国与苏联及其各自盟国之间的对立，紧张及较量的状态。

通信情报 （COMINT）通过拦截人与人之间的通信记录获取的情报消息，例如通过电话、邮件或者房间里的窃听器。

隐藏手段 将消息、密码文件、窃听器或其他的间谍活动材料隐藏在经过特别改造的日常物品中。

隐藏于书中的照相机

反间谍活动 深入到敌对方面的情报中心的活动。

反间谍组织 这是一个广泛的定义，其中包括对抗外国情报组织，保护本国人民、信息、仪器以及对抗间谍活动、怠工行动和恐怖主义的活动。

情报员 为情报组织传递秘密材料的人员，有的掌握所传送的秘密，有的不知道。

密码分析 也被称作密码破解，是对密码和其他形式暗语进行分析的研究，来破解密码隐含的真实含义。

情报秘密传递点 隐藏的地点，通常有一个密封的容器，用来隐藏秘密通信和间谍之间交换资料。

叛变者 自愿离开本国或所服务的情报机构，为了利益为另一个国家效力的人。

法国对外安全局总部 （DGSE）法国的对外安全局，与英国的军情六处及美国的中央情报局功能类似。

双面间谍 被一个情报组织雇用，但同时被另一个情报机构控制，秘密地为对方间谍情报机构暗地招募而为其服务的间谍。

电子情报 （ELINT）指从机器对机器传递中拦截下的消息，例如利用间谍侦察机窃听地方雷达。

英格玛机 一种机电一体化基于转子的密码机器，在第二次世界大战中被德国军方和民间组织用来编密和解密。

间谍活动 使用间谍来获得他国或者商业竞争对手的计划、秘密消息或者机密文件的行为。

联邦调查局 （FBI）调查反间谍活动，强制执行本国法律，保护美国的组织。

启封 指开封、检查并重新封存信封、包裹而不被接受者发现的行为。

盖世太保 由纳粹党在第二次世界大战中建立的秘密警察，主要为国内安全负责。

格勒乌 1918年由苏维埃军事情报局建立，1991年苏联解体时保留下来，继续为俄国服务。

管理人 情报局官员，主要负责管理间谍。

人力情报 （HUMINT）指直接由特工收集到的消息，与设备和科技获得的消息相对应。

20世纪60年代带有隐藏夹层和封口工具的公文包

水下测音器 用来监听记录水下的声音的仪器。

非法入侵者 指特工未经外交许可，以伪装身份在国外进行间谍活动。非法入侵特工在国外通常不与本国大使馆联系，而直接对本国情报机构负责。

图像情报 （IMINT）指通过间谍侦察机或卫星上的照相机和雷达拍摄的照片一类的情报。

工业间谍活动 商业上秘密获取信息的活动。通常在竞争企业或情报官员手中获得。

美国国家安全局徽章

告密者 通常指为了金钱而泄露秘密或机密消息的人。

专业间谍活动 指通过间谍行为收集情报消息，最终分析出所需要的信息。

铁幕 铁幕是指1945年到1990年冷战时期在军事、政治上将欧洲分为西方和苏联及其盟国两个受不同政治影响区域的界线。

克格勃 克格勃是苏联1954年至1991年间的情报和安全机构。

监听地点（LP） 指通过窃听器或其他电子音频监视设备接收的信号被收集、监听的地方。

军情五处 英国的军情五处不再与军事有关。正式称作秘密情报局，负责国内安全。

军情六处 英国的军情六处不再与军事关联，主要负责收集国外情报。官方名称为秘密情报局（SIS）。

微点照片 将照片底片进行视觉降噪到一定尺寸（通常为1毫米或更小），不经放大无法识别。

鼹鼠 被一个情报部门雇用，但同时为另一个情报部门工作的雇员或官员。

摩萨德 摩萨德是以色列的外事情报局。

北大西洋公约组织 军事联盟，在冷战时期建立，由北美和西欧数个国家组成。

中立 将间谍身份无效化，例如将他们的身份公之于众，使他们无法秘密工作，将他们遣返回国或对其进行起诉或监禁。

国家安全局（NSA） 美国的一个机构，主要职责为保护政府信息和通信，一般使用的方法是对文件进行加密。也雇用密码分析者对拦截的国外消息进行破解。

侦探 一般指被情报部门雇用的官员或者特工。

撬锁工具 形状特殊的工具，使用者能在不使用钥匙的情况下使用这些工具开锁。

渗透 指间谍为了收集情报而混入目标组织里。

接收器 能够收集发送器发射出的信号的仪器。

事先侦察 在秘密行动前，为了保护消息而进行的行动。

无线射频识别芯片（RFID） 电脑上一个微小的芯片，能够传送无线电信号。这种芯片可以植入护照、身份证以防止造假身份。也被用于一些超市的商品中，用来监视商品，一旦有小偷偷窃，保安就可以通过这些标签进行追踪。

阴谋破坏 指一种秘密行动，通过破坏敌方或对手的财产或瓦解核心部门来削弱其力量。

扰频器 一种用来防止电报被拦截的仪器，通常通过重组词语顺序来实现。

载波信号情报（SIGINT）这是一个广泛的定义，主要指拦截敌方传递情报的信号来获取情报。既包括通信情报（COMINT）也包括电子情报（ELINT）。

监视 通过使用电子仪器或其他的仪器，从远处观察对方，既可以使用音频，也可以使用视频监视仪器。

间谍 国家用来获取敌方的信息，商业中用于获取竞争对手的绝密资料而被雇用的特工。

苏联国家安全委员会徽章

斯塔西 东德国家安全组织，主要负责指挥外事情报行动。于1990年解体。

对外情报局 20世纪90年代代替克格勃的外事情报处开始发挥其作用。

清扫 使用绰号为"扫帚"的电子仪器对房间里的窃听器进行清理。

电话窃听器 也叫作电线窃听器，用来监视第三方的谈话，一般是秘密安装在电线上。

恐怖主义 使用暴力行为，例如炸弹制造引起大众恐惧的行为，一般为了达到政治目的而在对手国家里发生。

发射器 一种发射电波、无线电波或微波信号并将信号传送到接收器上的仪器。

通敌罪 指严重背叛自己国家的罪行。

转投 迫使间谍成为一名双面间谍，不再为其原情报组织服役。首先会起诉他们的罪行，使他们感到有罪，然后提出合作代替起诉。

无人飞行器（UAV） 通过远程操控或者直接通过电脑操纵的无人飞行器。通常用于军事侦察，袭击任务或开展间谍活动。

自动投诚的间谍 指间谍主动去他国大使馆为其提供秘密情报。

华约国家 在1955年至1991年的冷战时期，苏联及包括中欧和东欧一些国家在内的其他社会主义国家组成的军事联盟。

美国在第二次世界大战中使用的无线电发射器和接收器

火星

亚马孙纪　最近的火星历史时期，从大约25亿年前起延续至今。

火山灰　火山喷发至大气中的细微颗粒物质。

小行星　太阳系内环绕太阳运动，但体积和质量比行星小得多的天体。

天文学　一般指研究行星与恒星等天体及其运动规律的学科。

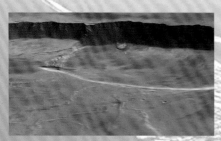

奥林匹斯山的火山喷口

生物圈　一个包含生命存在所需的全部要素的自然系统，包括水、适宜的温度，以及产生可供呼吸的空气的能力等。

喷火山口　火山顶部的一个大洼地。喷火山口是由岩浆室坍塌或一次爆发式的喷发削掉火山的上部而造成的。

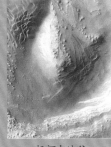

深谷　陆地上深度大于宽度、坡度陡峻的谷地。

火山锥　一种火山山峰，由岩浆倾泻到边缘并冷却成为陡峭的斜坡而形成。

恒河大峡谷

行星核　一颗行星的中心，地球和火星的核大部分是铁。

环形山　指陨星撞击地表形成的坑穴，通常四周有一道边缘；也指由火山口形成的凹陷。

地壳　一颗行星的外层，在行星的幔和核之上。

尘卷风　以卷起地面尘沙形成旋转的尘柱为特征的小旋风，它会在地面上移动。

喷出物　是指火山活动时从地下喷出的物质。它包括火山气体、熔岩和固体的岩石碎屑。

椭圆形　行星、天然卫星或人造卫星的扁圆轨道形状。行星的轨道是椭圆形的，而不是圆形的。

侵蚀　风力和水作用对泥土与岩石的侵害、腐蚀作用。

爆裂式喷发　一种猛烈的火山爆发方式。爆发时产生猛烈的爆炸，同时喷出大量的气体和火山碎屑物质，喷出的熔浆常常形成陡峭的火山锥。

飞越　宇宙飞船的一种飞行方式，它从行星近旁飞过，而不在行星上着陆或进入环绕行星的轨道。

地心说　"地球中心说"的简称，关于地球是太阳系中心的理论，宣称其他行星和太阳都围绕着地球旋转。

日心说　"太阳中心说"的简称，关于太阳是太阳系中心的理论，宣称行星都环绕着太阳旋转。

热点　行星表面的一个点，它比周围环境要温暖得多，并且可以被来自行星幔的上升的岩浆加热。

冰塔　指冰川表面的塔形冰柱。当南极表面冰层下蒸汽喷涌而出时形成的构造；其内部的温度高于外面的空气。

撞击坑　一种由太空坠物撞击产生的盆状洼地。边缘一般环绕着溅落在四周的喷出物。

类木行星　4个气态外行星——木星、土星、天王星和海王星。

着陆器　宇宙飞船的组成部分，可与飞船分离并着陆到某个行星上。

熔岩　从火山或地面裂缝中喷溢出的高温岩浆。

天体边缘　天体的外边缘或界线，通常指从天体上空观看到的部分。

岩浆　指地下熔融或部分熔融的岩石。岩浆喷出地表后将变成熔岩。

幔　在行星地壳之下包围着行星核的内部区域。

流星　太空物体坠入地球大气层时，跟大气摩擦发生光和热的现象。

陨星　流星体穿越行星大气层未被燃尽而撞击到行星表面的部分。

流星体　造成流星现象的太空尘埃微粒和微小固体。

山　在火星上一般指火山。

诺亚纪　火星的第一个历史时期，始于大约45亿年前，持续到大约35亿年前。

诺克提斯峡谷网

冲 从地球上看,地外行星与太阳在相反方向成一条直线的时刻,此时是观测行星的最佳时刻。地球处于在火星和太阳之间时就会发生火星冲日。

轨道 一个天体环绕另一个天体或环绕某一个点运行的路径。

轨道器 环绕行星运行的飞行器。

盆火山 一种很浅的环形山,通常是火山。

低洼平原 宽阔平坦的低地。

极地云罩 冬季的火星北极地区上空形成的一种云层。

探测器 一种为执行任务而接近某个行星的飞船,它们一般既不登陆行星,也不绕该行星飞行,也不返回地球。

低壁环形山 一种环壁较低的环形山,火星上的这种环形山通常是被冰锉平了的环形山演变而成。

公转 行星环绕太阳转,或是卫星绕着行星转的运动。

自转 天体绕着自己的轴旋转。

探测车 一种能在行星表面行动、做实验,或运载航天员在行星上旅行的自动机器。

俯瞰奥林四斯山

卫星 环绕着某个较大天体旋转的天体;亦指在轨道上运行的人造航天器。

盾状火山 具有平坦穹顶和缓坡侧翼(盾状)的大型火山。通常由地下高压升举到地面或因熔岩流过而形成。

二次撞击坑 在一个撞击坑形成期间,喷射物的残骸碎片落下时形成的撞击坑。

太阳系 太阳和环绕它运行的所有天体构成的系统。

分光仪 在不同波长位置,测量光谱强度的装置。通过分析分光仪的数据,科学家们能够获悉一颗行星的岩石和土壤中含有什么矿物和化合物。

希腊平原

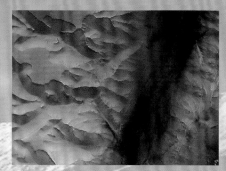

洛罗斯谷

光谱学 研究各种物质如何反射或辐射由分光仪测量到的光。

地表微型探测车 一种小型自动机器,它能够在行星表面移动,并进行科学实验。

地球化 为了使行星的气候、温度、生态类似于地球环境,人为改变天体表面环境的工程。

圆顶山 一种小型的穹窿形山丘,通常是火山。

谷 火星上的一种峡谷,往往相当盘旋曲折。

火山 地下深处的高温岩浆及其有关的气体、碎屑从地壳中喷出而形成的具有特殊形态的地质结构。

游星 行星的古名。在夜空中相对于"固定的"恒星来说,行星总是在不停地移动。

火星北极的三维模型

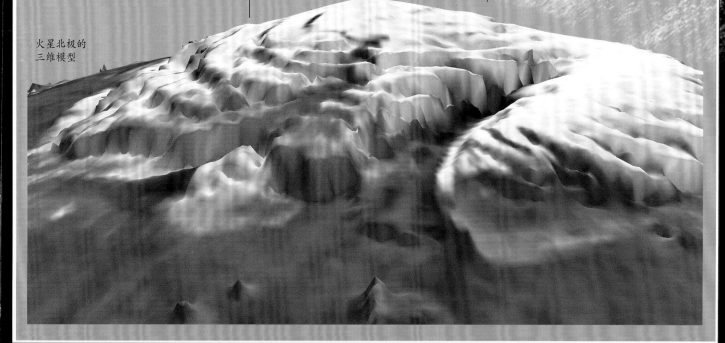

感 谢

神话

DK出版社衷心感谢以下各位对本书的帮助：

Graham, John Williams, Kevin Lovelock, Jim Rossiter, and Janet Peckham of the British Museum, London; Kalamandalam Vijayakumar and Kalamandalam Barbara Vijayakumar; and the African Crafts Centre, Covent Garden, London.
Photography: Andy Crawford
Researcher: Robert Graham
Index: Chris Bernstein
Design assistance: Jill Bunyan and Anna Martin
Proofreading: Sarah Owens
Wallchart: Peter Radcliffe, Steve Setford
Clipart CD: Jo Little, Claire Watts, Jessamy Wood

DK出版社衷心感谢以下各位对本书图片的使用授权：

(Key: a-above; b-below/bottom; c-centre; f-far; l-left; r-right; t-top)

AKG Images: 41tr, 41l; Boymans van Beuningen Museum, Rotterdam The Tower of Babel, Pieter Brueghel the Elder 11r; Erich Lessing/ Württembergisches Landesmuseum, Stuttgart 11bcr, 28tl, 48tl; SMPK Kupferstichkabinett, Berlin 16tl; Torquil Cramer 60/61c; Universitets Oldsaksamling, Oslo 36bc; Von der Heydt Museum, Wuppertal Flora, Awakening Flowers, 1876, by Arnold Bucklin (1827–1901) 27bl; American Museum of Natural History: 45br, 52tr, 54cl; Thos. Beiswenger 43r; D.F. Head 33tr; Ronald Sheridan 12bl, 15br, 25d, 28br, 29ar, 47l, 47ca; Ashmolean Museum, Oxford: 18c, 34br, 44/45c; Duncan Baird Publishers Archive: 18tl; Japanese Gallery 13cr, 35c; Bildarchiv Preußischer Kulturbesitz: 36tl; SMPK Berlin 20; Staatliche Museum, Berlin 50tr; Bridgeman Art Library, London/New York: British Museum, London The Weighing of the Heart Against Maat's Feather of Truth, Egyptian, early 19th Dynasty, c.1300 bce, Book of the Dead of the

Royal Scribe 56br; By Courtesy of the Board of the Trustees of the V&A Vishnu in the Centre of his Ten Avatars, Jaipur area, 18th century 22tl; Galleria degli Uffizi, Florence, Italy The Birth of Venus, c.1485, by Sandro Botticelli (1444/5–1510) 44cl; Louvre, Paris, France/Giraudon Stele of a Woman before Re- Harakhy, Egyptian, c.1000BC 17tl; Musée Condé, Chantilly, France MS 860/401 f.7 The Story of Adam and Eve, detail from "Cas des Nobles Homimes et Femmes" by Boccaccio, translated by Laurent de Premierfait, French 1465, Works of Giovanni Boccaccio (1313–75) 11bl (right), 19br; Museo Correr, Venice, Italy Glimpse of Hell (panel) by Flemish School (15th century) 57bl; Piazza della Signoria, Florence/Lauros – Giraudon Perseus with the Head of a Medusa, 1545–1554, in the Loggia dei Lanzi, by Benvenuto Cellini (1500–1571) 37bcr; Private Collection Genesis 6:11–24 Noah´s Ark, Nuremberg Bible (Biblia Sacra Germanaica), 1483 23cb; British Museum, London: 11bc, 15tr, 16tr, 18r, 19c, 19r, 19r, 19tr, 21r, 25t, 27tl, 30bl, 33br, 37tr, 38c, 40br, 41bc, 44tl, 45tc, 45tr, 54bl, 55tl; Cambridge Museum of Anthropology: 23r, 59tr; Central Art Archives: The Old Students House, Helsinki 21tl; Jean-Loup Charmet: 11tr, 23tl; Christie's Images: In the Well of the Great Wave of Kanagawa, c.1797, by Hokusai Katsushika (1760–1849) 22/23b, 32r, 33l; Bruce Coleman Ltd: Jeff Foott Productions 46tl; CM Dixon: 33bc; DK Picture Library: American Museum of Natural History/Lynton Gardiner 295tc; British Museum 294tr; Glasgow Museum 294tcl; INAH/ Michel Zabé 295bl; Statens Historika Museum, Stockholm 295br; Edimedia: 16cr; E.T. Archive: 35l; British Library Or 13805 58bl; Freer Gallery of Art 26br; Victoria & Albert Museum, London 14/15c; Mary Evans Picture Library: 14bl, 14br, 25bl, 30c, 32tl, 34bl; Werner Forman Archive: Anthropology Museum, Veracruz University, Jalapa 57r; Arhus Kunstmuseum, Denmark 34cl; Dallas Museum of Art 30bl; David Bernstein Fine Art, New York 53r; Field Museum of Natural History, Chicago 13t; Museum of the American Indian, Heye Foundation 17cl; Smithsonian Institution 16bl;

State Museum of Berlin 20cl; Glasgow Museums (St Mungo): 35bl, 36bl, 42bl, 52br, 56tr; Hamburgisches Museum für Völkerkunde: 47tr; Robert Harding Picture Library: Patrick Mathews 56bl; Michael Holford: British Museum 11cr (below), 12bc, 12tl, 17bl, 18bl, 44bl, 59cr; Kunisada 17br; Museum of Mankind 46bl; Victoria & Albert Museum, London 13br; Hutchison Library: Ian Lloyd 61br; Images Colour Library: 28c, 59br, 60tr; Impact: Mark Henley 61tr; INAH/ Michael Zabe: 23tc, 26l, 20bc; Barnabas Kindersley: 57tl, 57ca; MacQuitty International Photo Collection: 43bl; Nilesh Mistry: 34tl; Musée de L'Homme, France: 24l; D Ponsard 40l, 58tl; Museum of Anthropology, Vancouver: 61cl; Museum of Mankind: 36c, 39tc; National Maritime Museum: 8c, 51tr; National Museum of Copenhagen: 38/39b; The Board of Trustees of the National Museums & Galleries on Merseyside: 32bl, 55tr; Natural History Museum, London: 8tcl, 31tr, 31c, 50/51b, 50tl, 51tl, 51r, 294bl; © David Neel, 1998: 8tl; Peter Newark's Pictures: 10br, 20r, 43cl, 53c; Panos Pictures: Caroline Penn 61bl; Ann & Bury Peerless: 24cl, 49tl; Pitt Rivers Museum, Oxford: 10bcl, 14tr, 27cr, 42tr 55bl; Zither 21tc; Planet Earth Pictures: Jan Tove Johansson 12l; Axel Poignant Archive: 15cl, 25br, 39tl; Rex Features: Tim Brooke 57bcl; Rijksmuseum voor Volkenkunde: 40r; Réunion des Musées Nationaux Agence Photographique: Hervé Lewandowski 30tl, 37cr; Richard Lambert 41cbr; Science Photo Library: Chris Bjornberg 12/13c; Sally Benusen (1982) 58/59c; South American Pictures: Tony Morrison 17tr, 61cr; Spectrum Colour Library: 60cr; Statens Historika Museum, Stockholm: 11br; Oliver Strewe: 54cr; 33cra.

Wallchart:
Alamy Images: Ancient Art & Architecture Collection Ltd cra (ishtar); Image Gap bl; Dorling Kindersley: Courtesy of The American Museum of Natural History cl (Shaman mask); Courtesy of the Manchester Museum clb (Apphrodite); Courtesy of the National Museum, New Delhi cr (Durga); Courtesy of the Royal

Ontario Museum, Toronto tl; Courtesy of the University Museum of Archaeology and Anthropology, Cambridge fbr; James McConnachie / Rough Guides bc (Chimera); Rob Reichenfeld / Courtesy of Bishop's Museum, Hawaii crb (Ku War God); Getty Images: Guy Edwardes / Photographer's Choice ftl; Robert Harding br (Dogon); Jeremy Woodhouse / Photodisc crb (coyote); Photolibrary: Brand X Pictures fbr (skull).

Jacket:
Front: Dorling Kindersley: The British Museum ftr; St Mungo, Glasgow City Council Museums c. Edimedia: tr.
Ann & Bury Peerless: tc. Back: Ancient Art & Architecture Collection: Ronald Sheridan cb. Christie's Images Ltd: l. Dorling Kindersley: The American Museum of Natural History fcra; Ashmolean Museum cla; The British Museum cr, cra; The Natural History Museum, London: Kokoro br.

All other images © Dorling Kindersley. 更多信息请见：www.dkimages.com

沉船

DK出版社衷心感谢以下各位对本书的帮助：

Derek King, Georgette Purches, and Gill Mace of the RNLI for their invaluable assistance; Charlestown Shipwreck and Heritage Centre, Richard and Bridget Larn; Ocean Leisure, London; Martin Dean and Steve Liscoe at the Archaeological Diving Unit, St. Andrews; Jim Pulack at the Institute of Nautical Archaeology, Texas, USA; the Vasa Museum, Stockholm; Simon Stevens, Gloria Clifton, and Barbara Tomlinson of the National Maritime Museum, London; Alan Hills at the British Museum; and Darren Trougton, Diane Clouting, Julie Ferris, Carey Scott, Nicki Waine, and Nicola Studdart for their editorial and design assistance.
Endpapers: Anna Martin
Index: Chris Bernstein
Picture credits

DK出版社衷心感谢以下各位许可使用他们的图片：
t=top, b=below, c=centre, l=left, r=right

Archaeological Diving Unit, St. Andrew's University 65br; Bridgeman Art Library 64cl, 67tr, 71tl, 71cr, 78tr, 78cl, 114tr, 115tl; Jean Loup Charmet 90c; Christie's Images 72br, 73tl, 73b; Bruce Coleman 65tr, 66tr; Mary Evans Picture Library 65bl, 70cl, 72tl, 76bl, 84tl, 85tc, 88cl, 92tr, 93tl, 94tl, 115tr; E.T. Archive 73tr, 73cr; Sonia Halliday 114cl, 115cl; Robert Harding Picture Library 66c; Hulton–Getty 80tr, 93bc, 100cl; Ronald Grant Archive 114bl; Susan and Michael Katzev/I.N.A. 68bl, 68c; Image Select 101bl; I.N.A. (Institute of Nautical Archaeology), Texas, USA 69tl, 69tr, 69cl, 69cr, 69bl, 69br/ National Geographic/Mr Bates Littlehales 105tl, 106br; Kobal Collection 115bl; Mary Rose Preservation Trust 74c, 74b, 75tr, 75c, 113br; Mansell Collection 100cr, 111tl; Nantucket Historical Association 94c; National Geographic Image Collection/ Edward Kim 72bl, 72c, 72cr/ Emory Kristof 80bl, 80 – 81bc/ Richard Schlecht 81tr/ Hamilton Scourge Foundation 81br; National Maritime Museum, London 70c, 71tr, 77tl, 77br, 78 – 79b, 296bl, 296cr/ R.M.S. Titanic, Inc. 84 – 85b, 88c, 88b, 89tl, 89tc, 89c, 92bc, 109tc; Bjorn Landstorm/Vasa Museum 82tr; Pepys Library, Magdelene College, Cambridge 74tr; Planet Earth Pictures 102cl; Popperphoto 65tl; Portsmouth City Council Museums and Record Service 70bl; R.A.F. Culdrose 91cl; Rex Features 65tc, 66bl, 75tl, 89tr, 95cr, 99bc, 103tr, 108c, 112cr, 115tc; RNLI 90cl, 96c, 97tr, 97c, 97cr, 98tl; Alexis Rosenfeld 104 – 105b, 105tr, 105br, 106bl, 106tr, 106trc, 106c, 113tl; Science Museum, London, 297tr; Science Photo Library 67bl/Klein Associates 81tl, 86tr, 86bl, 87tl, 87tr, 87bc; Frank Spooner 86 – 87c/Gamma 87cr, 87br, 105cr; Sygma 85tl, 85tr, 85ct, 85c, 86cl; Telegraph Colour Library 39br, 97tl, 106 – 107; Ulster Museum, Belfast 78c, 78bl, 79tl, 79tc, 79tr; Vasa Museum, Stockholm 82c, 82cl, 82bl, 82 – 83b, 83tl, 83tr, 83c, 83br, 113c; Weidenfeld and Nicolson Archives 94bl; Zefa 66cl, 66cr, 89cr, 91c.

Jacket:
James Stevenson © Dorling Kindersley, Courtesy of the National Maritime Museum, London:r

本公司已尽力联系所有版权所有者。DK出版社在此为可能存在的无心之疏漏道歉，万一存在此种情形并被指正，会在后续版本中予以致谢。

木乃伊

DK出版社衷心感谢以下各位对本书的帮助：

The staff of the Dept of Ancient Egypt & Sudan, British Museum, London, in particular Dr John H Taylor; Ian Mackay at the Museum of Mankind, London; Angela Thomas & Arthur Boulton of the Bolton Museum; John Saunders, Stephen Hughes, & the staff of the Dept of Medical Physics, St. Thomas' Hospital, London (p. 163); Reg Davis; Don Brothwell; Joyce Filer; Guita Elmenteuse; George Bankes at the University of Manchester; Theya Molleson at the Natural History Museum, London; the Seventh Earl of Carnarvon; the Egypt Exploration Society; Nicholas Reeves; William & Miranda MacQuitty; Peter Nahun; Martin Davies; Maria Demosthenous; Mitsuko Miyazaki; Martin Atcherley; Michael Dunning & Geoff Brightling for additional photography; Carole Andrews; Gillie Newman for illustrations on pp. 122 & 127; James Putnam for the illustration on p. 137; Belinda Rasmussen; Helena Spiteri, Sharon Spencer & Manisha Patel for editorial and design; Céline Carez for research.

Lisa Stock for editorial assistance; David Ekholm-JAlbum, Sunita Gahir, Susan Malyan, Susan St Louis, & Bulent Yusuf for the clipart; Sue Nicholson & Edward Kinsey for the wallchart; Monica Byles & Stewart Wild for proofreading.

DK出版社衷心感谢以下各位许可使用他们的图片：

Picture credits
a=above, b=below, c=center, f-far, l=left, r=right
Ancient Art and Architecture Collection: 168cr; Ardea, London Ltd: 135ac; /Akelindau: 125br; /John Mason: 156bc; /Peter Steyn: 157ar; Owen Beattie /University of Alberta: 121br; British Museum: 135al, 140al, 141ar, 141br, 143br, 143ac, 146ar, 156ar, 171al, 171ar, 174bl, 299bl, 299br; /Robert Harding Picture Library: 148br; Jean-Loup Charmet: 170al; Chief Constable of Cheshire: 172al; Christopher Cormack/Impact: 172al, 172ar, 172c, 172b, 173l, 173ar, 173cr, 173br; Reg Davis: 161al, 162al; C. M. Dixon: 175c; Egyptian National Museum, Cairo /Giraudon / Bridgeman Art Library, London: 150cl; Egypt Tourist Office: 127bc; Electa, Milan: 118cr; E. T. archive: 141al; Mary Evans Picture Library: 126ar, 129br, 141bcl, 148bl, 151c, 152al, 153cl; Forhistorisk Museum, Moesgard: 170b; Ronald Grant Archive: 152bc; Griffith Institute, Ashmolean Museum, Oxford: 136al, 147cb, 150br; Hammer Film Productions/Advertising Archives: 153al; Robert Harding Picture Library: 123al, 141acl, 150bl, 150c, 150ar, 151al, 151ar, 151br, 167al, 175ar; Michael Holford: 119cr, 141ac, 167ar; Hulton-Deutsch Collection: 128bl, 138br, 159cr; Louvre, Paris/Bridgeman Art Library, London: 123cr, 155al, /Giraudon/ Bridgeman Art Library, London: 125ar, /Photo R.M.N: 122cl, 137al, 154bl; MacQuitty Collection: 119br, 122ar; Manchester Museum, University of Manchester: 160b, 298br; Mansell Collection: 118ar, 122bl; Musée de l' Homme, Paris: 166br; Museum of London: 121bl; National Museum, Copenhagen: 170ar; National Museum, Greenland: 119c, 174-175b; Oldham Art Gallery, Lancs/Bridgeman Art Library, London: 155bc; ™ & © Lucasfilm Ltd. (LFL) 1981. All rights reserved. Courtesy of Lucasfilm Ltd./BFI Stills: 153tr; Pelizaeus-Museum, Hildesheim: 122tc, 124br, 126b; Popperfoto: 167c; Rex Features Ltd: 118cl, 168bl, 168c, 169ar, 175acl; Photo R.M.N: 139c; Silkeborg Museum, Denmark: 121cl; Sygma: 148br, 150al, 162ar, 163bl, 168al, 169al, 168-169b; University College, London: 174ar; Collection Viollet 123ar; Xinhua News Agency: 175ac.

Jacket:
Peter Hayman © the British Museum:r

间谍

DK出版社衷心感谢以下各位对本书的帮助：

Audiotel International Limited (Keith Penny, Ray Summers, Julie Walker, Adrian Hickey); Eon Productions (Julie O'Reilly); the Imperial War Museum, London (Paul Cornish, John Bullen, Mike Hibbard); Intelligence Corps Museum, Ashford (Major R W M Shaw, Mrs Janet Carpenter); Leica UK Ltd (Peter Mulder); Lorraine Electronics Surveillance (David Benn, Simon Rosser); H Keith Melton; Next Retail Ltd (Shirley Brown, Hilary Santell); Joanne Poynor; Spycatcher (Mike Phillips); Whitbread plc (Nicholas Redman, Archivist) Design help: Ann Cannings, Jason Gonsalves, Sailesh Patel Pigeon: Rick Osman; Pigeon parachute: Martine Cooper; Artwork: John Woodcock; Endpapers: Iain Morris; Index: Marion Dent

作者对以下各位表示衷心感谢：

Lisa Stock for editorial assistance; David Ekholm-JAlbum, Sunita Gahir, Susan St Louis, Lisa Stock, and Bulent Yusuf for the clipart; Sue Nicholson and Edward Kinsey for the wallchart; Hilary Bird for the index, and Stewart J Wild for proof-reading.

DK出版社衷心感谢以下各位许可使用他们的图片：

(Key: a-above; b-below/bottom; c-centre; f-far; l-left; r-right; t-top)

akg-images: J.V. Leffdoel Scipio Publius Cornelius 212tl; Ullstein Bild 192bl.
Alamy Images: Ruth Grimes 189clb (voice recorder in briefcase); Jeff Morgan Technology 230b; Katharine Andriotis Photography, 300-301 (background); Kolvenbach 229tl; Stocksearch 223br; Andrew Twort 182clb; Andrew H. Williams 230l.
Ancient Art & Architecture Collection: 178tl, 178bl, 178bc.
Courtesy of Apple. Apple and the Apple logo are trademarks of Apple Computer Inc., registered in the US and other countries: 187br.
Associated Press Ltd: 181tr, 201bl, 207t, 215c, 219bl, 224tr; Wire Photo 225cr.
Aviation Photographs International: 210tl.
Bildarchiv Preussischer Kulturbesitz: 197cl.
Bilderdienst Süddeutscher Verlag: 199cl.
Bridgeman Art Library: Guildhall Art Gallery, Corporation of London, Sir John Gilbert, detail from Ego Et Rex Meus 212cl; Private Collection, I Glasunov Ivan The Terrible 1989, 212bl; by courtesy of the board of Trustees of the V & A, London, Nicholas Hilliard, Mary Queen of Scots 200cl.
Camera Press Ltd: 207tr, 211cl; R. Artacho 227cra; S. Ferguson 214br; B. Ross 230ra.
Jean-Loup Charmet: Bibliothèque des arts décoratifs, Lucien Laforge L'Espion, 1916, 203tc.
DC Comics Inc.: Spy vs Spy is a trademark of E.C. Publications, Inc. ©1995年. All rights reserved. Used with permission 214t.
Diasonic: 189tr.
Eon Productions: Keith Hamshere / United Artists (Golden Eye) front cover bcl, 176cb, 233tr, 233cr, 233br. Satellite image courtesy of GeoEye. Copyright 2008. All rights reserved.: 226tl.
E.T. Archive: Biblioteca Nazionale Marciana, Venice 181tr; Musée de Versailles, Philippe de Champaigne, detail from Cardinal Richelieu 213cr; Staatliche Glyptothek, Munich 181tl; V & A, London 181tc.
Frank Spooner Pictures: Gamma-Liaison 181cl.
Getty Images: c; Stuart Paton / The Image Bank 217b.
Courtesy of Giggle Bug: 231tr.
Michael Holford: Musée de Bayeux / V&A, London: b.
Hulton Deutsch Collection: 180cr, 210c, 213c, 213bl, 230, 229tc, 231br, 231l.
Imperial War Museum, London: 190cr, 195bc, 201tl, 208tr, 230br; Fougasse Careless Talk Costs Lives 180tr.
Courtesy of the International Spy Museum: © The House on F Street, LLC 2008. All Rights Reserved 300br; © The House on F Street, LLC 2008. All Rights Reserved.
192tl.
iStockphoto.com: 184 (camera with zoom lens); Mark Evans 227b.
The Kobal Collection: New Line 300bl.
Lockheed Martin Skunk Works®: 224-225b, 225t.
Magnum Photos Ltd: E Erwitt 215cl; S Meiselas 226bl; E Reed 189cr; Zachmann 227ca.
The Mansell Collection: 180tl.
Mary Evans Picture Library: front flap tl, 201r, 212c; J Mammen back cover tl, 184tl.
H Keith Melton: front cover br and bcr, back cover rcb, 182br, 183tl, 183tc, 183b, 187br, 192cb, 195c, 199cr, 200tl, 200br, 200bl, 200tr, 202br, 208br, 209tr, 209tl, 209c, 209b, 214bl, 215tl, 215tr, 215br, 217tl, 222l, 222-223b, 223cl; Jerry Richards of the FBI Laboratory, Washington DC 180cl, 180c; Jack Ingram, Curator of the National Cryptologic Museum, Maryland 186cl, 186c, 199r.
Mirror Syndication International: 199b, 222tr; Aldus Archive 196tl; Aldus Archive / Science Museum / Eileen Tweedy front cover cr, 196cl; Rijksinstituut voor Oorlogsdocumentatie 181c; National Archives, USA 198c; Public Record Office 197tl, 213tl; © US Army 199tl.
National Cryptologic Museum, Maryland: 198bl, 301c.
National Portrait Gallery, London: John De Critz, the Elder Sir Francis Walsingham 213tr.
Nokia: 187bl, 188cra (mobile phone).
PA Photos: Brien Aho / AP 193tr; Cameron Davidson / AP 193bl; Betsy Gagne / AP 193br; Peter Jordan 301t; Metropolitan Police 230tr; Eckehard Schulz / AP 193tl.
Peter Newark's American Pictures: 202tl, 202bc, 203bl.
Photolibrary: 216(main).
Popperfoto: 195tl, 203tr, 203br, 207bl, 213br, 230cl; Reuter / S Jaffe 2026br; Reuter / W McNamee 206c.
Press Association: 208bcl.
Range: Bettmann / UPI 194bl, 222c, 226br; Bettmann / UPI / Sam Schulman 222bc.
Rex Features Ltd: 179br; Action Press 210-211; Sipa-Press 211tl.
Reuters Television: front cover tl, 214cr (detail).
Ronald Grant Archive: Stakeout 1987, Touchstone 186bl, Doctor No 1962, UA / Eon 230tr, The Ipcress File 1965, Rank / Steven Lowndes 230tr, The Three Musketeers 1948, MGM 230br, The Conversation 1974, Paramount / Francis Ford Coppola 233bl.
Science Photo Library: Andrew Brookes / National Physical Laboratory 231cr; NRSC Ltd 224c; R. Ressmeyer, Starlight 210bc.
Science & Society Picture Library, Science Museum, London: 198tl.
Shutterstock: 229bl; Andrjuss 217c.
Spy Games Ltd, www.spy-games.com: b.
Topham-Picturepoint Ltd: back cover br, 182tl, 207cla, 207c, 206tl, 206tr; AP 217tc.
Werner Forman Archive: Ninja Museum Ueno, detail showing Ninja making secret signs 212bl; E Strouhal 178bl.
Jo Walton: t.
Worldmap-Priroda: 224tl, 224bl.

Wallchart
Alamy Images: Andrew Twort cra; The Art Archive: Science Museum, London / Eileen Tweedy bl; DK Images: H Keith Melton Collection clb, tr; RAF Museum, Hendon cl (playing card); Spycatcher cr (street scenes); iStockphoto.com: Philippe Devanne cr (SLR camera); The Kobal Collection: Danjaq / Eon / UA c; H. K. Melton: cl (spy rocks); NASA: Paul Riedel / Glenn Research Center (GRC) br.

All other images
© Dorling Kindersley

更多信息请见：
www.dkimages.com

火星

作者对自然历史博物馆的广大同事对本书的帮助表示衷心感谢：
SharonShute, Judith Marshall, Bill Dolling,George Else, David Carter, NigelFergusson, John Chainey, Steve Brooks,Nigel Wyatt, Philip Ackery, PeterBroomfield, Bill Sands, Barry Bolton,Mick Day, Dick Vane-Wright.

DK出版社衷心感谢以下各位对本书的帮助：
Julie Harvey at the Natural History Museum, London Zoo, Dave King forspecial photography on pp. 290–291, DavidBurnie for consultancy, and KathyLockley for picture research.

对于本版，DK出版社还要感谢：
Dr George McGavin forassisting with revisions; Claire Bowers,David EkhoIm–JAlbum, Sunita Gahir,Joanne Little, Nigel Ritchie, Susan StLouis, Carey Scott, and Bulent Yusef forthe clipart; David Ball, Neville Graham,Rose Horridge, Joanne Little, and SueNicholson for the wallchart.

DK出版社衷心感谢以下各位许可使用他们的图片：
Picture credits t = top, b = bottom, c =centre, f = far, m = middle, l = left, r =right

Angel, Heather/Biophotos: 241br; 244m; 245tr. BiophotoAssociates: 270ml; 275br. Boorman, J.: 276m. Borrch, B./Frank Lane: 252tl.Borrell, B./Frank Lane: 290tr, 303cr. Bunn,D.S.: 284tl. Burton, Jane/Bruce Coleman: 265b; 268mr; 270tl; 273br. Cane, W./NaturalScience Photos: 266m. Clarke,Dave: 257tm; 281b. Clyne, Densey/OxfordScientific Films: 291tl; 291tm; 291tr. Cooke,J.A.L./Oxford Scientific Films: 246tl. Couch,Carolyn/ Natural History Museum: 249br. Craven, Philip/ Robert Harding PictureLibrary: 241t. Dalton, Stephen/NHPA:271ml. David, Jules/ Fine Art Photos: 272tr.Courtesy of FAAM: BAE SystemsRegional Aircraft 246–247ca; With thanksto Maureen Smith and the Met OfficeUK. Photo by Doug Anderson 247cr.Fogden, Michael/ Oxford ScientificFilms: 244ml. Foto Nature Stock/FLPA:302cr. Goodman, Jeff/ NHPA: 243ml. Holford,Michael: 249mr. Hoskings, E. & D.:273tm. James, E.A./NHPA: 280br. King, Ken/Planet Earth: 291m. Kobal Collection:274tl. Krasemann,S./ NHPA: 281tr. Lofthouse, Barbara: 259tr.Mackenzie, M.A./I Robert HardingPicture Library: 271br. National FilmArchive: 266tl. Natural History Museum:246tr; 248bl, 302c. Overcash, David/Bruce Coleman: 249bl. Oxford Scientific Films: 254tl. Packwood, Richard/ Oxford ScientificFilms: 290tr. Pitkin, Brian/ NaturalHistory Museum: 276m. RobertHarding Picture Library: 264tl. Rutherford, Gary/Bruce Coleman: 241bm.Sands, Bill: 289m. Shaw, John/BruceColeman Ltd: 303br. Shay, A./OxfordScientific Films: 254bm. Taylor,Kim/Bruce Coleman: 255tl; 265b. Taylor,Kim: 267m. Vane-Wright, Dick/Natural HistoryMuseum: 250br. Ward, P.H. & S.L./Natural Science Photos: 278mr. Williams, C./Natural Science Photos: 270ml. Young,Jerry: 302bl.

Illustrations:
John Woodcock: 244, 275, 289; Nick Hall: 247, 249

Wallchart:
Alamy Images: Michael Freeman br; BAE Systems Regional Aircraft: fcl (Aircraft); Corbis: crb; Lynsey Addariobl; Roger Ressmeyer cr (Lightning);FAAM / Doug Anderson, MaureenSmith & Met Office, UK: cl; SciencePhoto Library: NOAA cl (Storm)

All other images © Dorling Kindersley.
更多信息请见：
www.dkimages.com

绿色印刷　保护环境　爱护健康